To my korean readers

감사합니다

for your interest in this book and
its ideas. We are indeed much
more than genes, part of a long
and distinguished lineage of one
creating of cells

THE MASTER BUILDER

THE MASTER BUILDER

당신의 지문은
DNA를 말하지 않는다

유전자에는 없는 세포의 비밀

알폰소 마르티네스 아리아스 지음

윤서연 옮김

드릭

저를 믿어주신 부모님께 이 책을 바칩니다.

차례

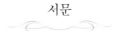

서문

주께서 내 내장을 지으시며 나의 모태에서 나를 만드셨나이다.

내가 주께 감사하옴은 나를 지으심이 심히 기묘하심이라.

- 시편 139편 13-14

지구에 존재하는 모든 동식물은 저마다의 아름다움을 지니고 있다. 장엄한 떡갈나무, 가녀리고 섬세한 나비, 우아한 가젤, 압도적 존재감의 고래, 그리고 경이로움과 치명적 결함이 뒤섞인 인간에 이르기까지 그 모습은 실로 다양하다. 그런데 이 모든 존재는 어디서 왔을까? 역사를 들여다보면 다양한 답변을 찾을 수 있다. 마야 문명에서는 옥수수를 만물의 근원으로 보았다. 또한 다양한 종류의 알에서 만물이 시작되었다고 믿는 문화권도 있다. 어떤 절대적 존재가 생명을 불어넣어 빚은 찰흙과 같은 물질이라고 하는 이들도 많다. 어쨌든 이런 시작이 있고 번성해 지구가 생명체로 가득하게 되었지만, 그 과정에서 일어난 세부적인 일에 대해서는 알려진 바가 거의 없었다.

여러 세기에 걸쳐 기울인 노력 끝에 인류는 생명의 근원을 설명하는 중요한 한 가지를 발견했다. 신의 개입 없이 과거와 현재의 모든 생명체를 연결 짓는 요소인 데옥시리보핵산, 즉 DNA다. 미국 국립인간유전체연구소에 따르면 "인간의 유전체(또는 DNA)는 단일 세포에서 지금의 우리를 만들어내는 모든 지시 사항을 담은 운용 설명서다." 그런데 지금의 우리가 있기까지 유전자가 관련되었다는 점은 분명하지만, 그 과정에서 유전자의 정확한 역할이 무엇인지는 답하기 어렵다(유전체는 유전자와 유전자가 아닌 부분을 모두 합한 총 염기서열이며, DNA는 유전자의 본체다―옮긴이).

세간에 알려진 상식이 어떻든 유전자의 원리와 역할을 자세히 들여다보면 유전체에 인류 및 다른 생명체의 '운용 설명서'가 있다는 주장에 나는 의구심이 생긴다. 유기체의 생성 과정을 알아가는 데 있어 사람들이 그동안 간과하다 못 해 잊다시피 한 요소가 있기 때문이다. 이 책이 다루는 '세포'가 바로 그것이다.

인간 개개인을 구성하는 것은 특정 DNA 집단이 아니라 고유한 세포 조직과 그 활동들이다. 새 신장이 절실했던 52세 여성 캐런 키건Karen Keegan의 이야기를 소개하겠다.

의사들과 상담한 캐런은 기증받을 신장이 유전적으로 최대한 비슷해야 자신의 면역 체계가 그 신장을 외부 침입자로 인식할 가능성을 낮출 수 있다는 사실을 알게 됐다. 의사들은 캐런에게 성인 아들 세 명이 있으니 직계 가족 내에서 적합한 기증자를 찾을 확률이 아주 높다고 말했다. 유전 형질 법칙에 따르면 세 아들 모두 DNA의 절반 정도가 캐런과 일치할 것이므로 적합한 기증자 후보였다. 이제 혈액 검사로 캐런에게서 어떤 DNA를 물려받았는지 알아내 기증에 가장 적합한 아들을 찾으면 됐다. 하지만 검사 결과가 나오자 캐런은 충격에 빠졌다. 아들 셋 중 둘이 캐런과 DNA 일치도가 낮아 친자가 아닐 수 있다는 소식을 들은 것이다. 캐런은 검사에 착오가 있었을 것이라고 항의했다. 세 아들 모두 자신이 임신해 배 속에서 자라는 걸 느끼고 출산했다.

당시 그 병원의 전문의인 린 얼Lynn Uhl은 캐런과 안면이 있었고, 그녀가 세 아들을 낳은 것도 알고 있었다. 한 명도 아니고 두 명이나 출산 당시 실수로 바뀌었을 가능성은 희박했다. 하지만 혈액 검사 결과가 잘못됐을 가능성도 지극히 낮았다. 린 얼은 자신의 직감을 따랐다. 캐런의 혈액 표본을 그녀의 다른 신체 부위 조직들과 비교해 분석했다. 그러자 드디어 수수께끼가 풀렸다. 캐런의 세포 안에 있는 DNA 염기서열, 즉 유전체는 한 개가 아닌 두 개였다.

53년 전 캐런의 어머니가 임신 초기였을 때, 난자 두 개가 개별적으로 수정되었고, 각각 고유의 DNA를 가진 세포 덩어리가 되었다. 이후 세포가 분열하고 증식하는 과정에서 이 두 세포 집단이 하나로 합쳐졌다. 수정란 두 개는 쌍둥이가 되는 대신 하나로 합쳐 캐런으로 자랐다. 그러고 두 집단의 세포들이 캐런의 몸 전체에 무작위로 배치되었는데, 캐런의 신체 대부분은 둘 중 한 집단의 세포들로 구성되었다. 하지만 우연히도 그 두 아들이 생겨난 난자들은 다른 집단의 세포였다.

완전한 유전체가 두 개 이상인 사람을 '키메라chimera'라고 칭한다. 키메라는 그리스 신화에 나오는 괴물에서 따온 이름이다. 불을 뿜는 사자인데, 등에는 염소 머리가 튀어나오고 꼬리는 뱀이다. 둘 이상의 존재가 합쳐 있다는 뜻의 용어인 것이다. 자연적으로 발생한 키메라의 사례는 캐런만이 아니다. 1953년에 인간 키메라가 처음 확인되었는데, DNA의 이중나선 구조가 발견된 해이기도 하다. 오늘날 일부 과학자들은 인류의 15퍼센트 정도가 키메라라고 추정한다. 혈액세포에만 한정되는 경우가 있는가 하면, 캐런처럼 난자 두 개가 각기 따로 수정된 이후 자라면서 하나로 합쳐지기도 한다.

1953년 제임스 왓슨James Watson과 프랜시스 크릭Francis Crick이 DNA를 형성하는 이중나선 구조를 밝혀낸 이후 모두가 유전자에 집중했다. 이제는 눈동자 색부터 특정 질병에 걸릴 성향까지 우리의 모든 것이 DNA로 결정된다고 다들 생각한다. DNA가 개인의 지능이나 성격까지 좌우하며 모든 것이 소위 '유전자에 새겨져 있다'고 말하는 이들도 있다. 면봉으로 볼 안쪽에서 세포를 채취해 DNA 검사로 그 사람의 '정체'를 알아내기도 한다. 마치 물려받은 유전자가 지금의 '나'를 정의하는 것처럼 보이기도 한다. 이제 DNA가 정체성에서 워낙 핵심적인 위치를 차지하다 보니, 기업이나 스포츠팀 같은 사회적 조직 내에서도 '우리의 DNA'라는 비유를 사용하기도 한다. 하지만 키메라의 경우만 보아도 DNA가 우리를 정의하는 것은 아니라는 걸 알 수 있다. 캐런에게는 DNA 염기서열이 하나가 아닌 둘이지 않은가.

인간 유전체에 대한 연구와 발표가 이루어지면서 대부분의 비전염성 질병이 유전에 기반한다는 인식이 확산되었다. 그러면서 우리와 DNA의 연관성은 다시금 강조되었다. 단일 유전자 내 오류와 연관된 낭포성 섬유증, 혈우병, 낫 모양 적혈구 빈혈증은 과학계가 DNA에 집중하면 그 치료법을 개발할 확률이 아주 높다. 또한 DNA를 마음대로 편집할 수 있어 '유전자 가위'로도 불리는 크리스퍼(CRISPR '규칙적인 간격을 갖는 짧은 회문구조 반복단위의 배열'을 의미) 같은 최첨단 기술이 생기면서 수많은 잠재적 치료법이 쏟아져 나오기도 했다. 크리스퍼 기술을 통한 유전자 편집은 낫 모양 적혈구 빈혈증을 유발하는 베타글로빈 유전자HBB의 DNA 내 변이를 교정해 환자가 건강을 되찾게 하였다. 이제는 다른 질환들의 치료법에도 응용이 가능하다.

하지만 유전자 내 변이와 그 기능 장애가 항상 낫 모양 적혈구 빈혈증처럼 단순하지만은 않다. 1형 유방암(BRCA1에서) 또는 2형 유방암(BRCA2에서) 관련 유전자 내 변이가 있는 경우, 신체가 유방 조직

내 암세포를 효과적으로 파괴하는 데 필요한 기능적 단백질을 형성하지 못할 가능성이 높아진다. 하지만 그렇다고 반드시 암이 생기는 것은 아니다. 유전자 변이와 세포 기능 장애 간의 상관성은 특정 유전자에 변이가 있거나 없을 시 일어나는 현상을 이해하는 데 도움이 된다. 하지만 세포가 정상적인 유전자로 정상 조직 및 장기를 만드는 과정을 설명하기에는 부족하다. 선천성 이상 중 무려 60퍼센트 이상이 유전자의 특이성과는 상관관계가 없다. 만성 질환 중 다수는 유전적 소인이 아닌 세포가 환경에 반응하는 방식으로 인해 유발된다. 유방암 중 *BRCA1*이나 *BRCA2* 유전자의 변이로 유방암이 발병한 경우는 3퍼센트에 불과하다.

물론 인간을 구성하는 정보는 유전자에 있다. 대표적으로 일란성쌍둥이는 DNA가 전부 일치하며 구분이 어려울 만큼 같은 모습으로 태어난다. 하지만 일란성쌍둥이가 같은 집에서 자라더라도 그 성격과 겪는 질병, 신체적 특징이 다르게 나타나기도 한다. 그러니 중요한 것은 DNA가 인간의 모습이나 행동과 관련이 있는지가 아니라, DNA의 정확한 역할이 무엇인지다.

우리는 이상할 정도로 유전자 위주의 사고방식에 지배받고 있다. 인류는 한 세기가 넘는 시간 동안 세포의 원리를 밝혀내고자 노력해왔고, 오랜 연구를 통해 세포의 내용물과 조직을 자세히 알게 되었다. 그렇게 알게 된 것 중에 특히 중요한 기능을 하는 세포 집단들이 있다. 면역 체계는 감염에 맞서 싸우고 상처를 아물게 하는 세포 집단으로 구성되며, 신경세포는 정보를 처리해 우리가 움직이고 생각하게 해준다. 최근에는 세포의 내용물과 활동을 조사할 수 있게 되면서 세포가 시간과 공간을 만들고 없앨 수 있는 역동적인 존재임이 드러났다. 세포의 활동을 촬영할 수 있게 되면서 세포 집단이 유기체를 만들고 이를 유지하는 데 어떤 역할을 하는지 관찰할 수 있게 되었다. 또한 우리 몸을 구성하는 세포들이 계속 변화하면서 우리의 신체 또한 끊임없이 변화한다는 사실도 밝혀졌다. 이처럼 세포의 관점에서 생명체를 보면 그야말로 놀라운 공간적, 시간적 연출이 펼쳐진다.

나는 초파리에서 쥐와 인간에 이르기까지 세포가 모여 동물의 장기와 조직을 형성하는 방식을 연구해왔다. 유전학자의 길을 걸었고, 경력의 대부분을 케임브리지대학 유전학과 교수로 재직했다. 그렇게 유전자를 둘러싼 과학을 통해 생물학의 난제들을 풀어보려 했다. 하지만 전혀 관련 없는 수많은 데서 유전자가 그 원인으로 지목된다는 사실에 점점 불편해졌다. 유전학이 동식물의 발달을 관찰하는 과정에서 중요한 역할을 하는 것은 사실이나, 우리는 지나치게 범위를 확대해 유전자로 설명하려 하고 있다.

그 이유는 단순하다. 그동안 유전학자들이 기능 장애와 연관된 유전자 변이를 워낙 잘 찾아냈고, 그러다 보니 연관성이 인과성처럼 여겨지게 된 것이다. 생명체 연구에 사용되던 도구가 생명체를 만들고 조직하는 주체로 뒤바뀐 셈이다. 하지만 핵심 위치에 있던 벽돌 몇 개를 뺐더니 건물이 무너졌다고 해서 그 벽돌들이 건물의 설계도나 건축가라고 할 수는 없다. 그런데 왜 우리는 유전체에서 유전자 몇 개가 없을 때 발달이나 기능 장애가 생겼다고 그 유전자가 설계도나 건축가라고 생각하는 것일까? 유명한 프랑스 수학자 앙리 푸앵카레의 방식으로 표현하자면, 건물이 벽돌의 집합이 아니듯 세포도 유전자의 집합이 아니다.

발달과 진화에 관해서는 유전자 중심의 관점을 대체할 것이 없다는 의견이 지배적일 것이다. 따지고 보면 세포는 유전체 내 유전자들의 활동 및 상호작용의 결과물이니 말이다. 틀린 말은 아니다. 하지만 세포는 DNA에 비해 상상도 할 수 없는 능력을 갖추고 있다. DNA는 세포를 신체 내에서 오른쪽이나 왼쪽으로 움직이거나 흉곽 사이에 심장과 간이 위치하도록 세포에 명령을 보낼 수 없다. 또한 팔의 길이를 제대로 정하거나 두 눈을 얼굴 중심선에 맞추어 대칭되게 배치할 수도 없다. 한 생명체의 세포 안 모든 DNA는 그 구조가 전반적으로 같기 때문이다. 한편 세포는 명령을 보내고, 길이를 정하는 등 수많은 역할을 한다. 캐런 키건처럼 키메라인 경우, 세포는 두 가지 유전체의 차이점을 조정해 하나의 신체를 만들어낸다. 이런 놀라운 작업을 위해 세포는 유전자를 '사용'한다. '발현'될 유전자를 선택하여 그 유전자의 산물들이 언제 어디에 배치될지를 결정하는 것이다. 이처럼 유기체는 세포가 만든 작품이며, 유전자는 그 재료일 뿐이다.

이 책에서 내가 제시하는 생물학적 관점은 수년에 걸쳐 다져졌으며, 내 실험실을 포함한 실험실 몇 군데에서 실시한 실험을 통해 확고해졌다. 그것은 바로 세포에게 놀라운 능력이 있다는 사실이다. 이런 실험들은 세포가 배양 상태일 때와 배아 상태일 때 서로 그 활동이 다른 이유를 찾으려는 시도에서 시작됐다. 우리는 실험을 통해 쥐의 배아줄기세포, 즉 모든 종류의 장기와 조직이 될 수 있는 세포가 배양 환경에 따라 다른 모습이 된다는 걸 발견했다. 배양 환경에서는 배아를 구성하는 다양한 유형의 세포들이 생겨나지만, 그 방식이 체계적이지 않다. 한편 같은 유전자를 가진 같은 세포들이 초기의 배아에 있을 때는 그 배아에 충실하게 기여한다. 이때 유전자와 세포는 동일하다. 그렇다면 유전자 외 다른 무엇이 배아 형성과 관련 있는 것이 분명하다. 이를 증명하기 위해 우리는 배아가 신체를 조직하는 과정 대부분을 세포들이 모방하게 될 환경을 조성했다. 실험실에서 세포를 이용해 조직, 장기, 심지어 배아와 비슷한 구조를 만들어낸다는 건 새로운 생명공학의 탄생이나 다름없다. 세포가 고유의 규칙에 따라 유기체를 만드는 데 필요한 요소를 파악할 수 있는 것이다.

나는 이 연구를 통해 생물학의 중심인 유전자와 세포 사이의 새로운 관계를 발견했다. 세포의 역할은 증식, 조절, 소통, 이동, 탐색에 그치지 않는다. 세포는 수를 세고, 힘과 위치를 감지하며, 형태를 만들고, 학습까지 한다.

우리는 단순히 유전자의 집합체가 아니다. 우리의 시작은 어머니의 자궁 안에 처음 생겨난 세포 하나로 거슬러 올라간다. 이 첫 세포는 탄생과 함께 DNA에 각인되지 않은 일들을 시작했다. 이 세포가 증식해 생긴 공간에서 새로 발생한 세포들은 나름의 정체성과 역할을 부여받고, 정보를 교환하고, 상대적 위치를 활용해 조직과 장기를 형성한다. 그렇게 마침내 완전한 유기체인 우리를 만든다.

이제 여러분에게 세포를 소개하려고 한다. 세포의 기원, 세포와 유전자의 관계, 세포와 세포 간의 관계, 세포가 '배아'라는 존재를 형성하는 방식을 다룰 것이다. 본문은 3부로 나누어진다. 1부에서는 유전자의 정체와 유전자가 운명의 예언자로 받아들여지게 된 과정을 살펴본다. 그리고 세포로 넘어가서 세포와 유전자의 관계를 탐구한다. 생명체의 역사 특정 시기에 세포들이 유전자를 사용해 서로 끊임없이 협력 및 소통하는 능력을 갖추고 동식물을 만들어낸 방식을 소개한다. 또한 '이기적 유전자'라는 관점으로 많이 알려진 생물학적 논지에 반박하며 세상에 대한 세포의 관점을 제시한다. 2부에서는 세포와 유전자 간의 관계를 자세히 들여다보고 세포가 배아를 만드는 데 사용하는 언어와 기법을 알아본다 (우리처럼 때로는 비밀스럽다). 또한 배아 생성 과정에서 세포가 하는 역할과 더불어 어머니의 자궁에서 시작되는 우리의 기원을 다룬다. 마지막으로, 우리의 유전체가 하나가 아닌 다수로서 세포의 수보다 많을 수 있다는 최근의 놀라운 연구 결과를 소개하고, 인간 한 명에게는 유전체 한 가지라는 개념을 타파할 것이다. 3부에서는 세포의 관점에서 우리가 매년 다른 존재가 된다는 사실과 그 이유를 살펴본다. 마법처럼 새로운 신체 조직을 만들어주는 줄기세포 분야의 최근 기술을 알아보고, 관련 연구에서 발견한 실험실 내 장기 및 조직, 배아의 재구성에 활용될 놀라운 잠재적 요소도 소개한다. 세포의 관점에서 생명체를 보면 인간의 정체성과 본성의 영역에서 의구심이 생긴다. 세포 조작 기술은 신체 재생뿐 아니라 유기체의 완성, 심지어 인간이라는 존재를 만들지도 모른다. 그런 미래가 온다면 대처할 과제가 있을 수밖에 없다.

이 책에서 다루는 내용은 전혀 포괄적이지 않다. 세포생물학을 설명하려거나 세포의 유기체 형성에 학술적으로 접근하려는 의도가 나에게는 없다. 정체성, 건강, 질병과 관련된 오늘날의 논의에서 세포를 중심에 두고 삶의 여러 면에서 세포가 중요한 역할을 한다는 점을 강조하는 것이 이 책의 목표다. 이를 위해 설명은 간소화하고 예시를 선별해 넣었다. 관심 있는 독자는 책 말미에 수록한 참고도서를 살펴보기 바란다.

이 책은 식물보다 동물에 초점을 맞췄다는 점을 짚고자 한다. 내가 동물의 발달을 연구하는 발생생물학자이며, 인간의 기원과

정체성 탐구에 관심이 많기 때문이다. 게다가 전 세계적으로 유행한 코로나바이러스를 생각하면 동물 세포에 집중하는 것이 더 중요할 수도 있다. 스페인 바르셀로나에서 집필 중인 현재, 코로나바이러스의 맹위는 한풀 꺾였다. 이 시점에서 희망을 걸어볼 만한 분야는 단백질 외피 내 리보핵산RNA의 일부인 비리온바이러스가 숙주 밖에 있는 상태—옮긴이의 생물학이 아닌, 우리가 가진 세포의 생물학이다. 코로나19로 수백만 명이 사망한 이유는 세포가 감염에 과잉 반응했기 때문이다. 이런 감염에서 우리를 지키는 건 결국 세포다. 코로나19 백신은 바이러스를 면역세포에 '기억'될 수 있을 만큼만 노출해서 다음번에 같은 RNA 계열이 체내에 들어왔을 때 면역세포가 이를 파괴하여 바이러스의 공격 의도를 무산시키는 역할을 한다. 코로나19 백신 제작 기술이 초기 단계라 언론에서는 리보핵산의 역할을 강조하고 있지만, 사실 우리 몸의 세포들의 공로가 크다.

다른 질병들에서도 세포의 유전자 사용 방식을 파악하고 이를 이용한 치료법 개발은 그 전망이 아주 밝다. 이런 과정에서 과학자든 아니든 생명에 관한 담론과 사고방식에서 변화가 생길 것이다. 당연히 DNA, 유전자, 크리스퍼 같은 용어도 우리 생활에서 자주 쓰일 것이다. 차후 수년에 걸쳐 우리의 기원, 현재, 미래와 연관된 세포, 배아, 발달 역시 일상적인 말로 자리 잡을 것이 분명하다.

수년간 동물발생학을 연구하며 얻은 자연계에 대한 비전을 공유하기 위해 이 책을 썼다. 그 과정에서 유전자가 인간의 시작과 끝을 결정한다는 지배적 관점에 배아 발달이 대치된다는 점을 깨달았다. 수십 년에 걸친 유전자와 세포 관련 실험과 연구실에서의 경험을 통해 분명해진 사실이 있다. 세포는 조직과 장기의 단순한 구성 요소가 아니라 설계자이자 건축가라는 점이다. 이를 받아들여야 우리는 일상에서 스스로를 제대로 알고 치유할 수 있다.

1부

세포와 유전자

하나의 세포가 복잡한 성체의 모든 것을 담고 있고, 며칠이나 몇 주 만에 연체동물이나 인간이 될 수 있다는 것은 자연의 위대한 경이이다. 이 난제를 풀려면 우선 배아 특유의 형성 에너지가 외부로부터 부여되는 것이 아니라 난자에서 유래해 세포 분열을 거치며 한 세대에서 다음 세대로 고스란히 전달되는 어떤 내부 조직에 의해 결정된다는 사실을 이해해야 한다. 그런데 이 조직이 정확히 무엇인지는 알 수 없다.

- E. B. 윌슨E. B. Wilson, 《The Cell In Development and Heredity》

유전체와 신생 세포 활동이 제대로 기능하는 생명체 형성을 위해 서로 양립해야 하는 독립적인 두 개체라고 생각하니 묘한 해방감이 듭니다.

- 파벨 토만칵Pavel Tomancak, 트위터에서 저자에게

1장

유전자에는 없다

공항에서 출입국 수속을 할 때 빨간 불이 깜빡이는 작은 유리판 위에 집게손가락을 올려야 한다. 승객의 지문을 '읽는' 판독기다. 여권 사진과 실물을 대조하는 방법보다 더 확실하게 신원을 확인할 수 있다. 여권 사진을 찍은 지 오래됐다면 그동안 머리 모양이 바뀌었거나, 체중이 변했거나, 입가나 이마에 주름이 생겼을 수 있다. 그게 아니어도 세월을 피할 수 없으니 모습이 변했을 것이다. 자기 얼굴을 다른 사람처럼 보이도록 감쪽같이 바꿔 사람의 눈과 컴퓨터를 속이는 것도 가능하다. 하지만 손가락 끝마디에 있는 굴곡 무늬는 태어났을 때부터, 엄밀히 말하면 태어나기 전부터 정해져 절대 변하지 않는다. 또한 나와 지문이 같은 사람은 세상 어디에도 없다.

이처럼 지문이 사람마다 고유한 특징이다 보니 지문이 유전자에 기인한다고 생각할 수 있다. DNA의 유전자가 사람의 모든 것을 결정한다는 말을 워낙 많이 들었으니 말이다. 하지만 유전자와 지문은 그리 단순한 관계가 아니다. DNA가 100퍼센트 일치하는 일란성쌍둥이조차 지문은 같지 않다. 게다가 한 사람의 지문은 열 손가락마다 다르다. 그래서 휴대전화의 잠금도 특정 손가락 하나로만 해제할 수 있고, 반대쪽 손의 같은 손가락으로는 할 수 없다.

유전학 연구를 통해 유전자 수백 개가 지문과 관련 있다고 추정되고 있다. 각 유전자가 지문 패턴에 작은 영향을 미치는데, 여러 유전자가 동시에 작용할 수도 있다는 주장이다. 하지만 유전자가 지문 형성에 미치는 영향은 미미하다.[1] 유전자는 지문 패턴의 결정 요인이 아니라, 지문의 모양과 굴곡이 생기는 전체 과정에서 일부 요인에 불과하다. 다시 말해, 지문은 유전자에 쓰여 있지 않다.

눈과 머리색, 코의 모양과 크기, 손가락 길이 같은 특징이 부모로부터 물려받은 유전자와 관련 있다고 생각하는 경우가 많다. 그런데 사실 유전이 이런 특징에 기여하는 정도는 통념과 다르다. 갈색, 파란색, 회색, 녹색의 눈동자 색은 부모에게 물려받지만, 홍채를 자세히 들여다보면 미세한 고리, 함몰, 골 패턴을 발견할 수 있다. 유전자가 같더라도 눈마다 이런 패턴은 완전히 다르고 고유하다. 지문의 경우처럼 유전자라는 요소 하나만으로 홍채의 전체 형태를 설명할 수 없다.

다른 사람과 나를 구별하는 기준으로 알려진 생체 지표는 유전자에 쓰여 있지 않다니 실로 놀랍다. 사람의 지문과 홍채를 형성하는 주체는 유전자가 아니라 세포다. 지문을 돋보기로 관찰하면 섬세한 굴곡 패턴 아래 어렴풋이 편평한 부분이 보이고, 그 아래로 맨눈으로는 볼 수 없는 세포 수천 개가 서로 붙어 있다. 이런 패턴은 태아가 자궁 안에 있을 때 세포가 유전자로부터 받은 도구와 물질을 사용해 만든다.

그런데 왜 우리는 우리의 존재와 정체성을 유전자가 결정한다고 믿게 되었을까? 이 질문의 답을 얻으려면 유전자가 우리 존재에 관한 중심 서사의 주인공이 된 연유부터 이해해야 한다. 우선 유전자가 무엇인지, 어떤 역할을 하는지, 왜 유전자가 우리의 존재와 정체성의 대명사가 되었는지 살펴보아야 한다. 이는 핵산과 단백질, 변이, 창의적인 과학자들과 그들의 선견지명에 관한 이야기가 될 것이다. 우리의 존재를 둘러싼 이런 세부 정보에 관한 이야기는 세포의 작용을 이해하는 데 아주 중요하다.

유전의 법칙

사람들은 오래전부터 유전이 미치는 엄청난 영향을 알고 있었다. 개는 개를 낳고, 양은 양을 낳는다는 것을 알았고, 오래전 시작된 동물 사육과 농사도 생명체의 특성이 다음 세대로 전해진다는 사실을 알게 되면서다. 우리는 대개 부모나 조부모를 닮는다. 이런 유사점 때문에 생명체에 대대로 전해지는 핵심 요소가 있다는 가설이 생겼는데, 아주 오랫동안 그 요소를 '피'라고 보았다. 왕조들이 대대로 혈연을 통해 명예와 특권을 상속한 것도 같은 맥락이다. 외양뿐 아니라 고유한 특성도 유전될 수 있다는 점을 발견한 뒤, 형질 유전의 개념은 더 확고해졌다. 1751년 프랑스의 지식인 피에르 루이 모로 드 모페르튀Pierre-Louis Moreau de Maupertuis는 3대에 걸친 한 가문의 혈통서를 출판했다. 이 가족의 사람들은 손가락이 여섯 개였는데, 그는 이 특성이 유전이라고 결론 내렸다. 형질 유전을 다룬 최초의 공식 기록이었다. 비슷한 유전 관련 연구가 일부 질병을 다루기도 했다. 혈우병은 1803년 미국 필라델피아 주의 의사 조지프 콘래드 오토Joseph Conrad Otto가 '남성에게서 나타나는 가족성 출혈 질환'이라고 최초로 서술했다. 그의 기록에 의하면 그 기원은 1720년 뉴햄프셔 주 플리머스에 정착한 여성으로 거슬러 올라간다.

유전에 관해 알게 되면서 인간은 실용적인 방식으로 유전법칙을 활용했다. 수천 년 동안 생김새에 기반해 동물을 사육하며 수요와 목적에 맞게 고기와 가죽의 품질을 높였다. 18세기 말경에는 농장주와 목축업자들이 유전 지식을 바탕으로 대규모 사육을 시작했다. 그중 가장 유명한 사례로 잉글랜드 중부 레스터셔 주 디슈리 그레인지에 살던 로버트 베이크웰Robert Bakewell이라는 목축업자를 들 수 있다. 그는 잉글랜드 근처에서 양을 골라 모아 양모 품질이 훌륭하고 육질이 좋은 품종을 개발했다. 또한 기존보다 크고 육질이 두꺼운 황소를 사육해내기도 했다. 영국의 농업혁명 이전인 1700년에는 도축되는 황소의 평균 무게가 170킬로그램이는데, 100년 후에는 무려 350킬로그램에 육박했다. 베이크웰은 성체 동물을 기준으로 원하는 특징을 다 갖춘 개체들을 찾아 교배시켰고, 태어난 개체가 기준에 못 미치면 사육에서 제외했다. 결과는 성공적이었다. 하지만 이런 사육 방법에서 살필 수 있는 기준은 관찰 가능한 동물의 특징들뿐이었다. 이를 과학 용어로 '표현형pheno-type'이라고 한다.

목축업자와 식물 재배업자 모두 유전의 영향력은 잘 알고 있었다. 하지만 혈통의 법칙에 숨은 비밀을 알아내기 위해서는 더 다양한 방법을 적용하고 세심하게 관찰해야 했다. 그리고 완두콩을 일일이 세는 노력도 필요했다. 유전법칙을 이해하기 위한 첫 과학적 접근법이 시도된 것은 1866년이었다. 당시 모라비아의 수도사 그레고어 멘델Gregor Mendel은 자신의 완두콩 재배 실험 결과를 가지고 일련의 강의를 했다. 그가 관찰한 바에 따르면 부모 식물 양쪽에 모두 주름진 완두콩이 있으면 자손 식물에도 주름진 완두콩이 생겼다. 부모 식물 중 한쪽에만 주름진 콩이 있고 다른 쪽은 대대로 매끈한 콩의 자손인 경우, 그후 모든 자손 식물에서 매끈한 콩이 생겼다. 하지만 자손 식물을 매끈한 콩이 열리는 다른 식물과 교배했더니 놀랍게도 다음 세대 일부에서 주름진 콩이 다시 등장했다. 멘델은 완두콩 식물의 키나 납작한 정도, 꽃 색깔 같은 다른 특징에도 이런 법칙이 적용된다는 것을 발견했다. 이런 특징들은 부모에서 자손으로 전달되고, 수 세대 동안 사라졌다가 다시 나타나기도 하는데, 여기에는 특정한 패턴이 있었다. 이런 유전 패턴은 수치화할 수 있는 법칙이 될 수 있었다.

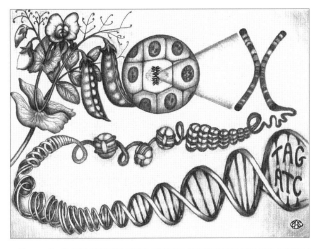

그림 1. 그레고어 멘델의 완두콩 실험은 유전자와 염색체에 이어 이후 DNA 이중나선 구조의 발견으로 이어졌다.

이후 멘델은 특정 물리적 입자와 연관된 특성이 대대로 전해질 수 있다고 주장했다. 식물의 경우 이런 입자 두 개, 즉 부체와 모체에서 각기 하나씩 물려받은 입자가 그 모든 특성과 관련되어 있다는 것이었다. 이런 입자들은 '우성'과 '열성'으로 나뉘며, 우성 입자와 열성 입자가 만나 생기는 자손에게서는 우성 입자의 특성만 나타났다. 예를 들어, 완두콩은 매끈한 특성이 우성이고 주름진 특성이 열성이므로 유전으로 물려받은 주름진 특성 입자가 모체와 부체 양쪽에 있어야만 자손 식물에서 주름진 콩이 나타난다. 멘델은 이 법칙을 통해 자신이 관찰한 바를 설명할 수 있었지만, 그 입자들의 성질을 이해하거나 유전 패턴에 작용하는 생물학적 기제(유성 생식 제외)는 밝혀내지 못했다.

멘델은 기쁜 마음으로 연구 결과를 발표했지만, 이에 주목하는 과학자는 소수에 불과했다. 찰스 다윈의 서재에서 발견된 멘델의 논문은 개봉되지도 않은 상태였다고 한다. 20세기가 되고 연구자들이 다양한 식물에서 비슷한 유전 패턴을 관찰한 후에야 멘델의 연구는 알려지기 시작했다. 특히 영국 생물학자 윌리엄 베이트슨 William Bateson은 멘델의 실험에 푹 빠졌고 이디스 손더스Edith Saunders 와 함께 영국 케임브리지대학 뉴햄 칼리지 소속 여성 그룹을 데리고 유전의 특성 발현을 자세히 파헤치는 획기적인 연구를 수행했다. 그들이 동식물을 대상으로 연구를 거듭할수록 멘델의 유전 법칙이 옳다는 것이 증명됐다. 개체의 특성은 부모에서 자손으로, 입자 형태로 전달된다. 눈에 보이지 않고 정체도 알 수 없는 이 입자는 우성 또는 열성이라는 정확하고도 재생산이 가능한 수치적 패턴을 따르고 있었다.

1905년에 베이트슨은 형질 유전을 연구하는 학문을 지칭하고자 '유전학genetics'이라는 단어를 만들었다. '탄생'을 뜻하는 그리스어 '게노스genos'에서 유래한 단어다. 그리고 몇 년 후 생겨난

'유전자gene'라는 용어는 대대로 관찰되고 이어지는 특성, 즉 형질과 연관된 유전의 최소 단위로, 완두콩의 매끈한 특성이나 주름진 특성을 결정한다고 멘델이 주장한 입자와 비슷한 개념이다. 형질 관련 유전자들의 조합을 의미하는 '유전자형genotype'은 관찰되는 특징들을 지칭하는 '표현형'의 보이지 않는 개념이다. 시간이 지나면서 유전학은 유전자의 모습과 구성 요소가 밝혀지기 전부터 유전 관련 연구에서 유전자의 전달 및 영향에 관한 연구로 바뀌어갔다. 멘델의 유전법칙들이 확고히 자리 잡은 후로 과학계는 이 보이지 않는 입자들을 찾으려는 노력에 집중했다. 이런 연구는 생명체의 가장 작은 단위인 세포를 중심으로 이루어졌다.

현미경 아래에 세포를 놓고 자세히 관찰한 연구자들은 세포의 내핵, 즉 세포핵을 발견했다. 실 같은 작은 구조들을 가득 저장한 모습이었다. 과학자들은 염색된 듯 보이는 이런 실 같은 구조들을 '색깔chromo'과 '몸soma'을 의미하는 두 그리스어 단어를 조합해 '염색체chromosome'로 칭했다. 염색체의 수와 동식물의 이종교배를 통한 변화를 관찰한 결과, 베이트슨이 유전자라고 명한 존재가 염색체 안에 있을 가능성이 높다는 사실이 밝혀졌다. 흥미롭게도 멘델의 연구 결과에서 이미 예상했듯이 염색체는 항상 쌍을 이루며 유기체마다 고유의 염색체 수가 있는 듯했다. 예를 들어 인간의 염색체는 총 46개이자 23쌍이며, 초파리는 8개로 4쌍, 소라게는 무려 254개로 127쌍이다. 전 세계에서 염색체 수가 가장 많은 생물은 특정 양치식물로 무려 1200개다. 또한 암수는 염색체 한 쌍이 서로 다르다. 인간의 경우 한 쌍에서 여성은 X 염색체가 두 개이고, 남성은 X 염색체 한 개와 그보다 작은 Y 염색체 한 개로 구성된다. 그렇다면 이 염색체로 우리의 특성이 결정되는 것일까? 이 염색체 안에 멘델이 언급한 미지의 요소가 있을까?

이렇게 과학계는 유전자의 연구 방향은 파악했지만, 아직 모르는 것이 많았다. 부모에서 자손으로 유전되며, 종마다 숫자가 다른 이런 세포핵 내 구조들이 표현형과 관련되었다고 추정했을 뿐, 그 자세한 과정과 원리는 여전히 수수께끼였다. 이들이 단백질, 산, 염기, 심지어 생명체 내 특이 요소인 인을 구분해 복잡한 화학적 구성을 밝혀냈더라면 세포핵 안에 숨은 유전의 비밀을 일찍이 해독할 수 있었을 것이다.

유전자 '안'에는 무엇이 있을까?

제2차 세계대전이 한창이던 1943년, 뉴욕시 록펠러 연구소에서 일하던 세균학자 한 명이 20여 년에 걸친 자신의 연구 결과를 담은 요약본을 만들고 있었다. 폐렴을 유발하는 폐렴구균을 무해한 미생물에서 치명적인 균으로 바꾼다고 추정되는 미지의 물질인 '형질 전환 물질'의 화학적 성질이 주제였다.

오즈월드 에이버리Oswald Avery가 폐렴구균에 처음 관심을 가지게 된 시기는 1920년대로, 제1차 세계대전 말 유럽과 미국을 휩쓴

스페인독감 같은 팬데믹의 재발을 피하고자 백신 개발이 한창이던 때였다. 당시는 인플루엔자 바이러스의 정체가 밝혀지기 전이었고 폐렴은 공공 보건의 가장 큰 위협이었다. 당시 영국 보건부 소속 프레더릭 그리피스Frederick Griffiths의 연구가 에이버리의 관심을 끌었다. 실험용 쥐에 주사했을 때 서로 아주 다른 행동 양상을 보이게 하는 두 폐렴구균 계통인 'R'과 'S'에 관한 연구였다. R은 폐렴 유발 확률이 아주 낮았지만, S에 노출된 동물은 모두 폐렴으로 죽었다. 그런데 죽은 S 세포와 살아 있는 R 세포를 섞어 주입해도 모든 동물이 죽었다. 이 연구 결과를 접한 에이버리는 죽은 세포에 무엇이 있기에 같은 시험관에 담긴 살아 있는 세포의 성질을 바꿔놓았는지 궁금했다.

과학은 점진적인 발견을 거치며 발전한다. 한 가지 요소를 바꾸고 지켜본 다음, 다시 처음부터 시작해 또 다른 요소를 바꾸는 식이다. 어떤 인과관계가 확인될 때까지 이 과정을 계속 반복하는 것이다. 에이버리는 무해한 R 세포를 치명적인 세포로 바꾼 요인을 찾기 위해 죽은 S 세포의 요소들을 하나씩 제거해보았다. 그러던 중 '데옥시리보핵산DNA'이라는 물질이 에이버리의 눈에 띄었다. S 세포의 잔해에서 DNA를 제거했더니 R 세포가 본래 모습으로 돌아온 것이다. 이 결과를 통해 에이버리는 유전의 중요 요소를 밝혀냈고, 이것이 생명체의 특성을 바꿀 수 있다는 사실도 파악했다.

폐렴구균의 근본적인 성질을 결정한 것은 DNA였다. 에이버리는 형제에게 쓴 편지에서 이 연구 결과에서 나타날 만한 다양한 가능성을 언급했다. "이 형질전환물질의 화학적 성질은 무엇일까? …… 유전학, 효소 화학, 세포 대사, 탄수화물 합성과도 관련이 있어. 요즘에는 문서로 된 자료를 철저히 제시해야 사람들을 설득할 수 있지만 …… 단백질이 없는 데옥시리보핵산에 생물학적 활성을 일으키는 어떤 특성이 있을 수 있어." 유전에 관한 인류의 이해도가 뛰어오른 순간이었다. 멘델이 찾던 수수께끼의 입자가 바로 DNA였던 것이다. 게다가 이런 성질들은 유전되는 것은 물론, 번식과 생식 외 방법으로도 세포에서 세포로 전달되어 세포의 특성을 바꿔놓을 수 있었다.

멘델의 경우와 비슷하게 에이버리의 발견도 너무 획기적이라서 주목하는 사람은 아주 적었다. 당시 시카고대학 학생이던 제임스 D. 왓슨이 그중 한 명이었다. 왓슨은 에이버리가 발견한 형질전환물질에 생명체의 특성인 유전의 비밀이 담겨 있다고 생각했다.

왓슨은 1950년대 초반에 영국에서 DNA의 물리적 구조를 알아내기 위해 케임브리지대학의 물리학자 프랜시스 크릭과 협업했다. 당시 DNA의 화학적 기본 원리는 밝혀진 상태였지만, 지구상의 다양한 생명체에 적용하기에는 너무 단순해 보였다. DNA의 구성 요소는 데옥시리보스, 인산염과 더불어 화학적 성질 때문에 '염기'라고 부르는 화합물 네 개인 아데닌(A), 시토신(C), 구아닌(G),

티민(T)이다. 이 염기 네 개는 유기체에 따라 특정 비율로 나타난다. 과연 이 알파벳 네 개에 생명체의 비밀이 담겨 있을까? 여기서 또 의문점이 생긴다. "이 화학물질들이 어떻게 하나의 조직을 구성했을까?"

이 의문점은 DNA 구조를 찍은 생생한 엑스레이 사진들로 풀렸다. 이 사진들을 찍은 사람은 젊고 유능한 과학자 로절린드 프랭클린Rosalind Franklin이었고, 사진의 분석은 프랭클린의 허가 없이 왓슨과 크릭이 1951년에서 1953년에 수행했다. 왓슨과 크릭은 사진에서 본 모습을 본뜬 모형을 사용해 그 유명한 이중나선 구조를 구현했다. 당과 인산염으로 구성된 기본 틀 안에 A, C, G, T가 일렬로 조합된 가닥 두 개가 서로 꼬여 있는 모습이었다. 두 가닥은 서로 대칭을 이루며, 염기들이 A는 T와, G는 C와 정확하게 쌍을 이루며 결합해 있었다. 이중나선 구조의 한쪽 가닥이 AGCT 순서인 경우 다른 쪽 가닥의 순서는 TCGA였다.

왓슨과 크릭은 (로절린드 프랭클린의 자료를 사용해) DNA의 구조를 발견한 것과 더불어 더 과감하고 영향력 있는 업적을 남겼다. 멘델의 입자, 베이트슨의 유전자, 에이버리의 형질전달물질 등 선행자들이 던졌던 질문 다수에 관한 답과 유전학자들이 연구했던 돌연변이 현상의 기틀을 이중나선 구조에서 찾아낸 것이다. 앞서 설명한 DNA의 두 가닥 중 하나는 원본, 다른 하나는 대칭인 복제본이며, 두 가닥이 어우러져 세포와 유기체를 재생산하는 과정에서 한쪽 가닥이 유전되면서 다른 가닥에 대해 견본 역할을 했다. 이런 이중나선 구조를 통해 왜 참새가 제비가 아닌 참새를 낳는지, 왜 흰긴수염고래가 돌고래가 아닌 흰긴수염고래를 낳는지, 왜 아들이 부모와 조부모를 닮았는지 설명할 수 있었다. 두 DNA 가닥이 상보적이어서 세포 분열이나 유기체 번식 시 가닥 하나가 견본으로부터 다른 가닥을 다시 만들 수 있었다(물론 오류가 생기기도 한다). 왓슨과 크릭은 참새나 제비, 고래, 돌고래, 인간을 정의하는 요소가 이 일련의 화학물질들 안에 있다고 말했다. 이후로 이 이중나선 구조는 무려 한 세기 가까이 지배적이었던 유전자 중심 자연관의 기틀이 되었다.

하지만 이런 유전자 중심 관점으로 모든 게 설명되지는 않았다. DNA의 구조가 발견된 이후로 흔히 DNA를 '생명의 책'으로 간주하고는 한다. A, G, C, T라는 일련의 알파벳으로 쓰인 글이 유기체를 만드는 설명서 역할을 한다는 뜻이다. 그렇다면 이 설명서의 목적과 실행 주체는 무엇일까?

통념과 달리 DNA는 설명서와는 거리가 멀다. 가구 조립 설명서를 생각해보면, 일련의 이미지를 통해 각 단계에 필요한 부품을 알려주고 화살표로 완성물에 이르는 조립 방법을 설명한다. 이처럼 설명서는 각 단계에 걸쳐 무엇을, 어디에, 어떻게 해야 하는지를 알려주지만, DNA의 경우 전혀 그렇지 않다. 가닥을 따라 염기 알파벳이 배열되어 있기는 하나, 이 염기들이 생겨나는 순서는 정해지지 않았다. 가닥을 따라 배열된 특정 염기 구간들에 정보가 담겨 있을 뿐이다. 이걸 '유전자'라고 부르는데, 이를 찾기란 쉽지 않다.

유전학의 진보에도 불구하고, DNA 다발을 개별 단위인 유전자로 쪼개기는 아직 간단하지 않다. 생물학자들조차 개별 유전자를 정의하기란 불가능에 가깝다고 볼 것이다. 유전자를 단순한 화학 구조, 즉 유전된 핵심 염기 네 개의 조합에서 비롯된 DNA 배열로 보는 이들도 있다. 하지만 과학자와 비과학자를 통틀어 대부분 사람에게 유전자는 특성과 직접 연관된 유전의 단위를 칭하는 용어로 통한다. 유전자의 정의에 관해서 이렇게 의견 차이가 나는 이유는 개별 세포 내 DNA의 총량인 '유전체genome'의 1~3퍼센트만이 유전되는 특성들과 직접적인 관련이 있다는 놀라운 사실 때문이다. 유기체에 따라 그 비율이 다르지만, 모든 생명체에서 DNA의 일부만 유전과 연관된다. A, G, C, T로 구성된 나머지 배열들의 역할은 여전히 밝혀지지 않았다. 그래서 유전자는 길고 긴 낙서 속에 숨겨진 단어들로 비유되고는 한다. 물론 유전자는 단어가 아니라 화학물질로 인식되지만 말이다.

유전자를 '단어'에 비유하는 이유는 유전자에 의미가 담겨 있으며 유전자를 구성하는 알파벳 가닥이 길수록 담긴 정보도 길어지기 때문이다. 각 DNA 가닥을 따라 A, G, C, T 중 어떤 염기든지 위치할 수 있다. 예를 들어 유전자가 알파벳 4개로 만들어진다면 4^4, 즉 256가지 조합이 가능하므로 화학적 의미도 256가지일 수 있다. 알파벳 5개로 만들어진다면 4^5이니 1,024가지 조합이 가능하다. 알파벳 종류가 수천 자라면 그것으로 가능한 조합은 사실상 무한대인 셈이다. 하지만 언어가 그렇듯 문자와 단어의 수와 그 조합에 모두 의미가 있지는 않다.

유전자의 정체와 더불어 과연 유전자의 역할이 유전자 중심 관점에서 제시하는 만큼 중요한지 파악하기 위해 과학자들은 더 깊이 파고들어 유전체에 담긴 단어와 문자의 정의, 표기, 판독 방식을 알아내야 했다.

유전자의 언어

유니버시티 칼리지 런던의 유전학자이자 유명 유전학 도서들을 저술한 스티브 존스Steve Jones는 성교를 지루하게 만드는 것이 자기 역할이라고 학생들에게 말하며 수업을 시작한다. 유전학이라는 분야를 재미가 빠진 성교에 비유한 것인데, 틀린 말은 아니다. 성교는 유전학의 핵심이며, 완두콩과 쥐의 교배도 일종의 성교로 볼 수 있다. 하지만 종류별로 완두콩을 세거나, 종피의 색을 설명하거나, 지수를 계산하거나, 'AAAGTCCCTTA' 같은 문장을 중얼거리는 건 그리 흥분되는 일이 아니다.

따지고 보면 유전체는 자극적인 로맨스 소설보다는 해독이 필요한 어려운 문학적 글에 더 가깝다. DNA가 '생명의 책'이라는 주장과 더불어, DNA의 메시지가 매개체 내로 '전사'된다는 것도 과학계에서 흔히 거론되는 얘기다. 유전자와 형질 사이에서 전달자의 역할을 하는 이 매개체는 또 다른 핵산인 '리보핵산RNA'이다. RNA 분자는 DNA와 흡사한데, 데옥시리보스 대신 리보스가, 티민(T) 대신 우라실(U)이 자리한다는 두 가지 차이점이 있다. 이런 분자 구조의 차이로 RNA는 DNA 같은 이중나선 구조가 아니라 한 줄로 된 리본 모양이나 복잡한 입체적 구조를 형성한다.

전사 과정에서 DNA 이중나선 구조 가닥들은 염색체로부터 풀어져 개별 가닥 두 개로 펼쳐진다. 특정 명령을 수행하는 데 필요한 DNA 일부가 염색체를 벗어날 수 없는 RNA 리본으로 복제된다. 이것이 바로 유전자의 '발현'이다. DNA에는 유전자 원본 하나만 있지만, RNA 리본은 다수를 복제한다. 또한 오즈월드 에이버리가 S 폐렴구균에서 발견했듯이 DNA는 세포가 살아 있는 동안 계속 존재하며 유기체가 죽은 후에도 생존할 수 있지만, RNA는 생명이 짧다. RNA로 복제본들이 생성되면 DNA는 원래 상태로 결합해 정보 손실 가능성을 최소화한다.

일부 RNA 분자들은 유전자의 발현 시기나 장소 등을 정하는 DNA의 역할을 제어하는 데 중요한 역할을 한다. 더 나아가 DNA 내 암호화된 '단어들'의 의미 판독도 RNA를 통해 이루어진다. RNA 내 메시지를 가져다가 단백질로 바꾸면서 판독이 이루어지는데, 이런 유형의 RNA 분자를 '메신저RNAmRNA'라고 부른다.

세포의 일꾼이라고 할 수 있는 단백질은 그 종류가 다양하다. 그중 효소는 음식을 분자 단위로 쪼개 에너지를 만드는 소화 작용과 독소를 쪼개 해롭지 않은 부산물로 만드는 면역 작용을 중재하는 화학 반응을 수행한다. 다른 단백질들의 역할은 더 조직적이다. 케라틴은 세포를 구조적으로 돕고 보호하며 머리카락과 손발톱의 상당 부분을 구성한다. 적혈구 속 헤모글로빈은 신체 구석구석으로 산소를 운반한다. 디스트로핀은 세포들이 이동하고 소통하는 과정에서 세포와 세포, 또는 세포와 세포 바깥 요소들을 연결하는 유연한 결합제로서 역할을 한다.

mRNA를 단백질로 바꾸려면 소위 '변환translation' 과정이 필요하다. 단백질은 화학적으로 핵산과 전혀 다른 아미노산으로 이루어졌기 때문이다. DNA와 RNA는 분자 단위 4개가 나란히 결합해 리본이나 나선 형태를 이루지만, 단백질을 구성하는 아미노산 20개는 각기 성질이 아주 다르다. DNA의 이중나선 구조를 형성하는 염기들은 동일성을 갖추지만, 아미노산은 마치 다양한 레고 조각처럼 조각의 종류와 조립 순서에 따라 놀라울 정도로 다양한 구조와 형태로 구성될 수 있다. 문자 4개의 언어에서 문자 20개의 언어로 변환되면서 조립 순서가 결정된다.

DNA 내 문자 순서에 질서가 없듯이 RNA 내 문자 순서에도 규칙이 없다. 유일한 차이는 DNA 내 메시지의 복제본이면서 T 대신 U가 있다는 점이다. 한 염기 뒤에 어떤 염기든지 올 수 있다.

그러니 계산해보면 A, C, T, G를 자연적으로 발생하는 아미노산 전부로 변환하려면 문자 3개로 구성된 조합들이 필요하다. 아미노산 1개당 문자 1개를 복제하면 아미노산 코드 4개만 산출되고, 아미노산 1개당 문자 2개의 조합을 복제하면 코드 16개(4×4)만 산출되므로 단백질을 구성하는 아미노산 20개보다 수가 적기 때문이다. 한편 아미노산 코드가 문자 3개로 조합된다면 64개(4×4×4)로 충분한 수가 된다.

여러 실험을 통해 실제로 염기 3개 조합이 아미노산들에 해당하며, 일부 아미노산은 둘 이상의 염기 3개 조합으로 암호화된다는 것이 입증되었다. 염기 조합 중 ATG는 단백질을 구성하는 아미노산들의 유전적 암호가 시작되는 지점이며, TAA와 TAG, TGA는 암호 변환이 중단되는 지점이다. 이런 암호는 모든 동식물에 공통으로 적용되며, 이는 모든 DNA가 아주 오래전에 이루어진 분자적 발생에 기인한다는 놀라운 가능성을 시사한다. 암호 변환 과정을 수행하는 주체는 단백질과 RNA로 구성된 '리보솜ribosome' 이라는 분자 구조로, 마치 전보 테이프처럼 mRNA 리본을 스캔해서 그 내용에 따라 단백질을 조립한다.

이제 우리는 유전자가 무엇이며 어떻게 관찰 가능한 특성으로 변환하는지를 대략적으로 알 수 있다. DNA가 풀려서 부분별로 RNA로 전사된 다음, 세포 내에서 효소로 변환되어 명령을 수행하게 되는 것이다. RNA 안으로의 DNA 변환이 시작되고 끝나는 염색체 지점들도 A, G, C, T의 특정 배열로 표시된다. 이런 구간이 바로 유전자다. 판독가, 메신저, 변환자가 수행한 변환 및 복제본에서 생겨난 단백질과 RNA로 유전자가 '의미'를 얻는다. 그렇다면 이런 기제들의 세부 원리는 무엇이며, 그 과정들은 어떻게 시작될까? 여기에 답하려면 책을 하나 더 써야 한다.

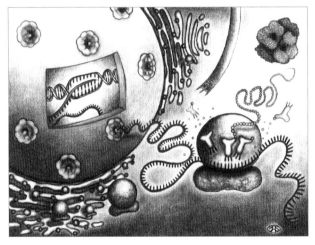

그림 2. 분자생물학의 중심 원리에 따르면 DNA의 이중나선 구조는 세포핵 내에서 복제되고 메신저RNA로 전사된다. 일부 메신저RNA는 세포질로 보내져 리보솜 내에서 단백질로 변환된다. 이 그림에서 리보솜은 mRNA를 따라 움직이는 커다란 구조다.

단백질에 대한 내용을 알려고 인간 유전체를 샅샅이 훑는다는 건 60억 자 길이의 문자로 된 설명서를 놓고 곳곳에 흩어져 있는 단어 2만 개를 찾아 책장의 조립 방법을 알아내려는 시도에 비유

당신의 지문은 DNA를 말하지 않는다

할 수 있다. 과학계에서는 여러 해 동안 시행착오를 거쳐 이런 메시지들을 발견했고, 염색체로 옮겼으며, 해독하기도 했다. 하지만 지시 사항들의 순서가 불분명한 데다, DNA 내 문자 조합으로 유기체를 만들려면 모든 문자 조합을 시도해 결과를 지켜봐야 했다.

유전체는 설명서 역할과는 거리가 멀었고, 책이라기엔 읽기가 너무 어렵다. 그래도 유전체에 동식물과 인간을 만드는 요소, 도구, 물질에 관한 정보가 들어 있다는 건 사실이다. 하지만 유전체 깊숙한 곳에 든 형질 관련 코드를 찾는다 해도 DNA 내 이런 메시지들이 어떻게 생명체의 복잡한 조직과 장기로 전환되는지는 여전히 불분명하다. 이 수수께끼의 해답을 찾기 위해서는 개별 유전자의 의미와 발현을 더 깊이 관찰해야 한다.

기능과 기능 부전

앞에서 언급했듯이 멘델의 발견 전에 질병이 유전된다는 건 알려져 있었지만, 정확히 무엇이 유전되어 질병을 유발하는지는 분명하지 않았다. 멘델의 법칙에 힘입어 처음 발견된 유전 질병은 호모겐티신산 산화효소와 관련이 있었다. 알캅톤뇨증 환자의 몸에는 호모겐티신산을 분해하는 이 효소가 부족해서 소변에 산이 쌓이게 된다. 이렇게 축적된 산이 공기에 노출되면 검은색이 되므로 이 질환을 '검은 소변 병'으로 부르기도 한다. 이 희귀한 표현형은 런던 그레이트 오몬드 스트리트 병원 의사 아치볼드 개로드Archibald Garrod의 주목을 끌었다. 20세기를 수년 앞둔 시점이었다.

이 병원에서 태어나는 신생아 중 기저귀에 검은 소변이 묻는 경우들을 추적 관찰한 개로드는 이 질환은 유전병이며 사촌의 자손에게까지 유전된다는 사실을 발견했다. 개로드는 케임브리지대학의 윌리엄 베이트슨과 상의했고, 베이트슨은 멘델의 완두콩 실험을 개로드에게 소개했다. 알캅톤뇨증은 아주 희귀한 질환이었기에 열성 형질임이 분명했다. 1902년 개로드는 아이들이 '화학적 개체성'을 물려받는다는 내용의 논문을 발표했다. '유전자'라는 단어가 널리 쓰이게 된 후로 알캅톤뇨증은 형질이나 결핍의 유전, 즉 호모겐티신산 산화효소 관련 유전자 내 '돌연변이' 때문에 발생하는 유전병으로 분류됐다. 이 사실이 알려진 후 알캅톤뇨증은 결핍된 단백질을 보충하는 방법으로 쉽게 치료할 수 있게 됐다.

알캅톤뇨증의 원인이 유전자 내 돌연변이로 인한 효소 결핍이었기 때문에 과학계는 유전자가 늘 효소와 연관된다고 생각했다. 하지만 사실 유전자와 형질의 관계는 그렇게 단순하지 않은 경우가 많고 놀라운 발견들이 이어지곤 한다.

1900년경, 은퇴한 교사 애비 래스롭Abbie Lathrop은 미국 매사추세츠에서 반려동물 사육 사업을 시작했다. 그녀는 우선 크기가 작으면서도 빠르게 번식해 일찍 이익을 낼 수 있는 동물로 쥐를 선택했다. 초반에 사육하던 쥐 종류 중 하나가 17세기에 일본과 중국에서 반려동물로 사육되었던 일본왈츠쥐였다. 이 종은 이례적인 행동을 보인다. 가만히 있거나 직선으로 달리는 대신, 원을 그리며 마치 춤을 추듯이 축을 돌며 달린다. 어떤 때는 달리지 않고 뒷다리를 축으로 계속 회전하는데, 이렇게 움직일 때 머리도 원을 그리며 돈다. 이런 쥐들이 사육되었던 것은 TV와 인터넷이 없던 시대에 인간의 호기심을 자극했기 때문이다.

시간이 지나면서 일본왈츠쥐와 다른 '흥미로운' 쥐의 종들이 번식했고, 래스롭이 사육하는 쥐의 수는 1만 마리를 넘었다. 래스롭은 이런 흥미로운 특성이 유전된다는 걸 알았다. 따라서 일본왈츠쥐를 번식시키려면 일본왈츠쥐끼리 교배해야 했기에 동계교배同系交配만 시켰다. 그러던 몇 년 후 래스롭은 동계교배 한 쥐 중 일부와 그 자손들의 피부에 혹이 생긴 걸 발견했다. 종양 같다고 생각한 래스롭은 과학자 몇 명에게 자문했고, 결국 세인트루이스 워싱턴대학의 병리학자 레오 로엡Leo Loeb과 협업해 특정 암에 취약한 동계교배 쥐의 종류를 밝혀냈다. 래스롭과 로엡은 1913년에서 1918년까지 쥐의 유방암 발병 경향이 유전에 기인한다는 선구적인 암 관련 논문 10편을 발표했다. 이후로 이 쥐들은 암생물학의 표본으로 실험실에 보관되었고, 암을 유발하는 요인이 유전자라는 인식도 이때부터 자리 잡았다.

완두콩의 색과 질감이 유전된다는 사실과 비교했을 때 신경학적 질환 및 암이 유전된다는 사실은 차원이 다른 발견이었다. 이 시기는 에이버리가 DNA의 변형 능력을 관찰하기 30여 년 전이자, 왓슨과 크릭이 A, C, G, T로 구성된 DNA 화학 구조를 밝혀내기 무려 50여 년 전이다.

오늘날 돌연변이의 개념은 기존 DNA 문자 일부에 변화가 생긴 경우를 의미한다. 한 개 이상의 문자가 다른 것으로 교체되거나 결핍되어 특정 형질에 영향을 주고, 유전을 통해 다음 세대로 전달되기도 한다. 문자 하나가 존재하지 않거나 다른 문자 3개 중 하나와 교체될 수도 있고, 특정 암호 문자가 반복되는 사례도 있다. 문자 배열에 이런 변화가 있으면 유전자는 새로운 유전자 형태인 '대립형질allele'을 만든다. 유전자의 '단어'가 동사라면 대립형질은 해당 동사의 다른 시제형인 셈이므로 의미에 차이가 있다. 유전자 내 변화가 RNA로 전사되어 단백질로 변환될 때 이런 변화가 단백질의 기능을 결정한다.

호모겐티신산 분해 등의 특정 신체 기능에 해당 단백질이 필요한데, 원래 문자가 변한다면 유기체 기능에 결함이 생긴다. 매끄러운 표면을 만드는 효소가 부족해서 주름진 완두콩이 생겨나는 것처럼 단순한 결함일 수도 있다.

간단한 예를 들어 설명해보겠다. 아미노산용 암호 문자처럼 3개 문자 단어들로 구성된 문장이 있다고 해보자. THE CAT ATE

THE RAT AND WAS ILL(고양이가 쥐를 먹고 병에 걸렸다). 여기서 'CAT'의 A를 삭제하고 다시 문자를 3개씩 짝지어 읽으면 문장의 의미가 파괴돼 아무 의미 없는 문장이 된다. THE CTA TET HER ATA NDW ASI LL. 이런 종류의 돌연변이가 발생하면 암호화된 단백질의 기능에 이상이 생긴다. 하지만 3개 문자 단어 중 하나에만 작은 변화가 있다면 그 위치에 따라 문장의 의미를 여전히 전달할 수도 있다. 'CAT'에서 A를 E로 바꾼 문장인 'THE CET ATE THE RAT AND WAS ILL'은 의미가 비슷하게 전달된다. 하지만 T를 W로 바꿔서 'CAT'이 'CAW'가 되면 어떤 동물이 쥐를 먹었는지 전혀 알 수 없게 된다. 이런 변화는 단백질의 기능에 심각한 영향을 미칠 수 있다.

개로드가 알캅톤뇨와 연관을 지은 것도, 래스롭이 사육해 만든 쥐도 돌연변이였다. 일본왈츠쥐가 이례적인 행동을 보이는 이유는 평형감각을 제어하는 내이 세포들을 조직하는 단백질을 암호화하는 유전자에 돌연변이가 생겼기 때문이다. 똑같은 유전적 돌연변이가 인간에게서 발생하면 평형감각, 청각, 시각에 문제가 생기는 어셔 증후군을 유발한다. 이 단백질은 효소가 아니기 때문에 여기서 유전학의 난관이 등장한다. 유전자의 산물이 효소가 아니라면, 돌연변이에 의한 기능 부전 대신 그 유전자에 암호화된 원래 정상 기능이 무엇인지 어떻게 알아낼 수 있을까? 이 문제가 처음 주목받은 건 쥐의 꼬리에 영향을 주는 돌연변이 때문이었다.

꼬리의 T

1920년대 러시아혁명 후 러시아를 떠나 파리의 라듐 기관에서 일하던 나딘 도브로볼스카야-자바츠카야Nadine Dobrovolskaya-Zavadskaya 는 방사선의 돌연변이 유발 가능성에 관심을 보였다. 라듐의 형광성을 활용해 생활용품을 장식했던 여성들이 빈혈, 골절, 종양으로 계속 사망했기 때문이다.

도브로볼스카야-자바츠카야는 파스퇴르 연구소와 협력해 수컷 쥐의 고환에 방사선을 쬔 후 그 쥐를 교배시켜 자손들에게 돌연변이가 발생하는지 관찰했다. 이런 교배를 3000번 실시한 후 여러 세대에 걸쳐 돌연변이가 유지된 돌연변이 유형 두 개를 발견했다. 그중 한 유형은 꼬리가 아주 짧아서 돌연변이 T라는 이름이 붙었다(지금은 그리스어로 '짧은 꼬리'를 의미하는 브라큐리Brachyury 또는 단미증이라고 부른다). 이런 특징이 부모 중 한쪽에만 있더라도 그 자손에게 유전되는 우성 형질임을 표시하려고 유전학자들의 관습에 따라 대문자 T를 사용한 것이다. 또한 이 돌연변이 명칭은 해당 돌연변이와 관련된 유전자에도 적용되었다.

도브로볼스카야-자바츠카야는 아주 특이한 양상을 보이는 돌연변이를 발견했다. 유전 계통상 '수컷 연장자'에게 방사선을 조사해 단미증 유전자 쌍 중 한 개가 파괴되면, 그 자손은 짧은 꼬리를 가지고 태어난다는 점이었다. 그리고 놀랍게도 단미증 유전자 한 쌍 모두가 없으면 자손은 자궁에서 배아 상태로 죽었다. 실로 획기적인 연구 결과였다. 이처럼 암 연구를 위해 설계된 연구가 발생학적, 즉 유기체의 생성 방식에 관한 발견으로 이어진 사례는 이후 또 있었다. 그렇게 배아 상태로 죽은 쥐는 돌연변이의 이면에 무언가가 숨어 있음을 암시했다.

당시 도브로볼스카야-자바츠카는 방사선이 쥐에게서 유전자 변화를 유발한 것이 아니라, 돌연변이를 제어하던 무언가를 파괴해 기존에 잠재된 질환을 드러나게 했다고 생각했다. 과학자들은 돌연변이로 죽은 쥐의 자궁 속 잔여물을 살펴보기로 했다. 그 배아들은 척추가 짧고 흉부 근육이 어긋나 있었으며, 꼬리는 아예 없었다. 단미증이 효소와 관련 있다면, 그 효소의 결핍으로 생긴 결함의 정도에 차이가 있다는 의미였다. 단미증 유전자가 부족할수록 기능 부전과 결함의 정도가 심하며, 표현형이나 유전자형의 관찰 가능한 물리적 특징도 더 두드러졌다.

알캅톤뇨증의 경우처럼 특정 효소를 대상으로 지시 사항을 제공하는 유전자라면 그 의미를 이해하기 쉽다. 효소가 호모겐티신산이라는 물질을 아미노산 단위로 분해해 신체가 사용하게 하는 분명한 역할을 하기 때문이다. 이 효소가 없으면 호모겐티신산이 쌓여 병을 유발하지만, 부족한 화학물질을 제공받으면 결핍을 극복할 수 있다. 이런 식의 효소 대체법으로 일부 질병을 치료할 수 있다. 한편 단미증 같은 돌연변이와 연관된 유전자들은 수수께끼로 남아 있었다. 단미증 유전자는 꼬리의 길이뿐 아니라 척추와 근육의 수를 좌우했으며, 어쩌면 유기체 구성 자체를 결정하는 것으로도 보였다. 돌연변이의 영향을 이해하기는 상대적으로 쉽지만, 정상 유전자가 어떻게 구성되며 정상적인 척추 구성에 어떤 역할을 하는지는 알기 어렵다.

미탐사 영역

유전자 변형 때문에 유기체의 발달에 차질이 생길 수 있다는 사실이 단미증 돌연변이의 번식을 통해 시사됐다. 그런데 이런 경우가 단미증뿐이었을까? 당시 목축업자들은 양의 유전적 외눈증(두 눈이 이마 가운데에서 하나로 합쳐짐), 단지증(사지 일부가 없음), 다지증(발가락 과다), 합지증(발가락 융합) 같은 사례들을 오랫동안 목격했다. 이런 형질들의 유전은 해당 특성들이 돌연변이, 더 나아가 유전자와 연관이 있다는 것을 암시했다. 그렇다면 이런 유전자가 암호화된 단백질은 어떤 모습이며, 어떤 역할을 할까? 더 흥미로운 것은 앞으로도 계속 발견될 이런 다양한 기형 개체들을 통해 동물의 구성 원리를 알게 될 가능성이 있다는 점이었다. 이를 위해서는 대규모의 조직화된 돌연변이 탐색이 필요했다.

쥐의 번식 속도가 빠르긴 하나, 유전자형과 표현형 간의 관계를 알아낼 만큼 체계적으로 돌연변이를 만들기에는 역부족이었다. 공간을 많이 차지하지 않으면서 자손을 빠른 속도로 많이 만드는 것이 관건이었다. 무엇보다 치명적인 돌연변이를 관찰하려면 모체 밖에서 자라는 유기체여야 했다.

얼마 후 이슬을 좋아하는 노랑초파리 _Drosophila melanogaster_ 가 유전학 연구의 샛별로 떠올랐다. 수정란에서 성체가 되는 데 10일밖에 걸리지 않을 만큼 번식 속도가 빠르다. 그리고 영양 섭취가 충분하면 암컷 초파리 한 마리가 매일 알을 100개씩 낳을 정도로 생식 능력도 엄청났다. 나비나 나방 같은 곤충과 마찬가지로 초파리도 애벌레로 사는 기간을 거쳐 날개 한 쌍과 다리 세 쌍을 갖춘 성체 파리로 변태한다. 애벌레와 성체 초파리 모두 몸이 마디들로 구성되며, 마디별로 특징이 있어서 돌연변이 및 기형 표본을 수집하기가 수월하다.

초파리가 선택된 이유는 겉모습이 멋져서가 아니다. 물론 자세히 관찰하면 멋지다고 할 수도 있다. 유전학자 커트 스턴 Curt Stern 은 "(초파리의) 커다랗고 빨간 눈, 더듬이, 정교한 입이 자리한 얼굴, 무지개빛이 감도는 투명한 날개 한 쌍과 다리 세 쌍이 있는 탄탄한 흉부"에 감탄했다. 어쨌든 초파리가 유전학 연구에 안성맞춤이었던 이유는 작고 수명이 짧은 데다 염색체 수가 네 개뿐이어서 과학자들이 유전자 내 돌연변이를 유도해서 염색체에 매핑하기가 훨씬 편리했기 때문이다.

1910년부터 토머스 헌트 모건 Thomas Hunt Morgan 주도하에 소수로 조직된 미국 과학자팀이 초파리 연구를 통해 멘델의 유전 패턴 수수께끼를 풀려는 노력을 시작했다. 여기서 내가 의도적으로 '패턴'이라는 단어를 쓴 건 초파리가 패턴의 생물이기 때문이다. 초파리 날개의 '시맥'은 혈액을 운반하는 혈관처럼 보이지만 사실 혈관과는 거리가 멀다. 날개 전체에 뻗어 있는 시맥들은 모든 초파리 개체에서 같은 패턴으로 나타난다. 초파리의 중간마디 몸체인 '탄탄한 흉부'에는 털이 자라 있는데, 이 털의 배열 방식과 순서 역시 모든 초파리가 동일하다. 이렇게 일정한 패턴 덕분에 세대를 거쳐 유전되는 초파리의 특이한 기형 사례들을 찾아 염색체에 매핑하기가 수월했다. 1927년에 모건의 연구팀은 초파리 날개의 형태, 흉부에 있는 털을 포함한 일련의 특성들에 멘델의 유전법칙이 적용된다는 사실을 확증할 수 있었다. 또한 이런 특성들이 돌연변이와 더불어 염색체에 고정된 순서로 배열된 유전자에도 매핑되며, 이 순서가 세대에 걸쳐 유전된다는 사실도 발견했다.

모건의 연구팀은 수년 동안 다른 연구진과의 협업을 통해 초파리 돌연변이에 관한 방대한 목록을 마련했다. 눈 색이 정상적인 빨간색부터 흰색, 선홍색, 갈색, 다홍색까지 다양하고, 흉부 털이 짧거나, 가늘거나, 뭉툭하거나, 숱이 적거나 많기도 하며, 눈 크기와 흉부 색이 서로 다른 경우도 있었다. 가끔 유독 눈에 띄는 기형이 등장하기도 했다. 1915년 처음 발견된 개체는 날개와 다리가 한 쌍씩 더 있는 듯한 모습이었고, 머리에서 다리가 자라난 기괴한 돌연변이 사례도 있었다. 두 개체의 그런 특징이 모두 자손에게 유전되기도 했다는 점에서 유전자와 연관된 돌연변이들이었다.

그중 날개가 두 쌍인 돌연변이 초파리가 미국 패서디나에 있는 캘리포니아 공과대학(이하 칼텍) 소속 젊은 유전학자 에드워드 B. 루이스Edward B. Lewis의 관심을 끌었다. 학사 과정에서 초파리를 연구했고, 어렸을 때 초파리를 키우려고 사기도 했던 루이스는 돌연변이의 유발 원인과 유전 여부에도 관심이 있었다. 또한 일본 히로시마와 나가사키의 원자폭탄 투하를 겪은 생존자들의 의료 기록을 연구한 적도 있었다. 루이스는 1950년대와 1960년대에 꾸준히 초파리를 사육하며 날개 두 쌍을 가진 돌연변이들을 자세히 관찰했고, 염색체와 관련된 공통점과 차이점을 찾는 데 집중했다. 그는 유전학자로서 세부 사항의 중요성을 놓치지 않으려 했다. 결국 루이스는 여분 날개의 형태와 상관없이 모든 표본의 3번 염색체 특정 부분에 변화가 있었다는 사실을 발견했다.

루이스가 발견한 작은 차이점 중 하나는 '평형곤'이었다. 짧은 곤봉처럼 생긴 감각기관 두 개로 이루어진 평형곤은 곤충의 비행 동작을 돕는 역할을 한다. 초파리의 경우 대부분 날개가 흉부의 두 번째 마디에, 평형곤은 세 번째 마디에 붙어 있다. 하지만 루이스는 날개 두 쌍이 있는 개체를 관찰할 때마다 여분 한 쌍이 항상 평형곤이 있어야 할 자리에 생겼으며, 세 번째 마디가 상대적으로 커진 것을 관찰했다. 평형곤이 반쯤 날개로 변형돼 여분의 날개 쌍처럼 보였던 것이다. 이런 돌연변이들을 연구하던 루이스는 완전한 날개 두 쌍을 가진 초파리를 만들어냈다. 흉부의 세 번째 마디가 두 번째 마디의 완벽한 복제본으로 대체되면서 여분의 날개 쌍이 완벽한 형태를 갖추었다. 루이스는 이 초파리를 '이중흉부 bithorax' 돌연변이라고 불렀다.

　루이스의 초파리 이종교배 연구에서 발견된 돌연변이 중에는 복부 마디의 위치가 뒤바뀐 사례도 있었다. 이 경우 정상적인 파리에서 머리에 더 가까운 마디처럼 보이도록 돌연변이가 작용하는 패턴이 나타났다. 따라서 복부 마디는 머리에 더 가까운 흉부 마디의 특징을 갖추도록 변형할 수 있는 한편, 흉부 마디는 복부의 특징을 갖출 수 없었다. 예를 들면 초파리의 다리는 마지막 흉부 마디에 있는데, 루이스가 발견한 돌연변이 개체들은 첫 번째 복부 마디에 다리가 있었다. 이 돌연변이들의 유전자를 매핑한 루이스는 변형이 생긴 유전자들이 모두 초파리 3번 염색체의 같은 부분에 몰려 있다는 점을 발견했다. 그래서 루이스는 이 유전자 집합을 기존 돌연변이의 명칭에 맞춰 '이중흉부 복합체'로 칭했다. 미국 인디애나대학의 토머스 코프먼Thomas Kaufman이 주도한 다른 연구팀은 머리에서 다리가 나온 돌연변이 초파리(그림의 오른쪽)를 발견해 '더듬이다리Antennapedia'라고 칭했다. 이 돌연변이는 초파리 몸체 앞부분이 변형된 소수 개체 집단에서 처음 발견됐으며, 이 유전자 집합의 명칭은 '더듬이다리 복합체'가 되었다. 이중흉부 돌연변이와 더듬이다리 돌연변이는 초파리의 몸길이에서 질서정

연하게 나타난다. 몸의 일부가 없거나, 뒤바뀌거나, 복제되는 돌연변이를 '호메오틱homeotic'이라고 하는데, 이는 '호메오시스homeosis', 즉 기관이 엉뚱한 데 생기는 유기체의 구조적 발달과 관련된 단서를 가지고 있다.

그림 3. 정상적인 초파리는 날개 한 쌍과 다리 여섯 개가 있다(왼쪽). 이와 다르게 이중흉부 돌연변이는 몸체 가운데 마디의 복제본과 여분의 날개 쌍이 있으며(가운데), 더듬이다리 돌연변이는 머리에 여분의 다리 한 쌍이 나와 있다(오른쪽).

루이스는 연구를 통한 발견을 1978년에 발표하면서, 초파리 몸의 구조 및 모양 결정에 유전자가 관여한다는 증거로 이중흉부 돌연변이를 제시했다.[2] 더듬이다리 돌연변이 및 이중흉부 돌연변이 관련 유전자들을 합치면 초파리 몸 전체를 아우른다.

1980년대 초반, 유전학 연구를 통해 초파리의 기형 개체 소수 집단이 생겨났는데, 여기에는 꽤 기이한 사례들도 있었다. 크루펠(병기로 처리 독어로 '불구'라는 의미)이라는 돌연변이 개체는 흉부 대부분이 없었고, 이중꼬리 bicaudal 돌연변이 개체에서 태어난 애벌레는 머리가 있어야 할 자리에 꼬리가 있었다. 이런 돌연변이들은 이중흉부 및 더듬이다리 사례와 마찬가지로 오래 생존하지 못했지만, 유기체 형성 원리의 비밀을 풀 열쇠를 쥐고 있는 듯했다.

1970년대에 잉글랜드 케임브리지 분자생물학 연구소에서 남아프리카 출신 유전학자 시드니 브레너 Sydney Brenner 는 신경계의 형성 원리를 탐구하고 있었다. 브레너는 초파리보다 훨씬 단순한 유기체를 연구 대상으로 선택했다. 바로 예쁜꼬마선충 Caenorhabditis elegans 이었다. 크기가 작고 쉽게 자라며, 알에서 성충이 되는 발달 과정을 현미경으로 쉽게 관찰할 수 있는 유기체였다. 이름에 '예쁜'이 들어간 이유는 이 선충이 먹이를 찾을 때 넘실거리며 우아하게 움직이기 때문이다. 브레너는 이 선충을 쿡쿡 건드리며 우아한 움직임에 변화가 생기는지, 오른쪽이나 왼쪽으로만 움직이는지, 또는 반응이 없는지 관찰했다. 그는 이런 방식이 신경계 조직 방식을 알아내기에 효과적이라고 판단했다. 그런 후 돌연변이 수백 마리를 만들어 같은 방식으로 건드려 반응이 없거나 이례적 행동을 보이는 개체들을 찾아냈다. 신경계의 구성 및 기능에 연관된 유전자를 밝히려는 노력이었다.

1970년대 말, 독일 하이델베르크의 유럽 분자생물학 연구소에서 일하던 크리스티아네 뉘슬라인폴하르트Christiane Nusslein-Volhard와 에릭 위샤우스Eric Wieschaus는 브레너의 연구에서 영감을 받아 파리의 생성 방식을 알아내기 위한 실험을 고안했다. 돌연변이 파리 개체들의 부화하지 않은 알을 관찰해 돌연변이 원인과 관련된 유전자를 찾는 실험이었다.

정상적인 경우라면 초파리의 알이 수정되고 24시간이 지나면 1밀리미터 정도 길이의 작은 애벌레가 생긴다. 한쪽에는 머리가, 다른 쪽에는 꼬리가 있다. 그사이에는 관찰 가능한 마디 11개가 있는데, 마디마다 고유하고 정교한 패턴이 있다. 애벌레는 몸 전체가 방수되는 '표피'로 덮여 있고, 여기에도 패턴이 새겨져 있다. 발달이 제대로 이루어지지 않으면 애벌레가 태어나기 전에 알이 썩거나 애벌레가 알 속에서 죽는다. 이렇게 썩은 알과 죽은 애벌레에 남은 배아는 법의학 분석에 제격이었다. 뉘슬라인폴하르트와 위샤우스는 이를 발달 정도를 파악하는 참고 자료로 사용했다.

실험으로 이런 돌연변이를 찾기는 쉽지 않았다. 뉘슬라인폴하르트와 위샤우스는 게르트 위르겐스Gerd Jurgens와 협업해 돌연변이를 유도하기 위한 이종교배 3만 사례를 준비했다. 이종교배 개체들의 자손을 전부 기록하고 돌연변이 종류를 정확히 분류하기란 힘들었다. 게다가 배아의 발달 실패 유발 요인을 찾을 수 있다 해도 결과가 분명하지 않을 수 있었다. 최악의 경우, 애벌레들이 죽은 원인이 전부 달라서 돌연변이와 죽음을 연결하는 분명한 패턴이 없을 가능성도 있었다. 하지만 자세히 관찰한 결과 패턴이 발견되었다. 다양한 돌연변이들 사이에도 체계성이 있었다.[3]

치사 돌연변이 중 한 유형에는 머리 하나와 꼬리 하나가 아니라 꼬리만 두 개가 있었다. 이는 앞에서 언급한 이중꼬리 돌연변이를 떠올리게 했다. 머리와 꼬리 사이 몸체의 마디들이 없거나, 각 마디의 패턴이 거꾸로 배열된 돌연변이도 있었다. 이 중 희한하게도 홀수나 짝수 순서의 마디만 없거나 복부만 두 개인 사례도 있었다. 죽은 애벌레 중 표피가 없는 경우도 있었다.

뉘슬라인폴하르트, 위샤우스, 위르겐스는 돌연변이 특유의 표현형으로 명칭을 정하는 관습에 따라 다양한 돌연변이에 위트 넘치는 이름을 붙였다. 희생자Toll, 달팽이snail, 꼽추hunchback, 고슴도치hedgehog, 짝수결손even skipped, 홀수결손odd skipped, 부스러기crumbs, 바주카포bazooka 등 목록은 계속 늘어났다. 치사 돌연변이가 예전에 발견된 초파리 유전자와 연관된 사례도 있었는데, 이 초파리 유전자의 자손은 생존하기도 했다. 모든 마디가 융합된 돌연변이는 '날개결손wingless' 유전자와 비슷한 유형인 것으로 밝혀졌으며, 복부 부분의 표피가 없는 돌연변이는 날개에 가위집 패턴이 생기는 '가위집Notch' 유전자의 대립형질이었다. 이런 흥미로운 발견들은 루이스의 생각대로 유전자가 다양한 기능을 수행할 수 있다는 사실을 증명하는 듯했다.

　발달 과정과 연관된 유전자들을 추가로 찾기 위해 브레너가 있던 영국 케임브리지, 뉘슬라인폴하르트가 이주한 독일 튀빙겐, 위샤우스가 실험실을 차린 미국 뉴저지 주 프린스턴으로 젊은 과학자들이 몰려들었다. 초파리와 애벌레에 의한 발견들이 수없이 많았지만, 더 확대된 동물의 구성 원리를 밝혀낼 연구자가 더 큰 공을 차지할 터였다. 미국 과학자 조지 스트라이신저 George Streissinger 는 흔히 볼 수 있는 반려 물고기인 제브라피시 Danio rerio 가 이런 연구에 적절한 표본일 수 있음을 증명했다. 그 이유는 바로 제브라피시가 열성 돌연변이를 가지고 있기 때문이었다. 이 돌연변이는 발달 과정에 필요한 유전자를 규명하기 위해 쓰는 '기형 개체'를 유발했다. 또한 제브라피시는 초파리나 애벌레보다 훨씬 크지만 불과 3달 만에 수정란에서 번식 능력을 갖춘 성체가 될 정도로 성장 속도가 빨랐다. 또한 몸이 투명해서 새끼에서 치어, 성체로 발달하는 동안 장기들을 관찰할 수 있었다.

　뉘슬라인폴하르트는 초파리 연구와 비슷한 방식으로 제브라피시 돌연변이를 연구하기 위해 야심 찬 연구 환경을 조성했다. 그 연구 규모가 군사 작전을 방불케 할 만큼 거대했다. 초파리의 경우 작은 병들에 담아 사육 및 번식하는 데 냉장고만 한 인큐베이터만 있으면 됐지만, 제브라피시 연구에는 수족관이 필요했다. 연구팀은 수족관 7000개에 4000여 어종을 사육하며 수년간 어종당

이종교배를 네 번 했다. 이를 통해 유전자 369개와 연관된 제브라피시 돌연변이 1163개체를 수집했다. 뉘슬라인폴하르트의 학생이던 볼프강 드리버Wolfgang Driever는 병행 연구를 꾸려 돌연변이 577개체와 유전자 220개를 밝혀냈다.

이제 쥐를 대상으로 비슷한 실험을 수행할 차례였다. 초파리의 낭배 형성 돌연변이 연구에 참여했던 발달생물학자 캐스린 앤더슨은 미국 뉴욕시의 슬론 케터링 연구소에서 연속적인 실험 환경을 조성했다. 이 연구는 지금도 진행 중이다. 쥐 연구에는 공간과 시간이 필요하기 때문이다.

어느 각도로 보아도, 실험실에서 만든 돌연변이들은 유전자 변화를 유도하면 유기체 발달을 방해할 수 있다는 사실을 보여주고 있었다. 자연 세계에서 나타나는 유전 결함들도 비슷한 방식으로 유발된 것이 분명해 보였다. 하지만 유전학의 풀리지 않는 문제는 여전히 남아 있었다. 특정 기능을 방해하면 나타나는 결과는 알았지만, 방해받는 대상의 원래 기능에 관한 단서는 부족했다. 여기에서 진전을 이루려면 유전체에 초점을 맞춰 해당 유전자를 찾고, 유전자 코드를 사용해 그 DNA 가닥에 암호화된 단백질을 해독해야 한다. 그래야 유기체의 구성뿐 아니라 눈이나 다리, 뉴런 활동 같은 복잡한 형질들과 유전자 사이의 관계도를 이해할 수 있었다.

공통분모

1980년대 시카고대학의 대학원생이던 나는 단미증, 이중흉부, 이중꼬리 같은 돌연변이들에 매혹되어 있었는데, 독일 하이델베르크대학의 연구 소식도 들었다. 그러다 보니 '이런 돌연변이들을 통해 유기체의 구성 원리를 알아낼 수 있을까?'라는 의문이 나를 이쪽 분야로 이끌었다. 이런 유전자들에는 어떤 놀라운 단백질들의 정보가 암호화돼 있을지 궁금했다. 효소들의 독특한 조합으로 다양한 형태의 생명체가 생긴다면, 그 원리를 과학적으로 알아낼 필요가 있었다. 하지만 다른 요소가 있다면 어떨까? 이걸 알아내려면 유전자와 연관된 DNA를 찾아내 어떤 단백질이 암호화돼 있는지 밝혀야 한다.

당시 이에 대한 해답을 찾으려 노력한 연구팀들이 있었다. 미국 캘리포니아에서는 에드 루이스Ed Lewis가 생화학자 데이비드 호그네스David Hogness와 협업해 이중흉부 복합체와 연관된 DNA를 찾는 연구를 진행했다. 또한 인도에서는 토머스 코프먼이 이끄는 연구팀이, 스위스 바젤에서는 발터 게링Walter Gehring의 연구팀이 더듬이다리 복합체와 관련된 DNA 연구에 초점을 맞췄다. 쉽지 않았지만 이 팀들은 수년간 염색체를 샅샅이 뒤졌다. 그들은 이를 위해 개발된 기술을 사용해 두 돌연변이와 관련된 DNA의 특정 조각을 발견했고 연구할 수 있게 되었다. RNA 메시지를 위한 DNA 암호화 가닥이 이중흉부 복합체에서 3개가, 더듬이다리 복합체에서

7개가 발견됐다. 하지만 이 유전자들 안에 숨겨진 메시지가 무엇이든, 효소로 전환되지는 않은 상태였다. 그러다가 1983년 어느 여름날 오후, 영국 케임브리지에서 개최된 초파리 유전학 연구 관련 유럽 과학자 모임에서 발터 게링의 연구소 연구원 몇 명이 특이한 관찰 결과를 공유했다. 이중흉부 복합체와 더듬이다리 복합체의 일부 유전자에서 서로 같은 DNA 문자 조각 하나를 발견한 것이다. 알파벳 180개와 아미노산 60개로 구성된 이 암호는 초파리에서 처음 발견된 호메오틱 유전자의 복제본들을 담고 있어 '호메오박스homeobox'라는 이름이 붙었다. 초파리 유전자들은 서로의 복제본이었다.

게링 연구소의 연구자들은 호메오박스 DNA를 다른 동물들에서 비슷한 유전자를 찾아내는 미끼로 사용할 수 있다는 의견을 제시했다. A는 항상 T와 짝을 이루고 G는 C하고만 짝을 이루기 때문에, 확인된 DNA 가닥 하나로 다른 유전체 내에 있는 상응하는 가닥을 찾아낼 수 있다는 논리였다. 이에 과학자들은 다양한 애벌레와 곤충의 DNA를 수집했고, 놀랍게도 호메오박스가 공통분모로 드러났다. 근처에 있는 연구소에서는 개구리를 대상으로 이를 확인했고, 역시나 같은 유전자들을 발견했다. 루이스가 '혹스Hox'라고 칭한 이 호메오박스 유전자들은 과학자들이 파리부터 고등 척추동물까지 다양한 동물들에서 유전자 위치를 파악하게 해주는 '마법의 양탄자' 같은 존재였다.

이 시기는 생물학자들의 축제 기간이나 마찬가지였다. 새로운 발견이 거의 매주 발표되는 흥미로운 때였다. 혹스 유전자는 돌연변이의 특정 부분에서만 발현됐으며, 혹스 유전자 발현의 조합에 따라 몸의 개별 부위들이 결정됐다. 가장 놀라운 점은 이 유전자들이 생물체에서 필요한 순서대로 염색체를 따라 배열되었다는 것이었다. RNA와 단백질을 관찰했을 때도 같은 순서가 적용됐다.

오늘날 우리는 인간을 포함한 모든 유기체 내에 혹스 유전자가 있으며, 이 유전자들의 염색체 내 배열 순서는 초파리의 그것과도 같다는 사실을 알고 있다. 혹스 유전자의 패턴은 모든 유전체에 보편적으로 적용되는 개요이자 지도, 조직도인 것이다. 이 놀라운 발견은 윌리엄 블레이크William Blake의 다음 시 구절이 새롭게 들리게 해준다.

나는 그대 같은
파리가 아닌가요?
혹은 그대는 나 같은
사람이지 않나요?

파리와 쥐는 겉모습에서 공통점이 거의 없지만, 혹스 유전자를 놓고 보면 유전적 유산이 같다는 걸 알 수 있다(혹스 유전자의 보편성은 종을 초월한다).

무엇보다 혹스 유전자 내 암호화된 단백질들은 절대로 효소가 아니었다. 이후 밝혀진 바에 따르면 혹스 단백질은 '전사 인자 transcription factor', 즉 유전자 활성화를 위해 DNA에 결합된 단백질이며, 호메오박스가 이 과정에서 중요한 역할을 한다. 이는 혹스 유전자가 유기체의 패턴 형성에 일조하는 도구임을 시사하며, 그 방식도 루이스의 가정대로다. 염색체의 특정 부분에 있는 다른 유전자들의 발현을 제어하고, 이 유전자들의 산물을 사용해 몸의 각 부분을 다르게 만드는 것이다. 혹스 유전자 중 일부는 다른 도구나 전사 인자를 지정하지만, 나머지는 세포골격 요소, 접착성 단백질, 세포외 공간 요소 같은 구성 물질들을 지정한다.

혹스 유전자를 찾기 위해 사용된 기술들이 종을 초월한 유전자 탐색에 사용되면서, 초파리와 연관된 유전자들이 애벌레, 물고기, 쥐에서도 발견됐다. 이 또한 충격적이었다. 다양한 유기체에서 그 구성에 필요한 '단어들'이 서로 같다는 의미였다. 척추동물에는 곤충에게 없는 단어들이 더 있기는 했지만, 대부분 동물에서 DNA 내 메시지는 같았다. 다시 언급하자면, DNA 내 암호화된 단백질 다수는 전사 인자들이고 일부는 호메오박스와 연관이 있는데, 이는 발달 과정이 유전자 발현 제어와 관련이 있다는 의미다. 한편 개별 세포 구성 요소와 연관된 단백질 그리고 신진대사와 관련된 단백질도 존재한다. 초파리 실험에서 밝혀진 유전자들이 인간이 겪는 심각한 질병과 연관된 경우도 많았다. 예를 들어, '고슴도치' 유전자는 인간의 기저 세포 암종으로 변형된다. 결국

1990년대 말에 이르러 우리는 유전학적 관점에서 인간이 기존 관념만큼 특별한 존재가 아니라는 사실을 받아들여야 했다.

심장 결손, 안구 결손 그리고 다른 기이한 현상들

호메오박스의 보편성 이면에는 더 놀라운 것이 숨어 있었다. 동물들 간 차이점은 분명하게 나타나는데, 기린의 긴 목, 코끼리의 코 그리고 다리, 날개, 손으로 구분되는 동물의 앞다리 등이 그렇다. 눈으로 관찰할 수 없는 차이점들도 있다. 무척추동물은 혈액 순환과 호흡 방식이 인간과 같지만 이 기능을 수행하는 장기의 모습(분기관分岐管이나 아가미가 있는 관)은 인간의 경우(폐)와 현저히 다르다. 또 다른 예를 들자면 초파리는 각 '눈'에 시각 수용체가 700여 개 남짓 있지만, 인간 같은 포유류의 눈은 복합체 2개로 구성된다. 췌장 내 인슐린 생성 세포처럼 척추동물에게는 있지만 무척추동물에게는 없는 세포들도 있다. 하지만 과학자들이 유전자를 몸의 부위와 기능에 매핑하기 시작하자 놀라운 결과가 나타났다.

초파리와 다른 곤충들에게서 발견된 '양철나무꾼tinman' 유전자를 예로 들어보겠다. 이 유전자는 초파리에서 관 하나가 심장의 펌프 역할을 하게 만든다. 양철나무꾼 돌연변이가 발생하면《오즈의 마법사》에 나오는 양철나무꾼처럼 심장이 없는 초파리가 태어나는 것이다(유전학자들은 재치 있는 이름을 붙이고는 한다). 이 유전자의 RNA 및 단백질이 발현된 세포는 관 모양을 형성한다. 물고기, 쥐, 인간에게도 비슷한 유전자가 있는데, 모두 심장 발달 초기 단계에서 심장의 관을 형성하는 과정과 관련된다. 쥐와 인간의 경우 이런 유전자는 'Nkx2.5'라는 다소 무미건조한 이름으로, 초파리의 유전자와 마찬가지로 심장 형성 초기 단계와 연관되어 있다. 이 유전자는 혹스 유전자 같은 도구인 전사 인자를 지정해 심장관 형성에 필요한 다른 도구들에 영향을 미친다.

유전자 단계에서 본 인간 심장과 곤충 심장 간의 이런 관계는 상당히 놀라운데, 이것이 유일한 사례는 아니다. 심장 발달과 관계된 다른 유전자들이 양철나무꾼/Nkx2.5 유전자와 마찬가지로 다양한 유기체에 존재한다. 따라서 곤충 심장에서 인간 심장에 이르는 일련의 역사를 심장의 구조(고리 모양이 되어 펌프 역할을 하는 관)뿐 아니라 이런 과정의 발생과 연관된 유전자의 측면에서 추적할 수 있는 것이다. 마찬가지로, 곤충의 분지 기관과 쥐와 인간의 폐를 특징짓는 분지 기관지 및 세기관지 생성에도 같은 유전자가 필요하다. 심지어 쥐의 짧은 꼬리를 유발하는 단미증 유전자는 곤충과 인간에게도 있으며, 언제나 동물 뒷부분의 발달과 관련이 있다. 이처럼 서로 다른 동물의 비슷한 장기는 비슷한 유전자에 의해 결정된다.

오늘날에는 유전체 염기서열을 실험실에서 엄청난 속도로 분석할 수 있는데, 사람의 유전체 역시 하루면 분석이 가능하다. 더구나 머신러닝 기술을 활용해 다양한 유전체의 방대한 염기쌍들을 비교할 수 있다. 이를 통해 여러 종의 유기체에서 비슷하거나 동일한 염기서열('단어들')을 식별할 수 있다. 우리는 이 기술을 사용하여 해면이나 해파리 같은 단순한 동물과 인간처럼 복잡한 동물 모두에 아주 비슷하거나 동일한 유전자가 있다는 사실을 알게 됐다. 지구의 생명체들에게 공통의 기원이 있다는 걸 생각하면 어느 정도 이해가 되는 사실이다.

하지만 돌연변이를 유전자와 혼동하거나 유전자가 암호화한 단백질의 기능과 혼동하지 않아야 한다. 심장 결손을 유발하는 양철나무꾼 유전자와 *Nkx2.5* 유전자는 심장 생성과 연관이 있지만, 어떤 식으로 그렇게 되는지는 불분명하다. 이로써 알 수 있는 건 유전자뿐 아니라 그 유전자의 기능까지 보존된다는 점이다. 초파리의 안구결손eyeless 돌연변이가 이런 현상을 설명하기에 적절한 예다. 이런 초파리의 눈은 정상적인 시각 수용체와 구조를 보이지 않는다. 유전학자들이 이 돌연변이 유전자에 암호화된 단백질의 발현을 촉진하려고, 그 RNA를 파리 몸의 다른 부위에 넣어보았다. 그랬더니 눈이 없게 만드는 RNA가 있는 곳마다 눈이 생겼다. 안구결핍 유전자가 눈을 '만들어낸' 것이다. 아주 흥미로운 사실이지만 이건 시작에 불과하다.

인간에게도 비슷한 유전자인 *PAX6*가 있다. 이 유전자에 돌연변이가 생기면 홍채가 완전히 형성되지 않거나 무홍채증이 생길 수 있다. 눈과 관련된 다른 선천적 결함들 또한 *PAX6* 유전자와 관련이 있었다. 발터 게링 연구소의 과학자들은 인간의 *PAX6* 유전자가 파리에게 주입돼 발현되면 어떻게 되는지 실험해보기로 했다. 실험 결과 *PAX6* 유전자가 발현되는 곳마다 눈이 생겼다. 안구결핍 유전자가 발현했을 때와 같은 현상이다. 그런데 이상하게도 *PAX6* 유전자가 주입된 파리에서는 큰 시각 수용체 하나로 구성된 인간의 눈이 아니라 수용체 700여 개가 있는 파리의 눈이 생겼다.[4] 인간의 눈 유전자를 파리에 주입했더니 눈을 생성했는데, 그것이 인간의 눈이 아닌 파리의 눈이었다. 파리의 신경계 발달에 관여하고 쥐와 인간의 상동체 유전자인 *Sox2*를 포함한 '디채테 Dichaete' 같은 다른 파리 유전자에서도 같은 현상이 발생하는 것으로 밝혀졌다. 잘 알려진 혹스 유전자 또한 이 패턴을 따른다. 인간과 쥐의 혹스 유전자는 파리 혹스 유전자의 돌연변이로 유발되는 결함을 덮고 파리의 몸을 만드는 데 기여한다.

한 언어의 단어가 다른 모든 언어에서도 같은 의미를 지니는, 그야말로 희한한 '생명의 책'이라고 할 수 있다.

내가 한때 몸담았던 생물학계의 연구자들은 지난 한 세기 동안 다양하고 혁신적인 유전학 연구 결과들을 짜맞추며 동물들 사이에서 차이점이 생기는 원인을 탐색했다. 이는 유전자 돌연변이의 차이점 연구에서 시작되었다. 그리고 돌연변이에 의해 밝혀진 유전자가 보편적으로 보존되어 있고, 파리의 심장과 인간의 심장이 같은 유전자로 연관돼 있다는 사실의 발견으로 마무리되었다. 종별 유전자 수 같은 유전체의 다른 특징에서 차이의 기원을 알아내려는 시도도 있었다. 파리의 유전자 수는 15,000여 개, 인간의 유전자 수는 20,000~25,000개로 인간이 파리보다 좀 더 많지만, 그 유사점을 고려한다면 그다지 큰 의미를 발견할 수 없다.

그렇다면 어떤 접근법이 남아 있을까? 유전자가 시간과 공간에 걸쳐 배치되는 방식을 탐구해볼 수도 있다. 유전자가 언제 어디서 발현될 수 있는지에 관한 지침을 제공하는 DNA 염기서열이 동물 간 차이점의 원인을 밝히는 열쇠일지도 모른다. 또는 유전자에 암호화된 단백질 조합이 중요할 수도 있다. 이 경우에는 적어도 인간 유전자가 파리에서 파리 몸을 만드는 이유는 설명할 수 있을 것이다. 파리를 만드는 단백질 집합의 일부 단백질을 인간 유전자가 만들고, 그 집합의 나머지 부분에 레고 조각처럼 맞물려 발현된다고 볼 수 있기 때문이다. 일리가 있지만, 뭔가 빠져 보이기도 하는가? 그렇다. 집이 단순히 벽돌의 집합이 아니듯 유기체는 유전자의 집합 그 이상이다.

유전자의 제한된 능력

유전자가 우리의 모습, 감정, 행동에 미치는 영향을 보여주는 사례로 쌍둥이를 들 수 있다. 특히 일란성쌍둥이는 DNA가 전부 같으므로 유전자가 우리를 구성하는 데 어디까지 관여하는지 가늠하는 편리한 기준이 된다. 이란성쌍둥이로는 같은 자궁에서 태어났을 때 형질 발달에 미치는 다양한 영향을 비교할 수 있다.

일란성쌍둥이 간에는 유사하지만 이란성쌍둥이 간에는 그렇지 않은 형질을 '일치concordant'한다고 하며, 이 일치도를 통해 특정 형질의 유전적 결정 정도를 측정할 수 있다. 일치도는 대상의 형질에 따라서도 다르지만, 놀랍게도 연구마다 다르게 나타나기도 한다. 연구의 방향이 물리적 또는 병리학적 면에서 지적 능력이나 행동으로 옮겨 갈 때 특히 그렇다. 이런 연구 결과에서 나오는 숫자는 겉모습의 상당 부분이 유전된다는 우리의 직감을 뒷받침하고는 한다. 따지고 보면 일란성쌍둥이는 똑같이 생겼다. 더 정량적인 관점에서 보자면 키는 일치도가 80퍼센트 이상으로 아주 높지만 그래도 100퍼센트는 아니다. 반면 심혈관질환을 포함한 여러 질병이 20~30퍼센트 범위로 일치해 일치율이 훨씬 낮다. 쌍둥이 56,000쌍에게 영향을 미친 질병 560가지를 조사한 연구에서는 유전적 요인이 강하게 작용하는 질병이 40퍼센트에 불과하다는 결론을 내렸다.[5] 그런데도 높은 일치도를 강조하는 경우가 많은데, 이는 유전자가 외형 형성과 질병 가능성에 중요한 역할을 한다는 말을 우리가 워낙 많이 들어서인 듯하다. 게다가 유전자에 직접 책임을 전가할 수 없게 된 오늘날에는 '후성유전학epigenetics'에 관한 논의도 활발하다. 후성유전학은 환경적 요소가 반영된 유전자 발현에 영향을 미치는 DNA 내 화학적 변형 및 특정 유전자 관련 단백질을 다루는 분야다. 특히 식단, 운동, 습관 같은 개인의 경험이 유전자 발현 조절에 미치는 영향을 다룬다. 이런 관점에서 무언가를 얻을 수는 있겠지만, 근본적인 문제를 뒤로 미루는 것으로 보일 수도 있다. 표현형의 주체가 유전자만이 아니라면, 유전자를 통제하는 무언가에서 설명을 찾으려 노력해야 한다. 결국 유전자가 전부라는 결론에 도달하는 한이 있더라도 말이다.

일란성쌍둥이가 닮았다고 느끼는 이유는 우리가 얼굴을 인식할 때 유사점에 집중하다 보니 쌍둥이가 똑같이 생겼다는 인상을 유독 강하게 받기 때문이다. 게다가 쌍둥이의 DNA가 전부 같다는 사실을 알기 때문에 유전체 안에 얼굴 형성의 설계도가 있다는 결론에 이르게 된다. 그런데 쌍둥이가 공유하는 것은 설계도가 아니라 얼굴 형성에 필요한 도구와 재료라고 생각하더라도 같은 결론에 도달할 수 있다. 이는 조립용 책장에 비유해볼 수 있다. 조립 세트마다 들어 있는 부품이 같고 완벽하게 맞도록 제작돼 있기에 결과물은 똑같아 보인다. 그런데 설계도의 출처가 다른 곳인데 조립하는 사람이 이를 해석해 조립했더니 같아 보일 수도 있다. 유전적 연결 고리가 없는데도 서로 아주 닮은 '도플갱어 doppelganger'(자신과 똑같이 생긴 생물체라는 뜻이지만, 여기서는 아주 닮은 사람을 뜻한다―옮긴이)의 존재가 이런 유전자 조립 세트 이론을 뒷받침한다. 도플갱어들은 유전으로 물려받은 얼굴 형성 관련 유전자가 서로 같거나 아주 흡사할 확률이 높다. 따라서 도플갱어를 통해 이런 도구들의 본질과 정체를 알아낼 수 있을 것이며, 2022년부터 관련 연구 한 건이 진

행 중이다.[6]

유전자가 우리 몸의 구성을 어디까지 결정하는지 시험할 수 있는 특성들은 많다. 여기서는 내장 역위증을 예로 들어보겠다. 일반적으로 우리 몸에는 중앙을 가로지르는 수직선을 기준으로 눈 2개, 귀 2개, 팔 2개가 대칭을 이루며 양쪽에 하나씩 있다. 일부 장기는 이 중앙선의 한쪽이나 다른 쪽에 있는데, 심장, 췌장, 비장은 몸의 왼쪽에 위치하고 간은 오른쪽으로 치우쳐 있는 경우가 일반적이다. 내장 역위증에 걸린 사람은 장기 한 개 이상이 원래 있어야 할 위치의 반대쪽에 형성되어 있거나 아예 없어서 건강에 심각한 결과를 초래할 수 있다. 내장 역위증은 유전인 경우가 많다. 연구자들이 이런 사례들을 유전자에 매핑할 수는 있었지만 같은 돌연변이가 있는 사람들이라도 장기 형성의 결함 정도가 다른 경우가 많다. 이런 차이는 사람마다 그 유전자와 유전체가 다르다는 관찰 결과로 설명할 수 있다. 하지만 같은 돌연변이가 있는 일란성쌍둥이라도 내장 역위증의 신체 내 발현 정도는 크게 다르다.

극적인 사례 중 하나로 일란성 세쌍둥이가 모두 구순열을 가지고 태어난 경우가 있었다. 입술의 두 반쪽이 서로 결합하지 못해서 입술이 갈라지거나 나뉜 상태가 된 것이다.[7] 세쌍둥이 중 두 명은 구순열 때문에 입술이 오른쪽으로 치우쳐 있었고, 나머지 한 명은 입술이 가운데에서 갈라져 있었다. 입술이 오른쪽으로 치우친 둘 중 한 명은 입천장에 틈이 생기는 구개열도 심각한 상태였

　　　　　당신의 지문은 DNA를 말하지 않는다

다. 이처럼 세쌍둥이 모두 같은 DNA에 돌연변이가 있었지만 나타나는 결함은 달랐다. 몸 중앙 수직선을 기준으로 입의 위치를 결정할 때 유전자는 가운데를 기준으로 오른쪽과 왼쪽을 구분할 수 없다. 그러니 신체 기관의 위치를 결정하는 유전자는 없다고 간단히 결론 내릴 수 있다. 유전자가 입술, 귀, 팔다리, 심장, 뇌, 심지어 성격 형성에 영향을 미친다는 사실은 부정할 수 없다. 하지만 유전자가 오른쪽과 왼쪽, 가운데를 구분할 수 없다면 우리라는 존재를 형성하는 주체가 유전자만은 아니라는 점은 확실하다.

지난 60년간 유전학 연구의 업적을 통해, 특히 알캅톤뇨증, 지중해빈혈, 낫 모양 적혈구 빈혈증, 낭포성 섬유증, 헌팅턴병 같은 다양한 특정 질병과 특정 유전자 사이의 연관성이 밝혀지면서 유전자가 우리 삶의 상당 부분을 통제하고 우리 몸을 설계한다는 관점에 힘이 실렸다. 이런 연관성이 결핍된 효소의 공급이나, 최근에는 손상된 유전자 복구 치료 사례로 이어지기도 한다. 이와 더불어 유기체 구성에 영향을 주는 돌연변이가 다수 발견되면서, 유기체 구성의 주체가 유전자이며 유전자가 암호화한 단백질이 이를 지원한다는 인식이 퍼졌다. 그러다 보니 눈, 심장, 머리카락 얘기를 할 때 유전자를 자유롭게 거론한다. 극단적인 예를 들자면, 어떤 사람이 다른 사람에게 없는 특정 유전자(빨간 머리, 파란 눈 등)를 가지고 있다고 말하는 건 사실상 해당 유전자의 변이나 돌연변이에 관해 이야기하는 것이다.

그러나 특정 질병 관련 유전자와 유기체 구성 과정에서의 유전적 결함을 식별하기 위해 찾는 유전자 사이에는 차이가 있다. 전자의 경우, 책장 조립 공정의 마지막 단계에 있는 나사나 뚜껑 같은 부품이라 잘 손상되기는 해도 쉽게 수리할 수 있다. 하지만 발달에 영향을 주는 돌연변이라면 얘기가 달라진다. 설계 자체와 관련이 있는 데다, 암호화된 단백질이 돌연변이 유전자의 영향을 받는 과정에서 정확히 어떤 일이 일어나는지 알아내기가 쉽지 않다.

생각해보면 우리는 인간의 구성 방식을 연구하는 데 사용한 대상과 방법론, 즉 유전학을 우리의 구성 방식에 관한 해설 및 메커니즘인 유전자로 대체한 셈이다. 그렇다면 여기서 의문이 생긴다. 유전자가 주체가 아니라면 주체는 대체 무엇일까? 유전체가 일종의 도구 상자라면 그걸 사용하는 건 누구이며, 우리 몸의 설계도는 어디에 있는 걸까?

유전체학의 악동 크레이그 벤터Craig Venter가 2010년에 만든 새로운 '합성 생명체'에 관한 기사를 자세히 읽어보면 이 논의에서 빠져 있는 요소가 무엇인지 짐작할 수 있다. 벤터는 정말 합성 생명체를 만들었을까? 면밀한 조사 결과 그런 실험은 한 적이 없는 것으로 드러났다. 벤터의 연구팀은 '마이코플라스마Mycoplasma'의 아주 작은 박테리아 세포의 DNA를 실험실에서 합성한 작은 DNA 조각으로 대체했다. 박테리아의 생존에 필요한 최소한의 유전자가 포함된 이 합성 DNA를 받은 세포는 새로 생성된 것이 아니었다. 이 세포는 다른 유전자 집합을 담게 되어 활동에 변화가 생겼겠지만, 이 변화가 실행되려면 새로운 DNA가 세포 안에 있어야 했다. 세포가 없으면 DNA는 쓸모가 없기 때문이다. 이걸 새로운 생명체라고 한다는 건 컴퓨터 프로그램을 새로 작성했을 때 새로운 컴퓨터가 물리적으로 생겨난다거나, 소프트웨어가 하드웨어를 만든다는 말이나 다름없다. 프로그램을 읽으려면 컴퓨터가 있어야 하고, 소프트웨어를 사용하려면 하드웨어가 반드시 필요하다. 그러므로 이 경우에는 세포가 '개조'되었다고 말하는 게 더 적절한 표현이다.

다음 장에서 살펴보겠지만, 설계도의 요소로서 유전자의 한계는 다세포 유기체의 구성과 발달, 특히 배아의 결합 방식을 고려할 때 더욱 분명해진다. 이런 구조들에는 공간이 필요한데, 유전자는 물리적 공간을 만들거나 감지할 수 없다.

유전자가 유기체의 발달에 중요한 역할을 한다는 건 사실이며 돌연변이가 이를 증명하지만, 유전자가 모든 것을 주도하지는 않으며, 유전자가 하는 일은 세포의 통제하에 이루어진다. DNA를 시험관에 넣고 유기체가 생겨나기를 기다린다면 아무 일도 일어나지 않을 것이다. 여기에 DNA 정보의 판독과 발현에 필요한 모든 성분(전사 인자, 일부 아미노산, 지질, 당분, 화학 반응 촉진을 돕는 염분 등)을 추가하더라도 여전히 생명체는 생겨나지 않는다. DNA의 내용을 가시적인 형태로 변환하려면 세포가 필요하다. 장기나 조직, 더 나아가 유기체는 유전자 집합 활동의 결과 그 이상이다. 건물이 그저 벽돌과 회반죽의 집합이 아닌 것처럼.

건물 건축과 마찬가지로, 유기체를 만들려면 설계도뿐 아니라 설계자의 설계를 해석하고 실행에 필요한 도구와 원자재를 조립할 숙련된 작업자가 필요하다. 유기체 구성을 관장하는 그 건축가가 바로 세포다.

2장

모든 것의 근원

로버트 훅Robert Hooke은 불과 27세 나이에 1662년 신설된 왕립학회의 실험 책임자로 임명되었다. 당시 그는 이미 탄성법칙을 발견해 자신의 이름을 붙였고, 반사망원경을 만들어 천체를 관측해 오리온 별자리에서 새로운 별을 발견했다. 또한 당시의 초기 현미경으로 가시화되기 시작한 숨겨진 세계에 매료되기도 했다. 1665년에 훅은 미생물 연구 내용을 담은 《마이크로그라피아Micrographia》를 출간했는데 이는 최초의 과학 베스트셀러라는 기록을 세웠다.

훅의 그림은 엄청난 파장을 일으켰다. 파리의 눈이 개별 시각 수용체 수백 개로 구성되어 있다는 건 믿기 어려운 사실이었는데, 그는 현미경으로 파리의 눈을 관찰하고 교육받은 대중을 위해 높은 정밀도로 그림을 그렸다. 그런데 그는 코르크나무와 파리 눈의 유사성에 흥미를 느꼈다.

나는 깨끗한 코르크 조각을 가져다가 면도날처럼 날카롭게 벼린 펜나이프로 코르크 조각을 잘라냈다. …… 그 단면은 벌집처럼 구멍이 송송 뚫려 있었고, 분명 불규칙적이긴 했지만 벌집과 크게 다르지 않았다. ……

코르크 구멍들의 틈새, 혹은 벽이랄지 칸막이 같은 것들은 '육각형 셀들cells'을 둘러싸고 있는 벌집 구멍의 얇은 왁스 막처럼 그 구멍에 비례하는 두께였다.

과학계에서 '셀'(영어로 세포라는 뜻도 되고, 벌집의 각 구멍을 뜻하기도 한다―옮긴이)이라는 단어가 최초로 쓰인 역사적인 순간이었다.

훅은 이 세포(셀)들이 코르크의 특성을 설명해준다고 말했다. 더 놀라운 것은 이 세포의 수였다. 훅은 길이로 1인치당 세포 수를 1000개 이상으로 추정했다. 즉 코르크 1제곱인치에 100만 개, 1세제곱인치에 1200만 개가 있다는 뜻이다. 이는 "현미경으로 확인되지 않은 놀라운 사실"이었다. 물론 훅이 본 것은 실제 세포가 아니라 세포의 잔해였다. 세포의 흔적인 세포벽으로 인해 생긴, 육각형 구조가 판 모양으로 빽빽하게 배열된 패턴을 본 것이었다.

이렇게 세포가 그 이름을 얻게 됐고, 처음으로 세포를 목격하는 순간도 곧 찾아왔다. 몇 년 후 네덜란드의 무역업자 안토니 판 레이우엔훅Antonie van Leeuwenhoek은 직접 제작한 특수 현미경으로 연못의 물에서 헤엄치는 유기체 형태의 살아 있는 세포를 관찰했다. 레이우엔훅이 '애니멀큘레animalcules'(작은 동물)라고 부른 이 생물의 오늘날 명칭은 '원생동물protozoa'이다. 그후 레이우엔훅은 정액

당신의 지문은 DNA를 말하지 않는다

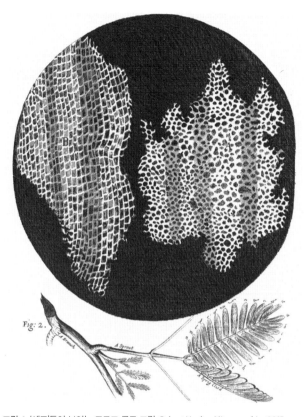

그림 4. '세포'들이 보이는 코르크 구조 그림. Robert Hooke, *Micrographia*, 1665.

으로 관심을 돌렸고, 밀도 높은 액체 속을 돌아다니는 정자 수천 마리를 관찰하며 연못에서 발견한 생물체와 비슷한 작은 동물이라고 생각했다. 그 당시 세포와 유기체의 구분이 명확하지 않았기 때문이다(일부 사례에서는 지금도 그렇다).

18세기와 19세기에 걸쳐 현미경이 발전하면서, 지구상의 모든 생명체는 로버트 훅이 묘사한 빈 껍데기가 아니라 생명의 물질로 가득 찬 실체인 세포로 구성되어 있다는 합의가 생겨났다. 따라서 생물학은 세포가 모든 생명체의 기초이자 생명의 기본 단위라는 개념, 즉 우리가 현재 '세포 이론cell theory'이라고 부르는 개념으로 변화했다. 그리고 유전자를 알기 전이었으므로 세포가 유기체의 구성 요소로 알려졌다. 물리학자들은 광활한 우주에 존재하는 별과 은하의 수를 말하곤 하지만, 망원경을 현미경으로 바꾸기만 하면 더 많은 숫자가 등장한다. 우주에 있는 별의 수는 10조 개 정도지만, 인간 한 명이 가진 세포 수는 약 40조 개다. 현재 80억 명의 인구가 살고 있는 지구에는 대략 10^{21}개(1 뒤에 0이 21개)의 인간 세포가 돌아다니고 있는 셈이다. 여기에 다른 동물, 균류, 식물, 단세포 생물까지 더하면, 살아 있는 세포의 수는 지금도 경이로운 수준으로 증가하는 중이다.

여러분이 이 책을 읽는 데 사용하는 눈은 세포, 그중에서도 빛에 반응하는 특수한 종류의 세포로 이루어져 있다. 눈의 광수용체는 감지한 것을 뇌의 다른 세포들과 공유한다. 그리고 이 세포들은 서로 통신하며 감각 패턴을 인식하고 해석한다. 이런 활동을 수행하는 능력은 DNA가 아니라 눈과 뇌를 구성하는 세포의 배열과 기능에 달려 있다. 식물, 균류, 동물에서 관찰되는 조직의 다양성, 예를 들어 파리 눈과 인간 눈, 파리 뇌와 인간 뇌 간의 차이는 DNA에서 볼 수 없다. 이는 앞서 살펴보았듯이 파리와 인간의 유전자가 서로 유효하게 사용되는 점으로도 알 수 있다. 근본적으로 유기체는 DNA 분자와 유전자를 구성하는 한결같은 이중나선 구조와 특정한 크기를 갖춘 가느다란 화학적 가닥들이 완전히 같다고 해서 구축될 수 있는 게 아니다. DNA는 RNA와 단백질을 만들어내는 정보 저장소일 뿐이다. DNA가 우리 몸을 구성하는 데 중요한 역할을 하는 것은 사실이나, 실제로 우리의 존재를 만드는 주체는 유전자가 아닌 세포다.

우리가 세포이고, 세포가 곧 우리지만, 세포핵 안에 있는 그 유명한 이중나선 구조와 달리 세포 자체는 유전자의 역할을 지원하는 존재 정도로만 알려져 있다. 그러나 소화 작용을 수행하고, 심장과 뇌의 작용을 유지하며, 감염으로부터 우리를 보호하고, 우리가 이 책을 읽을 수 있게 하는 주체는 유전자가 아니라 세포다. 단조로운 DNA 구조와 달리 세포는 다양한 내부 조직으로 인해 아주 다양한 모습을 보인다. 이런 다양성과 구성 요소의 여러 가지 조합 덕분에 세포가 모양과 형태를 만드는 주체로서 창조적인 힘을 발휘할 수 있다. 세포가 유전자를 제어해 유기체를 만드는 방식을 이해하려면 먼저 세포의 내부 원리를 살펴볼 필요가 있다.

세포

현미경을 처음 들여다본 경험을 떠올릴 수 있는 사람들이 많을 것이다. 생물학 수업 시간에 양파 조각, 연못 물 한 방울, 피 한 방울 등을 관찰했을 수도 있다. 무엇을 관찰했든 현미경은 세포의 모습을 보여주었다. 꿈틀거리며 먹이를 찾아 헤매는 세포였거나, 벽돌로 된 벽처럼 모여 있는 세포 집단이었을 수도 있다.

세포는 모양과 크기가 다양하다. 인체에는 200가지가 넘는 세포가 있고 그 종류도 아주 다양하다고 알려져 있다. 피부에는 벽돌처럼 생긴 개별 세포들이 빽빽하게 들어차 울타리나 장벽 같은 형태인 '상피epithelium'를 형성해 내부 장기가 손상되지 않도록 보호한다. 내장도 상피로 구성돼 있는데, 입에서 항문까지 이어지는 커다란 관의 일부인 원통 모양의 단일 층 형태로 음식물을 분해하고 흡수하여 성장과 유지에 필요한 에너지를 생산한다. 근육은 신축성 있는 섬유로 조직된 특수한 세포 덩어리로, 운동과 동작을 위해 팽창하고 수축한다. 심장은 특정 유형의 근육세포 집단이 촘촘하게 밀집해 신경계 요소와 연결된 조직이다. 이 세포들은 사람이 사는 평생 하루 약 10만 번씩 박동하며 규칙적으로 확장 및 수축하며 혈액과 영양분을 온몸으로 운반한다. 폐에 있는 복잡한 가지 모양의 세포 집단은 호흡하는 공기에서 산소를 포집해 혈액세포로 전달한다. 우리 신체의 모든 기관을 이루는 세포들은 보호, 공급, 박동, 호흡 같은 특정 기능에 맞추어져 있다.

우리의 의지, 생각, 감정이 일어나는 장소인 뇌는 형태와 기능 면에서 그 잠재력을 보여주는 아주 특별한 종류의 세포들로 구성된다. 19세기에 뇌 조직 조각을 현미경으로 관찰한 과학자들은 끈

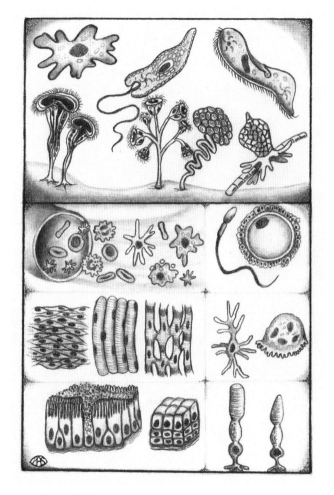

그림 5. 세포의 다양성을 보여주는 표본. 위: 원생생물의 유형. 아래: 인체에서 볼 수 있는 세포. 위에서 아래, 왼쪽에서 오른쪽 순서로 혈액세포, 정자와 난자, 다양한 종류의 근육세포, 뉴런, 표피 상피, 망막의 간상세포와 원뿔세포.

같은 구조와 촘촘한 원으로 이루어진 뒤틀린 그물망처럼 보이는 미지의 대상을 발견했다. 로버트 훅이 처음 발견한 세포벽이나 안토니 판 레이우엔훅의 애니멀큘레, 또는 개별 구성 요소가 명확한 피부나 내장 벽과는 달라 보였다. 당시에는 뇌가 전기로 작동한다는 사실이 이미 알려져 있었다. 이에 과학자들은 의식이라는 기적을 탄생시킨 새로운 무언가가 뇌의 구조를 만든 것인지 궁금해했다.

1880년대 후반, 바르셀로나에서 일하던 산티아고 라몬 이 카할 Santiago Ramon y Cajal이라는 연구자는 뇌의 구성 요소를 밝히기 위해 어린 뇌 조직을 체계적으로 염색해보았다. 이런 방법을 통해 복잡하게 엉킨 실타래가 풀렸고 카할은 세포를 직접 관찰할 수 있었다. 이 세포들은 우리 몸의 다른 세포와는 달랐다. 짧고 뾰족한 연장부로 둘러싸인 핵심 몸체가 있는 건 다른 세포와 마찬가지였지만, 뇌세포마다 길게 꼬인 선이 뻗어 나와 점점 가늘어지면서 다른 뇌세포에서 뻗어 나온 비슷한 구조와 연결된 구조였다. 어린 뇌의 경우, 이런 선의 끝부분이 주변 환경을 탐색하며 정보와 다른 세포, 짝을 이룰 세포를 찾는 것처럼 보였다. 라몬 이 카할이 묘사한 건 신경세포인 뉴런과 돌출된 축삭돌기였다. 현미경으로 관찰한 선과 그물망 덩어리는 아주 조밀한 뉴런과 그 축삭돌기의 집합이었는데, 너무나 조밀해서 세포체가 왜소해 보이고 눈이 혼란스러울 정도였다. 뇌에 있는 뉴런의 수는 800억 개가 넘는다. 각

설탕 크기 정도의 면적인 1세제곱센티미터당 평균 10만 개 정도의 뉴런이 있다.

그물망의 비밀을 풀던 라몬 이 카할은 세포 몸체에서 축삭돌기 끝으로 이동하는 뉴런을 통해 뇌에 전기가 흐른다고 추론했는데, 이는 정확했다. 얼마 지나지 않아 한 뉴런에서 축삭돌기로 연결된 다른 뉴런으로 '시냅스synapse'라는 구조를 통해 전기가 전달된다는 사실이 밝혀졌다. 시냅스는 그리스어로 '같이', '움켜쥐다'는 의미의 단어에서 유래했다. 그물망 구조 안에서 서로 정밀하게 연결된 축삭돌기 집합은 최근 현대 현미경 기술을 통해 그 실체가 완전히 밝혀졌다. 또한 달팽이에서 인간에 이르기까지 사실상 모든 생명체에 걸쳐 뉴런의 기본 구조가 같다는 사실도 드러났다.

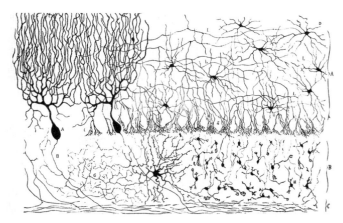

그림 6. 병아리 소뇌에서 볼 수 있는 다양한 종류의 뉴런을 묘사한 산티아고 라몬 이 카할의 그림. "Estructura de los centros nerviosos de las aves," 1905.

뉴런은 세포, 그중에서도 기능이 같은 세포라고 해도 형태와 모양이 다양할 수 있다는 사실을 잘 보여준다. 예술가적 기질이 있는 라몬 이 카할은 놀라울 정도로 다양한 뉴런의 모습을 그림에 담았다. 작고 덥수룩한 뉴런이 있는가 하면, 울퉁불퉁하고 오래된 큰 떡갈나무 가지가 달린 거인처럼 보이는 뉴런도 있다. 길이가 4마이크로미터(0.004밀리미터) 정도인 과립세포는 인체에서 가장 작은 세포이자 뇌에서 가장 많은 종류의 뉴런으로, 척추동물에게 있는 '뒤쪽' 뇌인 소뇌에서 발견된다. 가장 큰 세포는 운동뉴런으로, 지름이 약 100마이크로미터(0.1mm)이고 척추에서 발끝까지 1미터에 걸친 축삭들이 있다. 뉴런은 뇌뿐 아니라 신경계 전체에 존재한다. 귀에 있는 작은 뉴런들은 공기의 움직임을 감지하는 구조를 갖춘 정교한 다른 세포와 연결된다. 공기 흐름에 민감한 이 뉴런들이 만들어내는 전기 자극이 우리에게 청각으로 인식된다.

다른 유기체의 뉴런을 살펴보면 라몬 이 카할이 설명한 기본 구조와 같다. 하지만 세부 형태에서는 유기체마다 차이가 있다. 예를 들어, 예쁜꼬마선충의 뉴런은 곤충과 척추동물의 뉴런과 같은 분지 특성은 없지만 비슷한 기능을 수행한다. 이처럼 구조가 다르지만 기능은 유사한 사례들은 더 있다. 체내 산소를 운반하는 세포인 적혈구는 동물계 전체에 걸쳐 모양과 크기가 다양하다. 알은 0.5×0.15밀리미터인 초파리알부터 15×13센티미터인 타조알까지 그 크기가 아주 다양하다. 이렇게 크기와 모양이 다양한 이유는 아직 명확하게 밝혀지지 않았다. 하지만 세포 내부를 들여다보면 공통된 구조적 요소를 몇 가지 발견할 수 있다. 인체 내 200가지가 넘는 세포는 결국 모두 단백질, 지질, 핵산과 더불어 약간의 당분과 염분이 조합된, 하나의 개념에서 시작된 다양한 변형들이다.

세포의 밑그림

이처럼 기능에 따라 모양이 달라지는 경우가 많지만, 모든 세포는 하나의 조직을 공유한다. 각 세포에는 개별 단위로 세포를 구분하는 장벽인 외곽 경계가 있다. 이 경계를 다시 나누는 '원형질막plasma membrane'은 세포의 내용물을 보호하는 지질과 단백질의 이중 층으로 구성된 반투과성 구조로 이루어졌다. 이는 세포 내부와 외부 공간(다른 세포 등) 사이에서 상호작용을 조절한다. 원형질막의 지방질 구성에 포함된 다양한 단백질은 분자들의 세포 내 출입을 결정한다. 일부 단백질은 세포가 다른 세포에 달라붙거나 특정 요소를 거부하게 하기도 한다. 주변 환경의 신호를 살펴서 세포들끼리의 소통을 돕는 단백질들도 있다. 일부 세포의 원형질막은 다른 세포에 있는 수용체가 그 신호를 받을 호르몬이 나가는 (췌장의 인슐린 분비 등) 발사대 역할을 한다. 세포막 내 통로는 물과 이온이 드나들게 하면서 세포에서 발생하는 모든 작용에 유리한 환경을 조성한다. 뉴런의 경우, 이런 통로들이 열리고 닫히면서 축삭돌기를 통해 세포 몸체에서 다른 뉴런으로 전기 자극이 생성되어 전달된다.

　세포 내에서는 단백질이 주요 역할을 한다. 원형질막이라는 보호막 안은 빽빽한 벌집에 비유할 수 있는 구조다. 단백질이 일벌의 역할을 하며, 봉방과 밀랍처럼 특수한 구조와 기능을 각각 갖춘 막들이 있다(이런 역동적인 조직을 관찰할 수 있는 훌륭한 온라인 동영상들이 있다). 이런 막들은 특정 기능을 하는 조직 구조인 '세포소기관organelle'을 구분하는 역할을 한다. 일부 세포소기관은 단백질과 지질을 만든 다음 그 사용을 위해 조립하는 공장처럼 작동한다. 그리고 세포에 더는 필요하지 않은 것을 없애는 쓰레기소각장 역할을 하는 세포소기관도 있다. 모든 내부 막은 연결되어 원형질막을 포함한 수송체계를 형성해 단백질들이 제 역할을 수행하는 데 필요한 곳에 도달하도록 한다. 이 복잡한 공간을 떠다니는 '미토콘드리아mitochondria'는 자체 막과 DNA가 있는 특이한 원통 구조로, 세포에 연료를 공급하는 역할을 한다. 따라서 근육세포는 미토콘드리아로 가득 차 있다. 이 모든 활동의 중심에는 염색체와 DNA를 보관하는 세포소기관인 핵이 있다. 핵의 자체 막은 원형질막과 다르지만 핵의 내용물과 세포의 나머지 부분 사이에서 문지기 역할을 한다는 점에서는 비슷하다. 핵막이 단백질 생성 체계와 어떻게 관련되었는지는 아직 제대로 밝혀지지 않았지만, 단백질의 견본 역할을 하는 DNA 유전자의 복제본인 메신저RNA가 합성된 후 이 연결을 통해 단백질 공장들로 향하게 된다.

세포를 받치고 한데 묶으며 세포의 모양, 이동 시기와 방식을 결정하는 '세포골격 cytoskeleton'이 없었다면 이런 막 구조는 형태가 없이 흐느적거리는 덩어리에 불과했을 것이다. 세포골격은 액틴 Actin이라는 단백질로 구성된 작은 섬유들과 또 다른 단백질인 튜불린 Tubulin으로 구성된 가느다란 실 같은 배열로서 세포에 형태를 부여한다. 액틴 섬유는 아주 역동적이며 세포가 확장, 수축, 이동하며 모양을 바꾸고 환경에 적응할 수 있게 한다. 튜불린은 액틴 섬유보다 더 안정적인 경로를 생성하여 세포의 구조적 안정성과 내부 이동에 기여한다. 세포 다수에 있는 세 번째 골격 성분은 강한 단백질로 구성된 섬유들인데, 케라틴 Keratin을 예로 들 수 있다. 아주 안정적인 성질을 띤 케라틴은 머리카락의 구성 성분이다. 샴푸 용기에 적힌 성분표에서 흔히 볼 수 있는 익숙한 단어이기도 하다. 우리 몸의 뼈나 자동차의 차대와 달리 세포골격은 유연하고 길이와 공간 조직이 계속 변하므로 세포가 주변 요소와 환경에 맞게 모양을 조정할 수 있다. 활발한 세포골격은 세포가 살아 있고 건강하다는 최고의 신호다.

이 기본 조직은 레이우엔훅이 연못에서 본 애니멀큘레부터 떡갈나무의 구성 요소와 인간 몸의 세포에 이르기까지 모든 세포에 걸쳐 적용된다. 이런 구성 요소들의 배열 및 역학에 따라 앞에서 언급한 세포 200여 종의 정체성이 결정된다. 상피의 세포 조직은 세포골격의 배열에 따라 달라지지만, 신체의 감염 여부를 점검

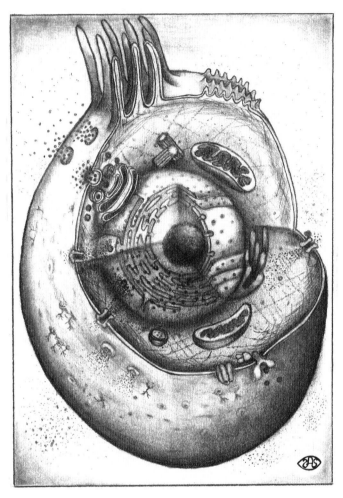

그림 7. 원형질막 내에서 핵이 중심에 있고, 그 주위에 다양한 세포소기관이 위치한 일반적인 세포의 구조도.

당신의 지문은 DNA를 말하지 않는다

하거나 여러 장기와 조직에 산소를 공급하는 혈액 내 세포와 뇌의 뉴런은 다른 방식으로 배열된다.

다양한 형태로 존재하는 진핵세포는 자연의 경이 그 자체다. 19세기 말의 연구에서 제시된 경직 구조를 갖추었을 뿐만 아니라 유연성과 적응력이 높고 형태를 바꾸는 생동감 넘치는 존재이기도 하다. 하지만 우리가 간과하는 진핵세포의 큰 특징은 지구를 정복할 정도의 창조력, 즉 증식 능력이다. 어머니의 자궁에 있던 세포를 수조 개로 늘려 신체를 형성하고 기능을 발휘하게 하며, 번식을 위해 세포들의 구성 요소들을 재구성하는 마술 같은 능력을 가지고 있다.

분할과 정복

물, 산, 행성 같은 무생물과 구별되는 생물의 가장 중요한 특징이 있다. 일단 성장 능력은 아니다. 히말라야산맥과 바다도 계속 커지고 있으며, 행성도 천체의 가스와 먼지가 모여 생성된다. 생명체의 독보적 특징은 복제하고 증식하는 능력이다. 증식 능력은 세포의 본질에 내재한다. 세포는 성장하여 특정 크기에 도달하면 증식을 위해 분열한다. 하나가 둘이 되고 둘이 넷이 되는 과정이 반복된다. 시간이 지나면 세포 수조 개가 생기고 우리 개개인이라는 존재가 된다.

동식물의 세포는 증식할 때 '유사분열mitosis'이라는 과정을 거친다. 이때 소위 '딸세포' 두 개는 부피, 구성 요소, DNA가 모세포와 유사하다. 이 과정에서 핵심 역할을 하는 '중심립centriole'이라는 세포소기관은 핵 바깥쪽에서 직각으로 서로 가까이 붙은 한 쌍의 짧은 관 모양 구조로, 단백질 덩어리에 둘러싸여 있다. 중심립은 주로 세포 내부 및 주변의 화학적 환경을 점검하는 '섬모cilia(줄기나 안테나처럼 돌출된 조직)'의 씨앗 역할을 한다. 섬모는 필요한 경우 빙빙 돌듯 움직이며 주변 화학물질의 균형을 유지해준다. 일부 세포에서는 세포의 활동을 촉진하는 긴 돌출 조직인 '편모flagella'의 씨앗이 된다. 정자는 난자를 찾아 자궁에서 헤엄칠 수 있는 긴 편모를 갖추고 있다. 모든 점을 통틀어 중심립의 가장 중요한 기능은 다음과 같다. 첫 번째는 세포 주변으로 물질을 운반하는 경로에서 주춧돌 역할을 한다. 참고로 이 경로는 미세소관microtubule으로 이루어져 있다. 또한, 미토콘드리아를 제자리에 고정하는 닻 역할을 하기도 한다.

세포가 성장하고 분열할 때가 되면 중심립은 수행 중이던 기능을 중단하고(이때 중심립이 지지하던 구조가 분해된다) 세포의 반대편으로 이동해서 세포를 가로지르는 평행 미세소관의 다리를 놓는다. 이런 경로의 길이, 원형질막으로부터의 거리, 중심립과의 연결 위치는 정밀한 공학 수준의 정확도로 결정된다. 이 섬세한 작업의 결과물은 그 형태로 인해 '방추spindle'라고 불리며, 방추가 자리를 잡으면 대형 건설 크레인처럼 생긴 단백질 '디네인dynein'이 염색체 가닥의 중앙에 달라붙어서 방추를 두 기둥 중 한쪽으로 밀어낸다. 이런 과정이 체계적으로 진행되면서 부모 세포의 DNA가 각 기둥에 절반씩 배분되어 염색체 전체를 재구성하는 견본으로 사용된다. 염색체가 모두 새로운 위치로 이동하고 나면 방추가 분해된다. 이렇게 되면 세포가 한가운데서부터 쪼개지고 새로운 막이 생기면서 반쪽씩 두 개로 나뉜다. 이제 중심립은 다른 기능을 수행하러 돌아가고, 원래 세포 하나가 있던 곳에 세포 두 개가 존재하게 된다. 이렇게 딸세포의 모양과 형태는 부모의 세포를 닮게 된다.

여기서 잠시 멈춰서 이 복잡한 과정이 유전자와 어떻게 관련되었는지 생각해보자. 모든 세포의 DNA가 같다면, 200개가 넘는 세포 유형들의 형태는 어디에서 암호화될까? 중심립을 구성하는 단백질에 관한 정보를 유전자가 담고 있긴 하지만, 두 개만 만들어야 한다는 걸 유전자가 '알고' 있을까? 유전자는 어떻게 분열하는 세포 유형에 맞게 정확한 위치에 미세소관 다리를 만들도록 중심립에게 지시할까? 염색체와 그 가닥들의 수와 거리를 어떻게 측정해서 절반씩 세포의 반쪽으로 각각 운반할까? 유사분열에서 염색체가 처음 조립되는 방추의 위치는 유전체에 기록된 것일까?

유사분열 과정, 특히 방추, 중심립, 염색체의 제어와 정밀한 설계에 관해서는 아직 밝혀진 바가 많지 않다. 하지만 이런 질문에 대한 답 중 많은 부분이 유전자에 있다고 할 수 있다. 유전자는 유사분열 과정 내내 수동적인 비활성 분자 구조를 유지한다. 유전자

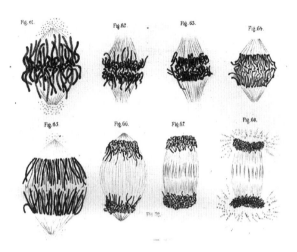

그림 8. 방추 중앙의 염색체가 딸세포의 반대편으로 이동하는 유사분열의 여러 단계를 묘사한 그림. "Cell Substance, Nucleus and Cell Division," 1882.

가 위치한 염색체는 복제되고 운반되기만 할 뿐, 해당 과정에 관여하는 정도는 미미하다. 공간을 감지하고, 힘의 균형을 맞추며, 분할을 진행하고, 염색체를 운반하는 주체는 부모 세포 내의 세포소기관이다. 예를 들어, 유사분열의 시기는 특정 유전자나 유전자 집단이 결정하는 것이 아니라는 사실은 분명하다. 세포의 분열 여부에는 세포의 부피, 구성, 강성, 가용 영양소, 주변 세포로부터의 신호 등 다양한 특성이 반영된다. 유전자는 이 중 어떤 요소와도 직접적인 연관이 없다. 물론 특정 이벤트에 필요한 특정 유전자의 발현을 결정하므로 유전체의 활동에 영향을 미치기는 한다. 하지만 전반적 과정을 결정하는 주체는 세포다.

세포가 이런 일을 수행하는 방식이 연구를 통해 밝혀지고 있지만, 현재로서는 그 과정의 일부일 뿐이다. 예를 들어, mTOR라는 단백질은 앞서 설명한 정보를 수집하고 세포의 성장을 조절하여 세포 분열 시기를 결정하는 데 핵심 역할을 한다. 신체의 모든 세포에서 발견되는 mTOR는 세포의 건강과 가용 영양소를 감지하며, 이 정보를 바탕으로 세포가 더 많은 영양소를 만들어야 할지, 분열해야 할지, 또는 죽어야 할지를 결정한다.[1] 스트레스에 놓인 상황에서는 다양한 변수를 통합하여 세포의 상태를 읽고 가용 영양소와 비교 측정하며, 가능한 경우 생합성 대사와 성장을 촉진할 수 있다. mTOR가 어떤 방식으로 이런 결정을 내리는지는 아직 밝혀지지 않았다.

극적인 사례로, 세포가 스트레스를 받거나 자원이 부족할 때 자체 단백질과 세포소기관을(특히 손상된 경우) 재활용하여 생존용 에너지원으로 사용하는 '자가포식autophagy' 과정을 mTOR가 제어한다. mTOR가 자가포식의 문지기 역할을 하는 셈이다. 보통의 경우 이 과정을 억제하면서 질량과 에너지를 생성하려 하지만, 더 이상 대사물질을 충분히 확보할 수 없다고 판단되면 해당 기능을 포기하고 비상 체계로 들어가 자가포식이 진행되게 한다.

이는 유전자의 영역과 전혀 관계없이 발생하는 주요 활동의 사례다. 물론 mTOR를 암호화하는 것은 유전자이지만 유전자는 단백질 조립 관련 지침만 제공할 뿐이다. 세포의 생존을 유지하는 고된 작업은 mTOR가 수행한다. 단백질의 기능을 결정하는 것은 유전자의 활동이 아니라, 광범위한 화학적 환경 및 다른 단백질과 해당 단백질 간의 상호작용인 것이다.

유전체는 세포의 생성을 위한 지침서나 설계도가 아니다. 세포의 관점에서 유전체는 세포가 선택할 수 있는 다양한 공구와 장치, 건축 재료가 포함된 도구 목록 같은 존재다. 이는 세포가 필요에 따라 다양한 방식으로 유전자를 사용한다는 점에서 적절한 비유다. 세포에는 특정 작업 수행을 위한 '도구'와 뭔가를 만들기 위한 '재료'가 모두 필요하다. 유전자를 전사하는 데 사용되는 단백질인 전사 인자가 도구의 좋은 예시다. 전사 인자는 RNA 형태로서 유전자 발현 활성화에 사용된다. RNA는 다른 전사 인자, 세포가 정보 교환을 위해 사용하는 신호 경로 요소, 신진대사를 중재하거나 세포막 체계의 지질 구성 요소를 생성하는 효소 등 다른 도구들을 암호화한다. 일부 지침은 세포골격 및 중심립 구축과 더불어 세포 내부 구성을 제어하고 신경계에 에너지를 공급하는 전기를 전송하는 경로를 만드는 데 사용된다. 세포 표면에 위치해 세포 결집이나 주변 환경 파악에 사용되는 단백질을 만들어내는 지침도 있다. 이런 모든 구조가 통합되어 세포를 만든다.

이런 다양한 활동과 기능에 있어 DNA는 사용자를 기다리고 있는 명령어의 모음이다. 그리고 그 사용자는 세포다. 물론 유전자가 중요한 요소이지만, 유전체의 복잡성에도 불구하고 유전자가 우리의 일상생활에 참여하는 바는 많지 않다. 우리가 살아 있는 건 세포의 활동 덕분이다. 세포는 호르몬을 만들고, 음식과 산소를 몸 전체로 분배한다. 또한, 전기에너지를 전달하며 신체에서 심장 박동과 뉴런 활동을 유지한다. 이런 활동들이 중단되면 생명도 끊긴다. 하지만 우리의 DNA는 외부 요소로부터 보호되는 한 수천 년간 존재한다. 과학자들이 수만 년 전 아프리카에 살았던 초기 인류의 유골에서 DNA를 추출하여 현대인의 유전체와 비교하고 전 세계적 차원에서 인류의 거주 역사를 연구할 수 있었던 것도 DNA의 이런 분자적 안정성 덕분이다. 하지만 DNA만으로는 초기의 호모사피엔스나 네안데르탈인을 부활시킬 수 없다. DNA는 인간이라는 종의 역사 기록을 담고 있지만, 살아 있는 개체를 만들 수는 없기 때문이다.

DNA가 의미를 가지려면 세포가 필요하다. 세포가 없다면 유전체에 담긴 어떤 정보도 발현될 수 없다. 우리라는 존재의 정체성과 구성 방식을 정의하려면 세포가 있어야 한다. 정확히 말하자면 세포 두 개가 필요하다.

아주 특별한 종류의 세포

뉴런의 조직과 활동으로 알 수 있듯이 모든 세포가 같지는 않다. 사실 서로 아주 다르다. 하지만 인체를 구성하는 세포 200여 종 중 생식세포는 유독 특별하다. 생식세포는 난자와 정자라는 두 가지로 잘 알려져 있다. 난자와 정자가 융합하면 '접합체zygote'라는 최초의 단일 세포가 생성되며, 지구상의 모든 동물과 마찬가지로 인간도 이 세포로 만들어진다.

유성생식을 통한 새로운 유기체 생성이 지배적인 동물계에서 생식세포는 어디에나 존재한다. 생식세포의 본질적 역할을 통해 유전체를 구성하는 DNA 집단인 염색체의 신비로운 유전적 임무를 엿볼 수 있다. 대부분 염색체는 현미경으로도 보기 어려운 느슨한 섬유 형태로 핵 안에 존재하지만, 세포분열 시에는 두꺼운 구조로 응축되어 눈에 보이고 수를 셀 수도 있다. 앞서 살펴보았듯이 유기체마다 특정 수의 염색체가 있지만, 이는 유기체의 복잡성과는 관련 없는 것으로 보인다.

염색체는 항상 짝을 이루므로 모든 유기체의 염색체 수는 짝수다. 각 염색체는 한 부모에게서 나오며, 인간의 염색체는 23쌍이다. 우리는 생명이 시작될 때 어머니의 난자에서 염색체 22개를, 아버지의 정자에서 염색체 22개를 받았다. 이 염색체 22쌍은 길이가 서로 모두 같다. 그리고 마지막 염색체 한 쌍에 따라 남성 또는 여성으로 결정된다. X 염색체가 두 개인 어머니에게서 X 염색체를 물려받고, 아버지에게서는 X 염색체나 Y 염색체를 물려받는다. Y 염색체는 X 염색체보다 훨씬 짧은데, 이 Y 염색체를 물려받으면 남성으로 태어난다.

생물종에서는 염색체 수와 쌍이 중요하다. 21번 염색체가 3개인 사람에게는 다운증후군이 생기고, 13번 염색체가 3개인 사람에게는 머리뼈, 뇌, 척수, 눈, 심장 또는 기타 장기가 제대로 발달하지 않는 파타우증후군이 생겨 출생 후 1년 이내 사망하는 경우가 많다. 염색체의 세 번째 복제본이 이러한 증후군을 유발하는 방식은 아직 밝혀지지 않았지만, 유전자 수가 중요하다는 점은 분명하다.

수를 계산하는 세포의 이런 능력이 정자와 난자의 특별함을 한층 강조한다. 신체의 다른 모든 세포는 유사분열을 통해 복제되므로 염색체 46개를 가진다. 하지만 생식세포인 정자와 난자는 각기 염색체 23개를 가지고 있으므로 둘이 결합하여 접합체를 형성할 때 46이라는 숫자가 복원된다. 이 수는 종마다 다르지만 절대 바꿀 수 없다. 염색체 수가 달라도 지구상의 모든 동물, 균류, 식물에서 동일한 필수 연산이 이루어진다. 이 놀라운 연산은 '감수분열 meiosis' 과정에서 발생한다.

발달 초기에는 '종자세포 germ cell'라는 작은 세포 집단이 생식선이 형성될 위치로 이동한다. 이 단계의 다른 모든 세포와 마찬가지로 종자세포는 염색체 46개를 가지고 있는데, 분열 두 번으로 그 수가 23개로 줄어든다. 이 과정이 놀라운 이유는 세포가 두 번 분열하는 동안 염색체와 그 가닥의 수를 계산한다는 점, 그 과정에서 염색체 쌍들이 부모의 도구와 재료를 그대로 물려받지 않도록 유전 물질을 교환한다는 점 때문이다. 이는 우리가 부모와 다른 도구를 가지고 있다는 뜻이 아니다. 결국 유전자는 모두 같다. 다만 같은 렌치라도 손잡이가 다르고, 톱은 톱니 수가 다르고, 못은 지름이 약간 다를 수 있듯이 각 도구의 세부 사항이 다를 수 있다는 의미다.

이 과정이 끝나면 각기 염색체 22쌍과 X 또는 Y 염색체를 모두 갖춘 세포 4개가 새로운 인간을 만들 준비를 마치게 된다.

여성으로 태어나는 경우, 발달 5주 차에 난자의 전구체가 생성되며 그 수는 약 200만 개에 달한다. 유년기를 거치면서 생식세포 다수가 죽어 체내에 흡수되고, 사춘기가 되었을 때는 생식세포 40만 개 정도가 남는다. 이 시기에는 정자를 만나 '접합체'가 될 수 있을 만큼 충분히 성숙한 난자가 10퍼센트에 불과하며, 매달 배란기마다 한 개(또는 몇 개)씩 방출된다. 나머지는 이후 35~40년 동안 계속 성숙하거나 죽는다. 여성 대부분이 폐경기를 겪는 50세가 되면 생식세포 1000개 정도가 남는데, 이 중 어느 것도 성숙하지 않는 경우가 대부분이다.

성숙한 여성 생식세포(난자)는 직경이 100~120마이크로미터인 큰 세포다. 이는 운동뉴런의 몸체와 비슷하거나 더 크며, 맨눈으로 볼 수 있는 머리카락 한 가닥의 너비 정도다. 난자는 핵, 미토콘드리아와 기타 세포 구조를 제대로 갖춘 완전한 세포다. 유일하게 빠진 요소는 감수분열에서 필요하지 않아 탈락한 중심립과 각 염색체 쌍의 나머지 절반이다. 난자는 건강하고 비옥한 상태를 유지하기 위해 필요한 영양분을 내부에 저장하고 길게는 수십 년 동안 방출되기를 기다린다.

남성 생식세포(정자)는 난자와 반대되는 세포로, 한쪽 끝에는 조밀하게 밀집된 DNA와 중심립이, 다른 쪽 끝에는 커다란 꼬리처럼 생긴 편모가 있다. 편모는 자궁과 나팔관을 통과해 위쪽으로 헤엄쳐 올라가 난자를 찾는 역할을 한다. 남성은 여성과 달리 생식세포를 가지고 태어나지 않는다. 남성의 생식선은 사춘기가 되어서야 정자를 만들기 시작하며, 남은 평생 계속 정자를 생성한다.

인간의 난자와 정자가 완전히 기능하는 세포로 융합하는 과정은 자궁 안에서 일어나는 시간과의 싸움이다. 난자는 자궁에서 24시간 정도만 생존할 수 있으며, 정자는 난자를 만나지 않고는 자궁 환경에서 이틀을 넘기지 못한다. 게다가 정자와 난자는 일대일로 만나게 되지도 않는다. 정자 수천 마리가 난자 하나를 찾아 헤엄쳐 올라가며, 적절한 타이밍에 적절한 장소에 있는 정자에게 가장 먼저 난자와 만날 기회가 생긴다. 그 정자는 난자 주위의 단단한 보호막을 뚫고 자체 DNA와 중심립을 주입한다. 이렇게 새로운 유기체의 첫 번째 세포인 접합체는 앞으로 필요한 도구를 모두 갖추면서 삶을 시작한다.

유성생식에 내재된 협력의 메커니즘은 지구의 일부 고등 생명체의 진화에서 흥미로운 부분이다. 모든 포유류에서 새 생명이 태어나려면 각 생식체가 만나야 한다. 암컷과 수컷의 생식세포 내 일부 유전자는 반대되는 유전자를 만나야만 서로 결합해 기능을 갖춘 단일 세포를 만들기 때문이다. 어머니에게 물려받은 유전체의 일부는 유기체 발달 초기에는 비활성된 상태이지만, 아버지에게 물려받은 유전체 내에서는 활성화되며, 그 반대의 경우도 마찬가지다. 과학자들이 암컷 쥐 두 마리로부터 번식시키려 했을 때, 정자 내에서 비활성 상태인 암컷 생식세포 염색체의 상당 부분을 잘라내야 했다. 그 결과, 수정된 배아 중 15퍼센트가 안 되는 29마리만 생존했다.[2] 수컷 쥐 두 마리로부터 쥐를 번식하려는 시도는 실패했다. 실험 대상 중 1퍼센트만이 살아서 태어났고, 대부분 발달 결함이 있었으며, 성체까지 생존한 쥐는 없었다.

동식물이 만들어질 때는 첫 세포가 형성되는 순간부터 그 생명체가 죽을 때까지 이런 협력의 메커니즘이 적용된다.

인수 합병

생명의 기원은 생물학의 아주 큰 수수께끼다. 이런 중요한 과학적 질문을 하는 사람에게는 그 해답을 찾을 방향에 관한 구체적 생각이 있는 경우가 많다. 또한 지난 세기 동안 DNA 및 RNA 분자가 어떻게 태초의 화학적 원시 수프에서 응결되어 자신을 복제하는 방법을 찾았는지를 알아내는 데 이론적, 실험적 노력이 집중됐다. 이런 연구의 대부분은 생명체가 활성 DNA 및 RNA 분자로

당신의 지문은 DNA를 말하지 않는다

구성되어 있다는 가정에 기반한다. 한편 생화학자 닉 레인Nick Lane
은 생명체로의 동력 제공에 필요한 일련의 화학 반응인 신진대사
에 초점을 맞췄다. 이 관점에서 보자면 핵산은 신진대사의 결정체
이자, 모든 것이 원세포에 둘러싸여 원유전체 내에서 암호화된 방
식의 결과물이다. 이와 관련된 자세한 사항은 나중에 다룰 것이
다. 흥미로운 연구 방향이긴 하지만 사실 신진대사, 핵산, 세포막
이 결합하여 생명체가 생겨나는 방식은 그야말로 무궁무진하다.
솔직히 어떤 일이 일어났는지 정확히 알 수가 없다. 따지고 보면
이를 증명할 화석 같은 것이 존재하지 않으니 말이다.

　나는 생명이 세포에서 시작된다고 생각한다. 그리고 내 관점에
서 지구 생명체의 역사에서 가장 흥미로운 순간은 약 40억 년 전
최초의 세포가 생겨났을 때 그리고 약 20억 년 전 '원핵생물prokary-
ote'과 '진핵생물eukaryote'이라는 두 종류의 세포를 가진 생물이 분
화하여 지구를 돌아다니기 시작했을 때다. 이 두 이름은 '핵'과 관
련된 '핵심'이라는 의미의 그리스어 단어 'karyon'에서 유래했다.
원핵세포는 제대로 된 핵이 없는 '전핵' 세포다. 진핵세포에는 제
대로 형성된 '진짜' 핵이 있다.

　박테리아처럼 비교적 단순한 생명체는 원핵세포다. 박테리아는
개체별로 살면서 먹이를 먹고 침입자나 다른 박테리아와 싸우기
도 한다. 화학 작용과 이동만으로 존재하는 박테리아에는 단단한
외벽이 있는 경우가 많아서 같은 환경에서 서로 마주보고 살더라

도 다른 세포와 분리된 상태를 유지할 수 있다. 이 외벽 안에는 동력을 만들고 변환하는 장치, 먹이를 찾는 장치, 먹이에 접근하는 수단 등 마치 체계화된 화학 공장처럼 기본적인 세포소기관이 존재한다. 그리 흥미로운 존재는 아니라고 할 수 있다. 대부분 박테리아의 DNA는 세포 내부를 자유롭게 떠다니는 원형 실타래 같은 구조 안에 든 유전자 수천 개로 구성된다. 박테리아는 무성생식 과정을 통해 몸체를 절반으로 쪼개 DNA 가닥 두 개를 풀어서 각 절반에 한 가닥씩 배열한 다음, 가닥 하나를 견본 삼아 기존 실타래 구조를 재구성하는 방식으로 번식한다.

이 책의 주인공이자 앞에서 설명한 세포는 진핵세포이며, 지금 살핀 원핵세포와는 모양과 행동이 상이하다. 개별로 존재할 수도 있지만 식물, 균류, 동물이라는 사회적 구조를 갖춘 우리에게 가장 익숙한 세포들이다. 이런 세포는 정기적으로 서로 교류하며 적극적으로 유성생식을 하고 조직, 장기, 유기체라는 형태로서 큰 집합체를 형성한다.

원핵생물에서 진핵생물로의 분화는 원래 느린 진화 과정으로 설명되었다. 과학자들은 박테리아나 다른 원핵세포의 일부 종이 천천히 돌연변이를 축적하여 내부 막과 핵, 미토콘드리아를 포함한 다른 세포소기관으로 구성된 고등 체계를 구축하면서 진핵세포로 변했다고 가정했다. 최초 원핵생물과 최초 진핵생물의 출현 사이에 20억 년의 시간이 있었으니 이런 방식으로 진화가 일어나기에는 충분했다. 하지만 진핵세포의 구조를 연구하다 보면 미토콘드리아가 박테리아와 놀라울 정도로 흡사하다는 믿기 힘든 사실에 직면하게 된다.

1967년, 보스턴대학의 재능 있는 젊은 생물학자 린 마굴리스Lynn Margulis는 이러한 유사성에 주목했고 이는 우연이 아니라는 결론을 내렸다. 마굴리스는 「유사분열의 기원에 관하여On the Origin of Mitosing Cells」라는 중요한 논문에서 진핵세포가 점진적 변화의 결과물이 아니며, 원핵생물의 한 유형이 다른 유형을 삼켰다가 결국 둘이 협력하면 더 잘 기능할 수 있다는 것을 발견한 극적 사건의 산물이라고 주장했다.[3] 마굴리스는 이 과정을 한 유기체가 다른 유기체 내부에서 상호 이익을 추구하며 살아가는 최초의 공생 관계인 '일차 내공생primary endosymbiosis'으로 칭했다. 원핵생물은 일생의 대부분을 먹고 싸우는 데 보내므로 동족 포식은 드문 일이 아니었을 것이다. 하지만 포식자와 피식자가 같이 이익을 본 사례들도 있다. 식세포, 즉 포식자 세포는 은신처를 제공하고, 피식자 세포는 동력 공장을 제공했다. 마굴리스는 광합성 색소체를 포함해 진핵세포의 서로 다른 소기관 두 개 이상이 이러한 내공생 합병으로 생겼다고 생각했다.

마굴리스는 14개 학술지에 논문을 제출한 결과 〈이론 생물학 저널〉에서 게재를 승인받았고, 논문이 발표되자 사람들은 놀라움을 금치 못했다. 찰스 다윈의 법칙이 지구상의 많은 생명체의 기원에 적용되지 않는다고 암시하는 마굴리스의 대담함을 비판하는 목소리가 있었고, 대부분 믿기 어렵다는 반응이었다. 자연계에서 공생 관계는 아주 드물었기 때문이다. 마굴리스의 논리는 표면적 유사성에서 비약한 가정이라고 평가받았다. "제멋대로"이고 "터무니없다"고도 무시당했다. 하지만 그녀의 주장은 일리가 있었다. 미토콘드리아의 DNA는 박테리아의 DNA와 마찬가지로 단순한 원형 염색체 실타래 안에 들어 있으며, 미토콘드리아에도 막이 하나가 아닌 두 개가 있기 때문이다. 두 번째 막은 아마도 이전에 독립적으로 존재했던 조상 박테리아의 잔여물인 세포벽이었을 것이다.

1978년, 분자생물학 분야는 미토콘드리아가 박테리아에서 유래했다는 사실을 증명할 수 있을 만큼 발전했다. 미토콘드리아는 세포핵의 DNA를 지배하는 유사분열 과정과 달리 특유의 성장 및 복제 패턴을 가지고 있다. DNA 염기서열 분석 기술이 가용한 상황에서 이제 과학자들은 박테리아의 일종이자 미토콘드리아의 선조로 추정되는 슈도모나도타pseudomonadota를 발견했고 리케차과Rickettsiaceae와의 유전적 유사성을 매핑할 수 있게 되었다. 오늘날의 리케차과는 숙주 세포 내의 소포나 어느 구획 안에서만 생존할 수 있다.

이런 사실은 특수한 막이 있는 유전체 저장소인 핵에 관한 수수께끼로 이어진다. 박테리아에는 핵이 없다. 그렇다면 박테리아의 기원은 무엇일까? 미토콘드리아를 생성한 내공생 이후 자연도

당신의 지문은 DNA를 말하지 않는다

태 과정이 이어지면서, 자체적인 박테리아 파트너를 갖춘 새로운 세포가 오늘날 보유한 모든 요소를 서서히 수집해온 것일 수 있다. 한편 대서양을 기준으로 서로 반대편에서 일하는 사촌간이자 생물학자들인 데이비드 바움-David Baum과 버즈 바움-Buzz Baum이 제기한 다른 가능성도 최근 주목받고 있다. 이런 상생 병합의 주체가 두 박테리아가 아니라, 진핵세포의 구조적 특징 일부를 공유하는 원핵생물인 '고세균류archaea'라는 특수한 유형의 단세포 유기체와 박테리아라는 가정이다.[4] 린 마굴리스의 연구와 마찬가지로 데이비드 바움과 버즈 바움의 연구도 여러 학술지로 제출되고 나서야 발표되는 긴 여정을 거쳤다.

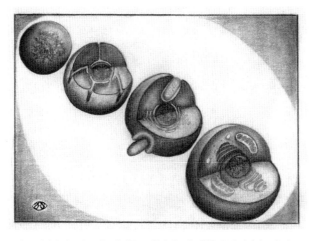

그림 9. 진핵세포는 서로 기능이 다른 두 원핵생물의 병합을 통해 생겨났으며, 미토콘드리아 같은 세포소기관이 주된 특징이다. 내부 구조의 추가적인 합병이나 점진적인 진화로 더 복잡한 추가 소기관의 형태가 발생했을 수 있다.

데이비드 바움과 버즈 바움의 가정에 따르면 일부 고대 고세균류에 있었던 외부 막은 박테리아 세포를 삼켜 내부로 끌어들이는 데 사용된 섬유로 덮여 있었다. 그리고 고세균류는 식세포화된 박테리아가 고세균류 고유의 기능을 보완한다는 것을 알고는 파괴하지 않고 그대로 유지했다. 오랜 시간이 흐르면서 박테리아를 감싸고 있던 섬유는 진핵세포 소기관을 둘러싼 내부 막의 전구체로 변모했고, 고세균균의 중심부가 핵이 되어 그 안에 자체 DNA가 안전하게 자리 잡았다. 이는 데이비드 바움과 버즈 바움의 말처럼 진핵세포가 "안쪽에서 바깥쪽으로" 발달했다는 의미다.

이 견해를 뒷받침하는 증거들이 점점 늘고 있다. 북극 해저의 열수 분출구 '로키의 성Loki's Castle'에서 고세균의 첫 샘플이 수집되었고 북유럽 신들의 고향 이름을 따서 '아스가르드Asgard'라는 이름이 붙었다. 여기에는 한때 진핵세포에만 존재한다고 알려졌던 유전자가 포함되어 있다. 이 유전자가 전사되어 세포골격 형성에 사용되는 단백질로 변환되고 핵과 세포소기관을 지원하는 세포 내부 구조를 유지하는 데 일조한다. 아스가르드 고세균이 보유한 유전체적 도구 목록이 진핵세포의 목록과 겹치는 셈이다. 또한 2014년에는 일본 연구진이 실험실에서 아스가르드 고세균 세포를 배양했다. 다른 고세균과 박테리아가 있을 때만 배양할 수 있던 이 세포에는 흥미롭게도 데이비드 바움과 버즈 바움이 상상했던 섬유와 비슷한 문어 모양 돌출부들이 있었다.

내공생설은 진핵생물의 기원을 설명하는 주요 이론으로 부상했다. 하지만 실험실에서 배양된 아스가르드 고세균과 리케차과 박테리아의 사례는 진핵세포가 한꺼번에 뷔페처럼 극적으로 등장했다는 것을 의미하지는 않았다. 단순 세포 간의 병합이 규칙적으로 발생한 것이 분명하며, 경쟁 환경에서 다양한 형태의 병합들이 이루어졌을 것이다. 마굴리스는 이를 '연쇄 내공생serial endosymbiosis'이라고 칭했다. 동물과 식물의 분화를 살펴보면 이런 병합 현상들이 빈번했다는 걸 알 수 있다. 미토콘드리아는 동물 세포 내부에서 살아 있는 화석인 반면, 식물 세포는 태양 빛으로 영양분과 동력을 만드는 광합성 기능을 가진 남세균이 선대의 진핵세포 집단에 초대되면서 발생한 것으로 보인다. 이는 유기체가 서로 다른 개체의 다양한 '기술'을 협력적 방식으로 결합하면서 복잡한 구조를 갖추고 복잡한 기능을 수행하게 된다는 걸 의미한다.

이런 병합설은 진핵세포의 구성 방식에 관한 합리적인 설명을 제공했고, 오늘날에 사실로 밝혀졌다. 하지만 오늘날 보는 세포의 핵심 특징은 단순히 그 복잡한 구조에 있지 않고 집단으로 조직을 구성했을 때 수행하는 기능에 있다. 진핵세포가 움직일 때, 서로 달라붙거나 분리될 때, 조직 및 기관 형성을 위해 모이거나 분열할 때 볼 수 있는 현상들을 예로 들 수 있다. 구조적인 면에서 이를 설명하기는 쉽지 않다.

부분의 합보다 큰 것

세포의 각 부분이 어떻게 결합하여 개별 구성에서보다 더 많은 기능을 할 수 있는 구조를 만드는지 파악하려면 중요한 개념 하나를 이해해야 한다. 바로 개별 부분에서는 발견되지 않지만 부분의 조합으로는 기능이 생기는 '창발emergence' 현상이다.

최고의 유전자 해독가들에게 새로운 진핵생물의 DNA 염기서열을 주고 해당 세포의 종류를 추측해보라고 한다면 분명 어려움을 겪을 것이다. 세포의 크기나 모양, 세포소기관의 수와 조직을 유추할 수도, 세포의 이동 방식과 기능도 설명할 수도 없을 것이다. 세포의 종류는 다양하지만 우리 몸의 모든 세포는 DNA가 같으므로 이는 놀라운 일이 아니다. 유전자 해독가가 운이 좋아서 세포의 RNA와 단백질 함량에 대한 정보를 얻는다면, 세포가 사용하는 도구와 재료에 관한 단서를 알아내고 이를 통해 세포의 종류에 관한 단서를 얻을 수 있다(다시 말하지만 운이 좋은 경우다). 세포, 특히 진핵세포의 형태와 기능, 움직임은 단백질, RNA, 세포를 둘러싼 지질과 당 간의 상호작용을 통해 만들어진다. 세포의 구조는 구성 요소의 단순한 집합체 그 이상이다.

새 떼, 물방울의 집합, 세포의 구성 요소 등 특정 체계나 전체 구성 요소 간의 상호작용으로 인해 개별 부분의 집합에서는 예측할 수 없는 구조와 행동이 생겨나는 현상을 '창발'이라고 한다. 창발은 세포의 실체를 이해하는 핵심 개념이다.

당신의 지문은 DNA를 말하지 않는다

창발 구조 또는 창발 과정의 첫 번째 기본 요소는 해당 체계 구성 요소의 상호작용이다. 즉 구성 요소들이 모여 결합할 때 서로의 상태나 구조에 관한 정보를 교환해야 한다. 또한 이런 과정의 진행 방식은 구성 요소들의 결합 방식에 따라 달라진다. 비유를 들자면, 3과 3을 합치는 방법에는 여러 가지가 있다. 둘을 더하면 6이 되지만, 곱하면 그 합보다 훨씬 많은 9가 된다. 또한 서로 나누어서 상쇄하면 1이 될 수도 있다. 이렇게 예측할 수 없는 결과들이 나오는 건 두 숫자 간 상호작용의 특성 때문이다. 창발 과정의 두 번째 요소는 상호작용이 3과 3의 결합처럼 더하기, 곱하기, 나누기 같은 아주 간단한 규칙을 따른다는 점이다. 여기서 구성 요소에 대한 지식만으로는 결과를 예측할 수 없다는 점이 중요하다. 3과 3은 상호작용에 따라 6이나 9 또는 1이 될 수 있다. 그래서 사전적 의미대로 결과가 '나타나다' 또는 '확실해지다'라고 표현하는 것이다. 창발은 복잡성을 암시한다.

우리 주변의 모든 사물이 창발 과정으로 생겨나지는 않는다. 복잡한 사물의 경우에도 마찬가지다. 3과 3의 결합은 6인 경우가 대부분이다. 오늘날 사용되는 기계 대부분은 수많은 부품을 정밀하게 조립해야 작동하는 복잡한 구조이지만, 거기서 창발 현상은 일어나지 않는다. 예를 들어 자동차와 비행기는 각 부품의 결합 방식을 설명하는 설계도에 따른 부속품 수천 개로 구성되어 있고, 이런 설계도는 의도대로 기계가 작동할 수 있도록 구조와 동작을 정의한다. 자동차의 핸들이 바퀴를 제어하는 방식이나, 비행기의 날개 플랩이 비행기를 공중에 띄우거나 지상으로 내려보내는 방식을 생각해보자. 해당 구조는 구성 요소의 정렬된 결합에 지나지 않는다. 결함이 생긴다면 조립 과정에서의 문제다. 그러니 설계도로 돌아가서 실수를 찾고 수정하면 된다. 하지만 창발적 구조에서는 얘기가 달라진다. 창발 구조에는 설계도가 없다.

생명의 대부분은 창발적이다. 즉 조합의 관점으로는 그 구조와 행동 양상을 예측할 수 없으며, 여러 요소의 상호작용에 의해 많은 것이 결정된다. 도시의 성장 및 발전 과정을 생각해보자. 우선 도시 설계자, 건축가, 개발자가 구성 및 배치를 결정하지만, 그런 다음에는 사람들이 그곳에 거주하며 상호작용하기 시작한다. 왕래가 잦은 두 장소 사이를 최단 경로(통행로)로 이동하는 사람들로 인해 공원을 가로지르는 지저분한 길이 생긴다. 이렇게 되면 공원의 분위기가 달라진다. 새로운 상점이 문을 열고 특별한 상품을 좋은 가격에 판매한다. 예전에는 그 거리를 방문하지 않던 사람들이 이제 그곳을 찾게 되면서 주변에 상점들이 생겨나고 고객이 더 늘어난다. 이런 상점에 근무하거나 방문하는 사람 중 일부가 근처에 살기를 원하고, 이는 새로운 주택 개발로 이어진다. 통행로, 주거 패턴, 고용 패턴이 변하는 것이다. 이제 여기에 매일 100만 명 또는 500만 명의 사람들과 도시 전체 경관, 이동하기 쉽거나 어려운 지형을 대입한다고 생각해보자. 이처럼 도시를 '설계'한다는 것은 기본 규칙을 만든 다음 해당 지역이 어떻게 진화하는지 그리고 그에 따른 예측할 수 없는 변화를 지켜보는 것이다.

자연은 도시와 같은 의미에서 창발적이다. 호주, 아프리카, 남미의 흰개미들이 만드는 고딕 양식 같은 흰개미집은 여왕개미의 결정에 의한 것이 아니다. 흰개미 수천 마리가 환경에 반응하며 집단 거주물 구축에 각자의 개성을 반영한 통합된 결과물일 뿐이다. 흰개미집은 단지 눈에 띄게 우뚝 솟은 구조물이 아니다. 더운 공기와 이산화탄소를 내보내고 시원한 공기와 산소를 들여오는 미세한 구멍들로 이루어져 있다. 새 떼, 벌 떼, 물고기 떼 또한 창발 현상의 사례들이다.

이런 생물학적 조직과 구조의 배후에는 언제나 세포가 있으며, 세포 자체도 창발적 구조로 봐야 한다. 중심 소기관이 정확히 두 개 생기는 것과, 세포분열 전 조립되는 방추의 길이와 장력에 관한 지침은 유전체 어디에서도 찾을 수 없다. 이러한 특징은 다양한 단백질이 서로 결합해 구조를 형성하는 과정에서 생기며, 세포 내 다른 단백질 구조 및 막과의 상호작용으로 인한 결과일 때가 많다. 이를 통해 단백질의 기능이 배가되거나 감소해 예상치 못한 결과로 이어지기도 한다. 세포소기관의 섬모나 방추 생성 여부는 당시 가용한 단백질과 그 상호작용에 따라 달라지며, 특정 조건이나 다른 단백질이 있을 때만 활성화되는 일부 관련 단백질도 있다.

단백질 간 상호작용을 지배하는 규칙은 아주 간단하다. 달라붙거나 밀어내거나 둘 중 하나다. 단순 효모 세포 하나에서만 분자 4200만여 개의 단백질이 존재하며 이로 인해 혼란스럽고 예측할 수 없는 복잡한 상호작용이 발생한다. 앞서 설명했듯이 DNA 내 조직을 통해 메시지를 전달할 수 있는 염기는 단 4개(A, G, C, T)뿐이다. 염기는 구조가 서로 거의 같은 데다, 당과 인산염으로 구성된 중추를 통해 이중나선 구조만을 형성할 수 있기에 염기 자체로는 많은 기능을 할 수 없다. 하지만 단백질의 근간인 아미노산 20개는 구조적으로 아주 다르며 무려 20^{20} 즉 거의 10^{26}가지로 배열할 수 있다. 게다가 단백질의 길이와 조직에는 제한이 없으므로 형성 가능한 구조가 무한대에 가깝다. 세포의 구조와 활동은 단백질과 RNA, 지질(자체 분자 복합성이 간과될 때가 너무 많다), 그리고 (가끔은) DNA 간 상호작용의 결과다. 그리고 이런 세포 간 상호작용을 통해 유기체가 생겨난다.

창발의 메커니즘이 분명하지 않다 보니 마술로 간주되거나 생명체에 보이지 않는 신비한 힘이 퍼져 있다는 19세기 개념인 생기론vitalism의 관점에서 해석되기도 한다. 하지만 창발은 아주 물질적인 개념이다. 첨단 컴퓨팅 기술과 기계의 등장으로 단백질과 그 상호작용을 실제로 측정하고, 세포분열이나 방추가 조립되어 염색체를 끌어당기는 역학 등의 창발 과정 표본을 화면 위에 구현할 수 있게 되었다. 이 작업을 위해서는 단백질 간 상호작용을 합이 아니라 곱셈과 나눗셈으로 표현해야 한다.

지난 세기 동안 세포보다 유전자에 초점이 맞춰진 이유 중 하나는 세포의 창발적 특성을 이해하기 어려웠다는 점이다. 유전자는 우리가 과학적으로 잘 이해할 수 있는 개념이며, 유전자의 구조와 작용 규칙은 정확한 분자 용어로 설명할 수 있다. 눈이나 완두콩 색깔 관련 유전자 돌연변이의 영향을 관찰하고 유전자와 질병 간의 연관성을 확인할 수도 있다. 이를 통해 특정 유전자가 암호화한 단백질의 정상 기능을 추론할 수 있으며, 이것이 맞을 때도 있다. 우리는 유전자와 그 원리에 관한 깊이 있는 이해를 통해 최근 아주 정밀한 방법으로 돌연변이를 조작하기 시작했고, 돌연변이를 복구하고 질병을 치료한 사례들도 소수나마 있다. 이 중 한 예가 베타글로빈을 암호화하는 유전자의 돌연변이로 혈액의 산소 운반 능력이 낮아져 발생하는 질병군인 지중해빈혈이다. 유전자 가위라고도 하는 분자 도구인 크리스퍼 기술을 이용해 DNA 구조를 정밀하고 통제된 방식으로 고치는 치료법이 고안된 것이다. 그래도 정상 유전자가 암호화한 단백질의 기능 자체가 무엇인지 파악하기는 어려운 경우가 대부분이다. 유전자에는 섬모부터 세포 골격이나 미토콘드리아에 이르는 구성 요소에 관한 정보가 들어 있지만, 그 창발 구조는 세포의 맥락에서만 이해할 수 있다. 세포는 생명의 단위이며, 창발은 세포의 비밀인 셈이다. 고등한 조직의 관점에서 보자면, 도시가 인간의 상호작용으로 생겨나고 세포가 분자 간 상호작용으로 발생하듯이, 유기체는 세포 간 상호작용에서 생겨난다.

세포 특유의 창조적 능력에 의해 예측할 수 없는 수많은 방식으로 결합하면서 유기체가 생겨나 지구를 채웠고, 지금도 서식하고 있다. 연못과 강둑에 살던 단세포에서 역할과 기능이 분화하고 공간 형성 능력을 갖춘 다세포생물로 도약한 과정은 유전자 암호에서는 예고되어 있지 않았다. 최초의 다세포 유기체가 등장한 순간 힘의 균형이 바뀌었다. 세포는 단세포 유기체가 상상도 못 했던 목적으로 유전자를 사용하는 방법을 찾아냈다.

3장

세포의 사회

약 30억 년 전, 지구는 다양한 활동과 실험이 진행되는 용광로였다. 정확히 어떤 일이 일어났는지 알 수는 없지만, 지구 대기에 산소가 거의 없었다고 생각하는 과학자들이 많다. 이런 세상에서 원핵세포는 수소, 질소, 황, 탄소를 먹고 살았을 것이며, 오늘날의 원핵세포 다수와 마찬가지로 산소라는 노폐물을 생성했을 것이다. 무려 10억 년 동안 원핵생물이 산소를 대량으로 생성해 배출하면서 지구 대기에 산소가 상당량 포함되기 시작한 것으로 보인다. 오늘날 대기 중 산소 비율인 21퍼센트에는 미치지 못했지만, 일련의 중대한 변화를 일으키기에는 충분한 수준이었다.

특정 세포에 호황기인 시기였고, 특히 산소를 에너지로 전환하는 호기성(산소가 필요한 성질—옮긴이) 박테리아에게 아주 유리한 세상이 되었다. 그 무렵 호기성 박테리아를 삼켜버렸을 고세균도 새롭게 변화하는 환경을 최대한 활용하는 방법을 찾고 박테리아와의 관계를 발전시켜나갔다. 당시의 대기 변화는 오늘날 우리가 알고 있는 생명체의 출현으로 이어졌다. 이후 수백만 년이 흘러 진핵생물의 다양한 협력 관계가 구축되면서 상황이 안정되기 시작했다. 박테리아와 고세균 간의 동맹이 시작되면서 세포가 안정적으로 먹이를 찾고, 동력을 생성하며, 포식자를 피하고, 무엇보다 번식을 할 수 있게 되었다. 깊은 바다나 진흙 속 같은 혐기성(산소를 피하는 성질—옮긴이) 환경에 살며 산소를 피하는 생명체도 많았는데, 산소를 이용하거나 배출할 방법을 찾지 못한 세포로서는 위협이 되는 상황이었다. 하지만 일부 생명체는 산소를 활용해 생존을 이어갔다. 당시 지구 생명체 대부분이 여전히 원핵생물이었지만, 20억 년 전 세상에는 오늘날 우리가 '원생생물'이라고 부르는 특이한 단세포 생물도 다양하게 존재했다.

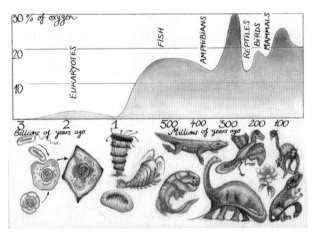

그림 10. 지구상에 동물이 출현해 진화하는 동안 일어난 일들의 연표.

당신의 지문은 DNA를 말하지 않는다

안토니 판 레이우엔훅의 사례처럼 연못 물의 표본을 현미경으로 관찰하면 이런 고대 조상 세계를 엿볼 수 있다. 한 방울 한 방울이 생명으로 가득 차 있다. 환상적 존재처럼 생긴 세포들이 우리의 시야를 들락날락하며 헤엄치고, 세포 외막에 있는 촉수, 집게발, 동굴 같은 입 모양 구멍은 먹이 사냥에 사용된다. 본체에서 튀어나온 얇은 줄기로 주변 표면에 고정하여 미생물 층에 서식하는 작은 버섯처럼 생긴 세포도 있다. 이런 줄기에는 물을 흡수해서 먹이로 걸러내는 큰 기공이 있다. 뱀처럼 꿈틀거리는 세포, 진공청소기로 먹이를 빨아들이는 것처럼 보이는 세포, 신발처럼 생긴 부속기관으로 발끝을 내밀고 탭댄스를 추듯 주변 환경을 탐색하는 세포도 있다.

이 생명체들은 대부분 반투명하지만 일부는 녹색을 띠기도 한다. 이 색은 고세균과 박테리아 사이의 흥미로운 협력 관계를 암시하기도, 햇빛과 물을 에너지로 전환하는 능력을 의미하기도 한다. 이런 고대 진핵생물은 식물의 조상이었고, 빛과 흙에서 동력을 만들 수 없던 세포들은 다른 동물과 식물을 섭취해 영양분을 얻어야 했다.

진핵세포에 의한 지구의 재구성은 계속됐다. 공기 중 산소 비율을 높여 새로운 협력 관계가 생기고 지표면이나 그 근처에서 생존하는 데 필요한 도구가 늘어나기도 했다.

일부 세포는 포식자와 굶주림을 피하려고 군집을 형성하는 방법을 배웠다. 개체로서는 포식자에게 잡아먹히기 쉬웠고, 즉시 소비하지 않으면 사라져버릴 양분을 확보하기 위해 계속 경쟁할 수밖에 없었다. 군집에 합류한 세포는 포식자가 공격하기 어려운 대상이 되었고 미래에 사용할 양분을 모아 비축할 수 있었다. '무리'를 형성하는 능력 덕분에 세포는 '좁쌀공말Volvox'의 경우처럼 다른 기발한 방식으로 협력할 수 있었다. 녹조류 세포인 좁쌀공말은 군집을 이루어 서식하며, 개체가 구 모양으로 모여 번식과 이동이라는 두 가지 역할 중 하나에 전념한다. 구의 표면에 있는 세포들은 집단 이동을 위해 동시에 박동하는 섬모와 빛을 향해 이동하는 데 사용되는 광수용체를 갖추고 있다. 군집 내부의 세포 소수에는 유성 또는 무성 생식 능력이 있다. 개별 세포가 일부 기능은 보강하고 일부 기능은 상실하면서 함께 생존하고 번성하기 위해 이웃 세포에 의존하여 부족한 부분을 보완하는 것은 지구 생명체 역사에서 놀라운 전환점이었다.

다세포를 대상으로 한 초기 실험 일부에서는 상호 수혜적인 방식으로 며칠 정도 단기간 상호의존이 지속되었을 뿐 계속 유지되지는 않았던 것으로 보인다. 예를 들어, 박테리아는 심해 화산의 열 배출구나 동물 내장 같은 혹독한 환경에서 살아남기 위해 '생물막biofilm'이라는 대규모 군집을 형성해 서로 협력하는 것으로 관찰되었다. 하지만 개별 박테리아는 여전히 자유롭게 이동하고 먹이를 먹으며 번식하는 등 스스로 존재할 수 있다.

한편 다세포 군집을 지속적인 생활 방식으로 선택한 특수한 유기체들도 있었다. 시간이 지나면서 함께 서식하던 세포 일부가 분열 후에도 자손과 서로 붙어 있는 단계에 이르렀고, 이후 세대들은 더 이상 세상에서 스스로 살아갈 방법을 찾지 않았다. 이런 현상이 발생한 이유는 알 수 없다. 기존 단백질의 암호를 지닌 유전자에 돌연변이가 생겼거나, 세포들이 분열 후에도 같이 있게 하는 새로운 유전자가 나타났을 수도 있다. 진화에서는 효과가 있거나 개체에 유리한 요소가 살아남는다. 결함도 모세포의 후손에게 대대로 복제되었다. 시간이 지나면서 이런 결함은 더욱 복잡해졌다. 일부 후손은 이동을 위한 도구를, 다른 후손은 번식을 위한 도구를 사용하면서 복잡성이 생겨났다.

산소가 풍부해지자 군집 내 세포가 다양한 기능을 수행하는 데 점점 능숙해지면서 집합체의 생존을 도모하게 되었다. 좁쌀공말 조류보다 훨씬 더 분화된 예도 있다. 산소를 모으는 데 특화된 세포, 양분 확보에 특화된 세포, 보호나 이동, 번식에 특화된 세포 등 다양했다. 개별 세포는 이제 다른 세포의 도움 없이는 생존할 수 없었고, 마침내 다세포 유기체가 등장했다.

단일 세포에서 발생한 세포의 새로운 집단 운용 능력을 '클론 다세포성clonal multicellularity'이라고 한다. 이런 방식으로 연합된 단일 원시 세포의 후손은 똑같은 복제본처럼 행동하는 대신 저마다 구별되는 능력을 개발한다. 클론 다세포성이 생기고 이후 수백만 년 동안 세포는 상호작용하는 데 필요한 유전자를 사용하고, 공간을 읽으며, 이런 상호작용을 통해 형태를 만드는 방법을 학습했다. 실제로 배우는 과정이 진행되고 있었기에 이를 학습 과정이라고 칭해도 과언이 아니다. 세포의 환경을 읽고 반응할 수 있었던 단백질 복합체는 대대로 전달되었다. 새로운 돌연변이가 생기면서 유전체 내 가용한 도구 목록이 확장되었고, 때로는 공간 및 시간 내 세포 집합체 형성에 사용되는 고정 장치와 장치를 암호화하는 새로운 유전자가 등장하여 다양한 도구와 연결되었다.

이 시기에 식물, 균류, 동물의 조상이 탄생할 수 있는 조건이 갖춰지면서 유전자와 세포 간 관계가 변화하기 시작했다.

동물이란 무엇인가?

식물과 동물의 차이는 눈으로 보기에는 분명할 수 있다. 하지만 생각보다 분류가 간단하지 않다. 아리스토텔레스는 동물을 식물과 구분할 수 있는 체계를 고안하려고 동물의 조직과 기능에 관해 다방면으로 골똘히 생각했다. 아리스토텔레스의 관점에서 동물의 특징은 식물의 수동적인 움직임과 달리 지구상의 한 지점에서 다른 지점으로 자발적으로 이동할 수 있는 능력이었다. 또한 아리스토텔레스는 동물에게 변화하는 능력, 즉 자체 변형 능력이 있으며, 특히 세포 덩어리가 개별 종에 맞는 형태로 점차 형성되는 발달 과정에서 이것이 적용된다고 생각했다. 물론 당시에는 세포라는 개념 자체가 아직 존재하지 않았기에 '세포'나 '다세포'라는 용어를 사용하지는 않았다. 하지만 아리스토텔레스는 동물이 형태가 없는 물질 덩어리에서 예측할 수 없는 방식으로 발생하는 것을 관찰했다. 동물의 구성에 뭔가 이상한 요소가 작용하고 있는 것이 분명해 보였다. 그렇게 동물의 본질에 관한 논쟁이 막 시작되려 하고 있었다.

아리스토텔레스 이후 수 세기 동안 동물과 식물의 경계는 쉽사리 정의되지 않았다. 과학자와 철학자들이 그 답에 접근하는가 싶을 때마다 예외가 등장했다. 그중 한 사례가 히드라다. 히드라는 30밀리미터 정도 길이에 세포들로 이루어진 작은 관 형태로, 양쪽 끝이 뚜렷하게 구분된다. 한쪽 끝에는 촉수 여러 개와 먹이 섭취 기능을 하는 '입'이 있고, 다른 쪽 끝에는 바닥에 닻처럼 내려 고정하는 용도인 '발'이 있다. 스위스의 동식물 연구가 아브라함 트랑블레Abraham Trembley는 1741년 네덜란드 헤이그 근처의 소르흐블릿 지역을 걷다가 연못에서 히드라를 발견했다. 식물인지 동물인지 알 수 없는 생김새에 당황한 트랑블레는 이 생명체를 반으로 잘라보기로 했다. 식물은 재생할 수 있지만 동물은 그렇지 않다고 알려져 있었기 때문이다. 그런데 히드라는 식물처럼 재생하며 잘린 반쪽에서 저마다의 형태로 자라났다. 한편 이 작은 생명체는 동물처럼 움직이고 먹이를 섭취했으며, 놀랍게도 반복해서 조각으로 잘라내도 항상 다시 형태를 재구성했다. 마치 죽일 수 없는 것처럼 보였다.

히드라는 동물이지만 식물과의 차이점은 미미하다. 식물과 동물 모두 암수 생식세포의 결합인 접합체로부터 생겨나며, 세포분열을 여러 번 거치면서 유기체 내 개별 세포가 서로 다른 구조와 기능을 갖춘다. 한편 식물과 동물을 구분하는 추가 특징 두 가지가 히드라에도 적용된다. 바로 구조와 유지다. 식물 세포는 벽돌과 같아서 증식할 때 기존 세포에 기하학적 방식으로 추가된다. 다양한 형태를 만들 수 있는 각도로 추가될 때도 있지만, 식물 세포는 이동하지 않기 때문에 개별 세포의 상대적 위치에 큰 변화가 없다. 이와 반대로 동물 세포는 형태가 다양하고 유연하게 움직이며 여러 가지 방식으로 서로 결합한다. 식물은 빛과 물로 양분과 동력을 만드는 반면, 동물은 다른 유기체를 섭취하여 동력을 얻어야 한다는 사실도 중요한 차이점이다.

하지만 이 두 가지 구분법에도 예외와 특수 사례가 있다. 원생동물은 둘 중 어디에 속할까? 동물 혹은 식물에 더 가까울까? 아무리 작고 특이한 생물체라도 특정한 DNA 염기서열을 가지고 있다. 핵산의 염기서열인 A, G, C, T는 이제 간단히 판독하고 측정할 수 있다. 놀랍게도 이러한 측정값은 일종의 바코드처럼 기능해 종과 동물의 오랜 조상과 관련된 정도를 밝히는 역할을 한다. 유전체를 나란히 놓고 관찰하며 염색체에 나열된 글자의 서열과 위치를 비교하면 된다.

같은 종의 개체 간 염기서열 유사도를 통해 유전적으로 얼마나

가까운지 알 수 있다. 우리의 유전체는 어머니와 아버지의 유전체, 그리고 형제자매의 유전체와 50퍼센트 정도 차이가 난다. 그럼에도 모든 인간의 유전체는 서로 아주 비슷하다. 따라서 개인 간 차이는 유전체에 있는 문자 64억 개 중 수백만 개에 불과하며, 이는 개인별 바코드를 만들기에 충분한 범위이다. 이러한 차이점을 이용하면 가까운 친척과 먼 친척을 식별할 수 있다. 실제로 앤시스트리, 마이헤리티지, 23앤미 같은 기업에서는 DNA 검사 서비스를 받은 개인에게 일부 염색체에 동일한 문자열이 있는지에 따라 2촌에서 3촌 또는 4촌에서 6촌일 수 있는 사람들의 명단을 제공한다. 이 기술은 범죄 해결에도 도움이 된다. 범죄 현장에서 발견된 DNA를 데이터베이스에 입력하여 친족들을 찾으면 범인의 신원을 좁힐 수 있기 때문이다. 비슷한 방식으로 다양한 종을 비교 및 분석하여 지구상 생명체의 '계도'를 구축하기도 한다.

이 기술의 기본은 단순하며 DNA 염기서열의 바코드 특성을 잘 보여준다. 9자 염기서열인 AGGCTATTA와 TCGCTATTA를 예로 들어보겠다. 두 서열은 처음 두 글자만 다르고 아주 비슷하다. 이는 같은 염색체의 같은 영역에 이러한 염기서열을 각기 하나씩 가지고 있는 두 개체 간에 어느 정도 관련성이 있다는 걸 시사한다. 이번에는 AGGCTATTA 및 TCGCTATTA와 글자 6개가 각기 다른 CTGCTGAAT와 비교해보자. 이 세 번째 염기서열을 가진 개체는 나머지 두 개체와 관련이 있을 수 있지만 가까운 관계는 아닐 것이다. 더 많은 세대의 번식을 거치면서 유전 물질이 더 많이 섞였기 때문이다. 과학자들은 이런 차이가 원래의 공통 염기서열의 변화를 반영한다는 가정이 적용된 컴퓨터 알고리즘을 사용하여 다양한 종의 유전체를 비교했다. 그 결과 산출된 모든 생명체의 계도는 이전에 예측했던 것보다 더 복잡하기도 하고 단순하기도 했다.

이러한 사실은 과학자들이 생명의 계도에서 고세균이 어디에 속하는지에 관한 의문을 품으면서 분명해졌다. 1977년 칼 우즈Carl Woese와 조지 폭스George Fox가 고세균의 RNA 암호화 유전자를 분석한 결과에 기반해 과학자들은 고세균이 박테리아와는 너무 달라서 계를 따로 분류해야 한다는 것을 깨달았다. 하지만 공통점도 몇 가지 있었는데, 미토콘드리아 DNA는 박테리아와 관련이 있고, 핵 DNA는 고세균과 비슷하다는 사실을 보여주는 동일한 분자가 발견됐다. 이는 린 마굴리스의 내공생 이론 확립에 증거가 되었다.

추가 유전자 연구에 따르면 진핵생물계는 800만 종이 넘는 종으로 구성되어 있다. 지금까지 원생생물 20만여 종, 식물 40만여 종, 균류 최대 100만 종, 동물 150만여 종 등 일부만 확인되었다. 이러한 집단은 DNA의 유사성으로 분류되며, 우리가 동물이라고 부르는 유기체의 DNA는 식물, 균류, 원생동물보다 다른 동물 및 인간과 더 밀접한 관련이 있다. 이 사실 자체는 다소 익숙하게 느껴지지만, 각 계에 소속된 유기체의 생명 기능 구성 방식이 서로 다른 이유는 여전히 알 수 없다. 단서를 찾으려면 유전 암호뿐 아니라 유전적 결함으로 생성되고 유전되는 도구도 자세히 살펴봐야 한다. 이런 새로운 도구의 출현은 다세포생물의 출현에 결정적인 역할을 했다.

기원: 새로운 도구

유기체가 서로 어떻게 다른지보다 왜 다른지를 이해하려면 화학적 문자열을 넘어 유전자의 카탈로그인 DNA에서 찾을 수 있는 실제 단어와 문장을 비교해야 한다. 이 방법을 통해 동물에 가장 가까운 비동물 친족으로 알려진 수생 단세포생물 집단이 원생생물 덩어리로 뭉쳐져 뚜렷한 형태와 조직을 갖추고 있다는 사실이 밝혀졌다. 연못 물에서 발견되는 버섯 모양의 세포처럼 이 생물의 몸체는 모자를 닮은 타원형이고, 표면에 고정된 줄기 대신 세포 몸체에서 뻗어 나온 꼬리 모양의 편모가 있다. 편모를 둘러싼 세포골격 단백질은 깔때기 모양을 형성하여 마치 옷깃처럼 보인다. 이 때문에 동물의 먼 친척인 이 생명체에는 그리스어로 '깔때기choano'를 의미하는 단어에서 유래한 '깃편모충choanoflagellate'이라는 이름이 붙었다.

깃편모충류의 DNA 염기서열을 보면 다른 원생생물보다 동물에 더 가까운 듯하다. 이런 관계성을 결정짓는 것은 깃편모충류가 가진 유전자 목록이다. 깃편모충의 세포에는 다른 세포에 달라붙어 군집을 형성하는 데 사용되는 단백질을 포함하여 동물 세포를 구성하는 것과 동일한 단백질이 다수 존재한다.

관찰된 바에 따르면 깃편모충은 이런 도구를 써서 서로 협력하여 먹이를 모으기 위해 군집을 형성한다. 또한 세포골격 요소를 암호화하는 유전자를 제어하고 세포 자체에서 분비되는 효소와 접착 물질로 구성된 보호 환경인 '세포외 기질extracellular matrix'로 자체를 둘러싸서 몸의 모양을 바꿀 수 있는 단백질도 가지고 있다. 다세포생물에서 아주 중요한 구성 요소인 세포외 기질은 세포가 조직과 장기로 조립될 수 있는 역학적 지원을 제공하며, 세포가 주변 공간을 읽고 형성하는 데 사용하는 신호를 담고 있다. 일부 깃편모충 종은 생명 주기의 여러 단계에서 세포가 특정 기능에 집중할 수 있는 능력을 갖추고 있다. 동물과 구별되는 점은 바로 부족한 유전자다. 특히 세포 간 소통을 중재하는 신호망 요소를 암호화하는 유전자, 그리고 동물 집단에서 흔히 볼 수 있는 200여 가지 다양한 세포 유형 형성과 관련된 전사 인자 대부분을 암호화하는 유전자가 없는 것으로 보인다.

원생생물의 공동체 내 깃편모충류 중에는 동물 세포와 일부 특징을 공유하는 가까운 친척들이 있다. 예를 들어 캅사스포라속의 유일한 종인 '캅사스포라속Capsaspora owczarzaki' 생물종도 유전자 발현에 영향을 미치는 단백질과 DNA의 화학적 변형 체계인 후성유전학적 요소를 포함하고 있어 동물 세포의 특징인 도구와 건설 재료를 사용할 수 있다. 그런데 이런 도구는 원핵생물과 깃편모충류에는 존재하지 않는다. 캅사스포라의 유전체 창고에 있는 도구 중에는 나딘 도브로볼스카야-자바츠카야가 쥐의 짧은 꼬리와 척추와의 관련성을 발견한 단미증 단백질 형성에 사용되는 유전자 사본도 있다. 아주 놀라운 사실이 아닐 수 없다. 캅사스포라와 쥐 사이에는 어떤 공통점이 있는 걸까? 캅사스포라의 단미증 돌연변이 유전자를 개구리 배아에 넣으면 개구리 세포가 이 도구를 자체 단미증 유전자로 사용할 수 있게 된다. 생명체 계도에서 멀리 떨어진 분류인 단세포 유기체에서 나온 도구인데도 말이다.[1] 이는 발달생물학자들에게도 놀라운 사실이다. 캅사스포라에는 척추도 없고 꼬리도 없다. 이러한 목적으로 유전자의 단백질 산물을 사용하지 않기 때문이다. 앞서 설명했듯이 세포는 세포의 유형과 종에 따라 필요한 경우 단백질을 사용한다. 앞으로 살펴보겠지만, 단미증 돌연변이는 세포를 움직이게 하는데, 아마 이것이 우리 조상 유기체의 목적일 것이다.

분류의 반대편에서 보면 원생생물과 가장 가까운 동물은 해면동물인 듯하지만, 해면동물은 언뜻 보기에 동물처럼 보이지 않는다. 카롤루스 린나에우스Carolus Linnaeus는 해면을 조류와 같은 식물계에서 식물로 분류했으며, 이런 분류는 오랫동안 상식으로 간주되었다. 따지고 보면 해면은 해저에 정착해서 가지를 뻗어 자라므로 표면적으로는 식물과 비슷한 모습을 보인다. 하지만 린나에우스가 살던 시기에도 해면이 움직이는 방식을 근거로 해면이 동물이라고 주장한 동물학자들이 있었다. 해면을 자세히 살펴보면 동물로서의 모든 조건을 충족한다는 걸 알 수 있다. 우선 해면은 유성 또는 무성 생식을 하지만 두 경우 모두 접합체에서 시작하며, 동력을 생성하기 위해 미생물을 먹는 데다, 세포 간 상호작용을 통해 유기체가 성장하고 성숙해가면서 기능적으로 특화되는 세포를 세 가지 이상 갖춘다.

해면은 '깃세포choanocyte'라는 특수 편모 세포를 조화롭게 움직이면서 물살을 일으켜 먹이를 찾는다. 깃세포는 핵이 든 모자 모양의 세포체와 꼬리가 튀어나온 깃이 있는 깃편모충과 희한할 정도로 구조가 비슷하다.

그렇다면 해면동물이 원생생물 군집과 다른 점은 무엇일까? 우선 해면이 단일 세포에서 파생된 다양한 세포 유형이 서로 붙어 있는 클론 세포 다양성을 보인다는 점이 가장 중요하다. 하지만 해면의 DNA에 암호화된 단백질에도 단서가 있다. 깃편모충에는 없지만 동물에는 존재하는 도구나 고정 장치 대부분에 관한 정보가 담겨 있기 때문이다. 특히 해면은 동물 세포 간의 소통을 돕는 신호 전달 도구를 사용할 수 있는데, 여기에는 BMP, Notch, Nodal, Wnt, STAT라는 단백질이 포함된다. 이 단백질들은 편모충류나 그 친척에게는 존재하지 않으며, 주로 세포 간 통신을 중재하는 역할을 한다. 나중에 더 자세히 살펴보겠지만, 다른 유기체의 돌연변이 실험에서 드러났듯이 세포가 동물의 몸을 구축하려면 이런 단백질에 접근할 수 있어야 한다. 부재 시 발달이 진행되지 않는다는 점에서 이 단백질들은 동물의 독특한 특징이다.

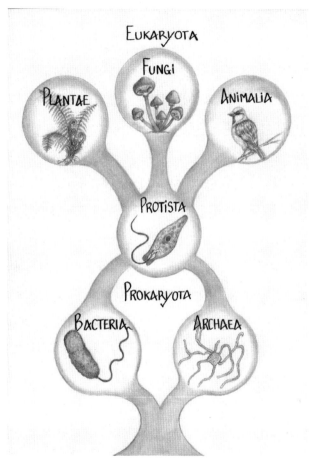

그림 11. 유전자 분석에 기반한 지구 생명체의 '계도'. 원핵 박테리아와 고세균이 결합하여 진핵 원생생물을 만들었고, 원핵 박테리아 두 종류가 결합하면서 식물의 조상이 생겨난 것으로 보인다. 균류와 동물 모두 원생생물인 조상이 있다.

과학자들은 다른 동물의 흔적이 전혀 없는 6억 년 전에 형성된 퇴적층에서 해면동물 화석을 발견했다. 이 화석들이 오늘날 살아 있는 해면과 아주 비슷하다는 점에서 해면의 유전체가 이 오랜 시간 동안 거의 동일하게 유지되었다고 추정할 수 있다. 따라서 해면은 동물 계도의 가장 아래쪽에 위치하게 된다.

적어도 지금까지는 살아 있는 깃편모충류와 해면동물 사이에서 더 가까운 유전적 친족은 발견되지 않았다. 세포가 자체 조직 방식에서 이렇게 큰 도약을 이루었다는 건 상상하기 어렵다. 화석 기록이 증거로 있기는 하나, 수백만 년 전 지구의 생명체를 완벽하게 반영하지 못할 수도 있다. 초기 깃편모충류와 해면동물의 화석이 한때 얕은 해저였던 퇴적층 깊숙한 곳에 묻혀 있을 가능성도 있다. 또는 이런 조상 유기체들이 너무 짧은 기간 존재했거나 열악한 환경에 있어서 화석 흔적이 남지 않았을 수도 있다. 해면동물 조상의 DNA에 숨은 계도의 단서를 통해 깃편모충류가 해면동물 이전에 존재했다는 게 드러났지만, 화석화된 깃편모충류 조상은 아직 발견되지 않았다.

그렇다고 최초의 동물이 다중 돌연변이 출현 같은 기적을 통해 한꺼번에 생겨난 것은 아니다. 분명 오늘날의 깃편모충류와 해면동물에 이르기까지 중간 단계였던 조상의 형태가 다수 있었을 것이다. 동물의 출현은 진핵생물이 탄생할 때 박테리아나 고세균 같은 유기체들이 서로 결합하려 시도하는 과정의 결과였을 가능성이 크다. 어떤 과정으로 발생했든, 세포가 유전자를 비축하고, 새로운 유전자를 만들고, 유전체에 암호화된 단백질과 RNA를 사용하여 다른 세포와 안전하고 에너지 효율적인 공동체를 구축하는 다양한 방법을 시도한 것이 분명하다. 동물이 출현한 시기는 돌연변이 및 조합을 통해 전사 인자와 신호의 새로운 도구가 생성되고, 세포가 이를 시험하는 창의적인 유전 단계가 이루어진 기간이었다. 아마도 유기체 두 개 이상이 결합해 진핵세포가 탄생한 것과 마찬가지로 단세포 여러 개가 합쳐져 다세포가 생겨났을 것이다.

현재로서 분명히 밝혀진 건 최초 진핵세포가 출현한 20억 년 전과 퇴적층에서 그 화석이 처음 발견된 해면이 있던 6억 년 전 사이에 다세포 협력 활동이 활발하게 이루어지면서 동물계의 등장으로 이어졌다는 사실뿐이다. 물론 이는 상상하기 어려울 정도로 긴 시간이지만, 수십억 년이나 되는 충분한 시간이 있었기에 그런 비약적인 발전이 있었다고 볼 수도 있다. 한편 이런 분화 기간 후 얼마 지나지 않아 화석 퇴적물에서 오늘날 살고 있는 특정 유형의 해양동물처럼 보이는 생명체들이 나타나기 시작했다. 이 중에는 18세기 동식물 연구가들을 놀라게 한 아름답게 빛나는 빗해파리를 포함해 해파리, 말미잘, 히드라 등의 자포동물도 있었다. 그와 함께 동물의 진정한 특징으로 언급되고 있는 혹스 유전자가 발견되었다.[2]

해면이 지구상에 등장하고 나서 진핵세포는 새로운 유전자 집단들을 자유자재로 사용하며 이전에는 없던 방식으로 생명을 창조하고 유지하는 방법들을 마련하기 시작했다. 식물과 균류의 발달과 더불어 동물도 번성했다. 세포들은 서로 나란히 협력하면서 이전에 대기 구성을 바꾼 것처럼 지구의 모습을 바꾸기 시작했다.

시간을 정의하고 공간을 정복하다

백만 년 전 석호와 토양에 있던 모든 원생생물을 상상해보자. 거대하고 비어 있는 공간 안에서 작은 단세포생물들이 서로 쫓고 쫓기며 먹이를 찾아 헤매고 있었을 것이다. 이런 단조로운 일상을 깨는 것은 가끔 발생하는 환경 변화나 유사 세포끼리 모여 다세포 집합체를 형성하는 기회뿐이었다. 이렇게 형성된 다세포 집합체는 대부분 원형 세포 덩어리 형태로, 이 안에서 세포들이 위치에 따라 좁쌀공말처럼 분업을 추구했을 수 있다. 하지만 이런 협업에는 분명 한계가 있었다. 원생생물의 군집이 커지면 더 큰 원형 덩어리가 될 뿐, 모양이나 형태는 변하지 않았다.

이는 동물 생명체와는 아주 다른 특징이다. 물론 동물도 고대 원생생물 집합체의 영향으로 세포 덩어리에서 시작되었지만, 비동물 세포와 달리 세포 덩어리가 커지면서 음식을 흡수하는 관, 기체를 교환하는 분지, 혈액을 옮기는 혈관 등 다양한 기능을 수행하는 여러 가지 형태로 변했다. 이런 현상이 발생하는 이유는 두 가지다. 첫 번째, 동물은 원시 세포 하나에서 다양한 세포를 생성할 수 있는 능력이 있다. 두 번째, 이렇게 생겨난 다양한 세포는 원생생물처럼 다른 세포에 달라붙어 원형 덩어리를 형성하는 것 외에도 많은 역할을 한다. 관, 판, 섬유로 조직화하고 느슨해지기도 하며, 다른 위치로 이동해 원래의 세포와 연결된 새로운 집단을 시작할 수도 있다. 심장, 소화관, 아가미, 폐를 만드는 방식은 물론 기린의 목, 독수리의 날개, 코끼리의 상아 같은 독특하고 신비로운 특징 또한 여러 가지 구조를 만들 수 있는 동물 세포의 능력 덕분이다.

건축학적 관점에서 볼 때, 나는 다세포성을 실현하는 동물 특유의 방식이 세포의 시간 및 공간 통제를 통해 달성된다고 생각한다. 먼저 시간에 관해 알아보겠다.

진핵생물이 지구상에 출현하기 전 수십억 년 동안 시간(생물학적 시간)은 그다지 중요하지 않았으며, 어쩌면 존재하지 않았을 수도 있다. 시간이 일련의 사건으로 인식된다면 박테리아는 시간을 겪기는 하나 그 방향성이 없다. 박테리아의 삶에는 제한이 없다. 이동하고 분열하며 때로는 포자를 형성하여 활동을 중단하기도 하지만, 그 시간에는 명확한 방향성이 없다. 한편 균류, 식물, 동물보다 먼저 출현한 것으로 추정되는 원생생물의 등장으로 많은 것이 변했다. 원생생물 대부분은 생명 주기가 있기에 과거, 현재, 미래라는 시간을 만드는 데 필요한 일련의 사건들이 발생한다. 동물과 식물의 경우 이런 현상이 더욱 분명하고 강렬하다. 접합체가 분열을 시작하는 순간에서 시작해 발달 과정에서 생성된 세포의 다양화를 거쳐 유기체가 출현하기까지 발생하는 사건은 각각의 시작과 끝이 있는 비가역적인 순서를 따른다. 시간이라는 보이지 않는 화살표에 의해 모두 연결되어 있기 때문이다. 여기서 말하는 시간은 지구가 자전하고 태양 주위를 돌 때 작동하는 시계의 시간이 아니라, 세포의 활동과 관련된 시간을 의미한다. 세포 시간과 천문 시간이라는 이 두 가지 시간은 우리의 일상을 형성하는 '일주기 시간circadian clock'이라는 개념으로 연결된다. 세포 시간의 핵심은 세포 깊숙한 곳에서 DNA를 RNA로 전사하는 작업을 수행하는 단백질 활동의 화학이다.

세포의 주요 도구인 전사 인자는 DNA의 특정 부분에 결합하여 활성화된 DNA 단백질 그리고 전환 과정 후 제때 세포의 '하류'에서 사용할 수 있게 되는 단백질을 제어한다. 예를 들어, 발달 중인 특정 동물 세포가 인간의 정자처럼 기능을 수행하기 위해 편모가 필요하다고 생각해보자. 세포가 편모를 만들어야 할 때 유전자 A가 활성화되어 암호를 RNA로 전사하고, 이것이 단백질로 번역되어 어떻게든 후속 유전자 B, C, D, E의 발현으로 이어지며, 이 유전자들이 도미노처럼 서로를 촉발하면서 편모를 구성할 요소를 생성한다고 가정해보자. 이 일련의 분자 활동에서 사건마다 발생하는 데 필요한 화학 반응에 관련된 지속 시간이 있다. 따라서

당신의 지문은 DNA를 말하지 않는다

유전자 *A*의 활성화에서 편모 형성까지의 순차적 단계로 인해 방향성 있는 시간이 생성된다. 생물학적 과정 다수에서 이런 현상이 발생한다. 결과적으로 유전자 발현 순서는 조절되거나 계획되어 있기에 유전자 발현의 시간적 패턴과 관련된 일정을 '유전자 프로그램genetic program'이라고 한다.

유전자 프로그램은 동물 세포에서 시작된 것이 아니다. 실제로 모든 원핵생물과 심지어 바이러스에도 유전자 프로그램이 있다. 하지만 동물의 유전자 프로그램이 특별한 이유는 대부분(여기서 다루려는 부분은 다양한 세포의 창발과 관련된 경우다) 유기체를 구성하는 다양한 세포 내에서 순차적이며 차례대로 동시에 진행되기 때문이다.

앞서 말했듯이 유전자 프로그램의 핵심은 세포 내 화학 작용으로 생성되는 일련의 사건이다. 하지만 이 사건들을 세포 집단, 더 나아가 유기체 내 다양한 세포 집단 전체에 걸쳐 조율하는 무언가가 필요하다. 이런 현상의 원리는 아직 밝혀지지 않았지만, 그 실행 주체가 세포라는 점과 해면에서 처음으로 볼 수 있는 신호 전달 도구가 이와 관련 있다는 것은 분명하다. 재차 언급하지만 유전자와 그 화학적 작용을 통제하는 주체는 세포다.

다세포 유기체의 형성을 촉진하는 유전자 프로그램은 단세포의 생활을 하는 동안 형태가 변하는 원생생물에서 발견되는 특정 유전자 프로그램이 정교화된 경우일 가능성이 크다. 그 원리는 원생생물의 일종인 점균류를 통해 가늠해볼 수 있다. 점균류는 식물이나 곰팡이처럼 보이지만, 주변에 먹이가 있는 한 단세포로서 먹이를 찾는 원생생물이다. 하지만 먹이가 부족해지면 얘기가 달라진다. 점균류는 먹을 게 없어지면 'cAMP'라는 화학물질(이후 등장할 더 정교한 신호의 원시적 버전)을 사용하여 서로에게 신호를 보내며, 이에 따라 커다란 집단으로 모여든다. 집단을 이룬 진균류는 발세포나 줄기세포 또는 '자실체 fruiting body'라는 포자낭을 포함한 세 가지 형태 중 하나로 분화한다. 이렇게 형성된 구조에서 발세포는 고정할 지점을 찾고, 줄기세포는 포자 세포를 들어 올려 바람이나 지나가는 동물을 통해 먹이가 풍부한 곳으로 포자가 옮겨져 발아되게 한다. 포자가 방출되고 나면 발세포와 줄기세포는 죽는다. 일부 세포는 죽고 다른 세포는 계속 생존해 다양한 세포 유형을 생성하는 이러한 전략은 최초의 동물 세포로 전달되었다.

유전자 프로그램이 엄격한 일련의 사건을 지시하여 다양한 세포 유형과 시간 개념을 만드는 데 필요한 요소를 생성하지만, 이것만으로는 동물을 만들어낼 수 없다. 동물이 구성되려면 서로 다른 세포가 기능적인 구조, 즉 주변 공간을 정복하는 구조로서 모여야 한다. 또한 세포의 종류에 따라 다른 프로그램의 타이밍을 조정해야 제대로 기능하는 유기체가 생성된다. 공간을 생성하고 정복하는 것이 다세포생물의 고유한 특징이다.

세포는 증식하고 서로 형태를 만들며 상대적으로 움직일 때 공간 내에서 두 가지 종류의 위치를 만든다. 하나는 해당 환경 내에서 자신을 위한 공간이고, 다른 하나는 세포와 세포 사이에서 세포가 지배권을 행사하는 일종의 '내부 공간'이다. 원생생물은 분명 움직일 수 있으며 점균류 집단이 자실체를 형성할 때 움직이듯이 동시에 움직일 수도 있지만, 이는 일시적으로만 가능하다. 반면 동물은 공간을 지배하며 이것이 오래 지속되는 '내부 공간'을 계속 형성할 수 있다.

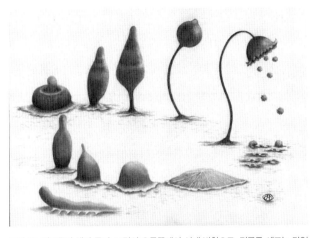

그림 12. 점균류의 생명 주기. 그림의 오른쪽에서 시계 방향으로. 점균류 세포는 단일 세포로 살아간다. 환경으로 인해 필요한 경우에는 응집체를 형성한다. 이렇게 생긴 응집체는 굼벵이처럼 길쭉한 형태로 더 나은 위치로 이동한다. 적당한 장소를 찾으면 발세포가 땅에 고정되고 줄기세포가 위로 자라면서 자실체를 형성한다. 포자가 흩어지면 발세포와 줄기세포가 죽고 새로운 주기가 시작된다.

이런 식으로 동물의 작동 방식은 부동산 개발자가 공터를 발견하고 그 위에 건물을 세우는 것과 아주 비슷하다. 작업 결과가 주변 환경에 미치는 영향 또한 비슷하다. 개발자가 주택이나 아파트 단지, 사무실 건물, 기차역을 세우면 해당 건물이 들어서는 부지에는 물론 주변 영역에도 변화가 생긴다. 그러면 잠재적으로 공동체 전체가 조직된 방식에 연쇄적인 영향을 미칠 수 있다. 새로운 건물의 등장은 새로운 교통 패턴으로 이어지고, 그곳에 거주하고 일하는 사람들을 위해 새로운 편의시설이 생겨난다. 마을은 도시가 되고, 새로운 개발이 이루어질 때마다 조금씩 더 변해간다. 이처럼 동물 세포는 자체 조직 능력을 이용해 외부 공간과 내부 공간을 모두 변화시켜왔으며, 6억 년 전에 처음 등장한 해면과 해파리의 단순한 구조에서 복잡하고 장기적인 연합체로 진화했다.

약 5억 4000만 년 전, 캄브리아기 대폭발Cambrian Explosion 시기로 불리는 2000만 년 동안 다세포 생명공학 역사상 가장 흥미로운 현상들이 발생했다. 새로운 동물 생명체가 대량으로 출현했고 그중 극소수만이 멸종을 면했다. 브리티시컬럼비아 주 캐나다 로키산맥의 버제스 혈암에서 발견된 화석을 통해 이런 사실이 밝혀졌다. 생물학자이자 진화론자인 스티븐 제이 굴드Stephen Jay Gould는 《원더풀 라이프Wonderful Life》(1989)에서 버제스Burgess 퇴적층에서 다양한 생명체가 발견되는 사실을 특유의 열정적 문체로 묘사했다. 굴드는 이런 발견이 "실로 엄청난 규모"로 일어났다며 다음과 같이 적었다. "분류학자들이 백만여 종에 달하는 절지동물(곤충 포함)을 기술했는데, 모두 4대 핵심 집단에 속한다. 다세포 생명체가 처음으로 대거 발견된 브리티시컬럼비아의 한 채석장에서는 절지동물 20여 종이 추가로 발견되었다!"

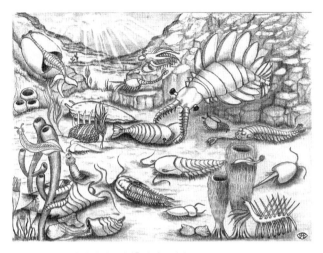

그림 13. 약 5억 년 전 버제스 퇴적층의 생물 전경.

화석에서 DNA를 추출할 수는 없지만, 화석 구조의 모양을 통해 이 시기 동물의 특성을 알 수 있다. 버제스 퇴적층에서 관찰할 수 있는 산호, 가재, 곤충의 조상 격 생물과 굴을 파는 거대한 벌레 같은 동물 등 해면 및 관련 유기체의 특이한 형태들을 보면 모호한 형태에서 고도로 대칭적인 구조로 변형된 것을 알 수 있다. 더듬이, 다리, 지느러미, 껍질 같은 익숙한 부위들을 갖춘 동물은 물론, 굴드의 표현처럼 "SF영화 세트장"에서 튀어나온 듯한 동물도 있다. 버제스 퇴적층에서 발견된 연체동물 한 속은 환각_{hallucina-}을 보는 것 같다는 의미로 '할루키게니아*Hallucigenia*'라는 이름이 붙기도 했다.

한편 캄브리아기 대폭발의 반대편에서는 해면동물과 해파리가 (물론 식물도 포함) 지구를 정복하는 과정에서 새로운 생물 구조가 나타나 번성했다. 한쪽 끝에는 섭취 기관이 있고 다른 쪽 끝에는 배설 기관이 있는 분절 구조였다. 방사형 대칭 구조인 해면이나 해파리와 달리 좌우 대칭, 즉 좌우가 거울로 마주 보는 것처럼 생긴 양면 대칭 구조를 갖추고 있어 '좌우대칭동물*bilateria*'이라는 이름이 붙었다. 각 분절이 다른 분절들과 별개로 변할 수 있는 구조인데, 예를 들어 팔다리는 다리, 팔, 지느러미, 발톱, 날개의 형태가 될 수 있으며, 좌우대칭 설계만 충족되면 팔다리 숫자에는 제한이 없다. 지구상의 동물 대부분과 마찬가지로 인간도 좌우대칭동물이다. 벌레, 곤충, 갑각류가 80퍼센트, 포유류가 4퍼센트를 차지하는 등 확인된 동물 종의 90퍼센트 이상이 좌우대칭동물이다.

이런 과정은 빠른 속도로 이어졌고 물, 땅, 공기를 정복할 정도로 성공적인 결과물들이 탄생했다. 형태와 기능에 관한 이런 창의적 탐구와 실험적 활동의 원동력은 무엇이었을까? 교과서에는 유전자의 변화가 동물의 새로운 모양과 형태를 만들어냈다는 표준적인 답이 적혀 있다. 새로운 유전자가 동물의 형성에 중요한 역할을 한다는 것은 의심의 여지가 없으며, 동물의 몸체 분절 순서와 관련된 이정표를 제공하는 혹스 유전자를 대표적인 예로 들 수 있다.

하지만 이렇게 다양한 생명체 형태가 존재하는 가운데 유전학과 다세포 구조 간 관계에 대한 의문은 여전히 남아 있다. 유전자만으로 새로운 설계가 가능하다면, 조직과 양상이 완전히 다른 종들에서 같은 유전자가 관찰되는 이유는 무엇일까? 인간의 *PAX6* 유전자를 파리에 주입했을 때 인간의 눈이 아닌 파리의 눈이 만들어질 것이라고 예상하기는 어렵다. 마찬가지로 유전자만으로는 DNA가 같은 일란성쌍둥이가 100퍼센트 똑같지 않은 이유나 내 오른팔이 왼팔보다 약간 더 긴 이유를 설명할 수 없다. 게다가 우리 몸의 세포가 언제 성장을 멈추는지도 유전자로는 완전히 설명할 수 없다. 심지어 유전자는 왼쪽과 오른쪽을 구분하지도 못하는데, 좌우대칭동물이 대거 생성되고 있는 걸 생각하면 이런 점은 결정적인 누락이다. DNA에 담긴 화학적 정보에는 특정 장기와 조직 유형에 전념해야 하는 세포의 수와 비율도 포함되지 않는다. 그 대신 세포가 서로와 주변 공간을 감지하여 공존하는 세포 수와 전체 안에서 자기 위치를 추적 및 관찰한다.

유전자의 중요한 특징 중 하나인 '전사 조절 영역transcriptional control region'은 동물 형태의 진화와 유전자의 다양한 용도를 설명하는 요소로 강조되고 있다. DNA 조각인 전사 조절 영역은 유전자가 언제 어디서 발현되어야 하는지를 정하며, 세포가 유전자로 무엇을 할지를 결정할 때 사용하는 핸들 역할을 한다. 이는 RNA를 암호화하지 않으며 전사 인자를 위한 착륙장 역할을 하는 DNA의 영역이다. 전사 조절 영역의 변화는 새로운 기능을 위해 유전자를 재배치하는 중요한 방법으로 여겨진다. 우리가 유전자에 관해 많이 알고 있다는 것은 분명하지만, 세포가 시간과 공간에서 새로운 방식으로 자체를 조직하는 능력을 제공하는 주체는 유전자가 아니라 단백질이다. 세포의 창발적 구조와 기능이 유전자의 후속 사용을 제어하는 것이지 그 반대는 아니다. 전사 조절 영역은 세포가 유전자에 접근하기 위한 수단이다. 다른 생물체의 유전자 다수가 다양한 종에 도입된 후에도 여전히 유효하다는 사실을 달리 어떻게 설명할 수 있겠는가?

식물, 진균류와 더불어 동물 생명체가 생겨나는 과정을 이해하려면 유전자를 '유기체의 지침서나 설계도'가 아니라 '세포가 유기체 구축에 사용하는 도구와 재료를 위한 지침서나 설계도'로 보아야 한다.

동물의 시대가 열리면서 유전체가 커지고 세포가 사용할 수 있는 유전자가 더 많아졌다. 그러면서 엄청난 가능성이 열렸지만 현실로 이어지지는 못했다. 결국 DNA는 세포의 핵에 단단히 고정되어 있기 때문이다. 이와 반대로 세포는 주변 세계와 상호작용을 한다. 세포는 4차원(공간과 시간의 조합)에서 살아가며, 유기체인 우리가 이러한 미세한 힘을 느낄 수 없을 정도로 아주 느린 속도로 공간을 거쳐 서로 밀고 당긴다. 세포는 다양한 형태와 기능으로 변할 수 있는데, 바로 여기에 세포의 힘이 있다.

하지만 세포가 이러한 유전자의 산물을 제대로 사용하려면 이를 감지하고 최선의 배치 방법을 결정할 수 있는 또 다른 도구가 필요했다. 따라서 세포는 창의력을 최대한 발휘하기 위해 신호 체계를 활용(혹은 진화의 경우처럼 발명하거나 발견)했다. 그것은 다세포 유기체와 동시에 발생하는 단백질인 BMP, Notch, Nodal, Wnt이다.[3] 이러한 분자 장치가 언제 어떻게 생겨났는지는 아직 밝혀지지 않았지만, 세포는 이 장치를 통해 공간과 시간을 자유자재로 지배할 수 있게 되었다.

세포가 구성 요소 간 상호작용에 의한 예측할 수 없는 결과물인 창발적 구조인 것처럼, 다세포 유기체도 구성 세포 간 상호작용과 세포와 환경 간 상호작용으로 생성되는 창발적 구조다. 시간과 공간의 통제는 시작에 불과하며, 신호 체계를 확보한 세포는 직접 만든 변화 조건에 대응하여 공간을 추적 관찰하고 제어할 수도 있다.

식물, 균류, 동물의 등장은 지구 생명체 조직에서 유전자의 역할, 특히 유전자와 세포의 관계를 재정의했다. 진화 과정에서 신호 체계의 등장 덕분에 세포는 정보 교환을 통해 자체적인 세계를 재구성할 수 있는 도구를 확보했다. 무엇보다 공간 내 유전자 활동을 제어하고 자체 설계가 생성하는 속도를 결정하는 능력을 갖추게 되었다. 즉 세포는 유전자를 사용하고 제어할 수 있게 되었다. 어떻게 이런 일이 발생했고 그 의미를 이해하려면 가장 잘 알려진 생물학적 개념 중 하나인 유전자 중심 관점의 근간을 다시 살펴볼 필요가 있다.

이기적 유전자

"무엇인가를 잡도록 만들어진 인간의 손, 땅을 파는 데 사용되는 두더지의 손, 말의 다리, 알락돌고래의 지느러미발, 박쥐의 날개가 같은 패턴에서 기반해 형성되었고, 같은 뼈를 포함하며, 같은 위치에서 만들어졌다면, 이보다 흥미로운 것이 과연 있을까?" 찰스 다윈은 1859년에 출간한《종의 기원》에서 이렇게 서술했다. 다윈은 구성 요소가 비슷한 것으로 보이는 종 전반에 걸쳐 그 형태와 기능이 다양하다는 사실에 놀라움을 금치 못했다. 이는 사람들이 양털 품질이 뛰어난 양이나 사냥에 적합한 코를 가진 개 품종을 만들기 위해 형질을 선택하는 것과 크게 다르지 않은 과정의 결과일 것이라고 언급했다. 한편 다윈은 각 세대에 걸쳐 강화된 형질을 골라 선택하는 육종가와 달리 자연은 환경이라는 형태로 필터를 제공한다고 제안했다. 적응하고 변화할 수 있는 특유의 잠재력을 지닌 단순한 구조에서 시작하여 손, 발, 다리, 지느러미발, 날개 같은 형태가 나타나고, 주변 환경의 요건에 가장 잘 적응하는 형태가 번식하게 되는 것이다.

다윈은 이 과정을 '자연선택natural selection'이라고 불렀다. 자연선택은 한 세대에서 다른 세대로 어떤 특성을 단계적으로 수정하며 환경에 점차 적응하는 것을 의미한다. 우리의 일생에 걸쳐 끊임없이, 때로는 눈에 띄지 않게 발생하는 자연선택은 수백만 년에 걸쳐 엄청난 변화를 일으켰고, 그 과정에서 다세포 생명체가 바다에서 육지로, 하늘로 점차 이동하게 하며 유기체의 먹이 탐색과 번식을 위한 새로운 경로를 열었다.

하지만 다윈은 자연선택이라는 개념 때문에 새로운 난관에 봉착했다. 발생에 의한 결과 자체는 이해했지만 자신이 관찰한 다양한 변이의 물질적 근원이 무엇인지는 여전히 수수께끼였다. 찰스 다윈과 그레고어 멘델은 동시대를 살았지만 다윈은 유전자에 관해 알지 못했다. 알았다고 해도 도움이 되었을지는 미지수다. 다윈이 사망한 지 한참 후인 20세기에 접어들어서야 과학자들은 자연변이의 근원이 유전자에 숨겨져 있다는 사실을 깨달았다. 수십 년에 걸친 과학적 설명과 대중화 끝에 유전자는 인간을 구성하는 결정적 요소이자 발달과 정체성을 결정짓는 요소로 받아들여졌고, 오늘날 우리의 존재를 설명하는 핵심 요소로 자리 잡았다.

유전자 개념을 지구 생명체와 인간 존재에 관한 이해의 중심에 두는 데 그 누구보다 많은 공헌을 한 사람이 있다. 바로 리처드 도킨스다. 1976년 도킨스가 출간한 《이기적 유전자The Selfish Gene》는 제목부터 사람들의 상상력을 사로잡았고 진화에 관한 최고 인기도서 중 하나가 되었다. 2017년 런던 왕립학회에서 실시한 설문조사에서 《이기적 유전자》는 다윈의 《종의 기원》을 제치고 가장 영향력 있는 과학 도서로 선정되었다.

이 책이 누린 엄청난 인기의 상당 부분은 도킨스의 소통 능력과 급진적인 과학 아이디어를 쉽게 이해할 수 있고 흥미롭게 만드는 능력 덕분이다. 도킨스 이전에 W. D. (빌) 해밀턴W. D. (Bill) Hamilton을 필두로 몇몇 진화생물학자들이 학문적 맥락에서 비슷한 아이디어를 제시했는데, 도킨스는 이를 토대로 유전자가 자연선택과 진화의 원동력이라는 일반적인 통념을 뛰어넘기 위해 방대한 양의 연구를 통합했다. 또한 여기서 한 걸음 나아가 자연선택은 단일 종이나 개별 유기체와는 관련이 없고 오직 유전자와만 관련이 있다고 주장했다. 이어서 도킨스는 다음 세대의 경쟁은 개체가 아닌 유전자 간의 경쟁일 것이라고 시사했다. 유전자 다수가 염색체에 차례로 배열되어 있고, 앞서 살펴본 것처럼 유전자의 순서와 수가 중요하다는 점을 고려하면 다소 이상하게 들릴 수 있다. 게다가 유전자가 교체되는 감수분열 과정은 생식세포의 새로운 염색체에서 여러 유전자가 무작위로 집을 찾는 복권 추첨과 같은 방식이다. 하지만 도킨스의 주장에는 설득력이 있었다. 도킨스는 개별 유전자가 복제본을 최대한 많이 만들기 위해 경쟁한다고 주장했다. 복제의 기회를 높이기 위해서라면 유전자는 다른 유전자와 일시적으로 동맹을 맺고 협력할 것이다. 그러나 도킨스는 유전자가 집단을 형성하는 경우가 있기는 해도, 본질적으로 유전자는 서로 경쟁하는 이기적인 존재라고 주장했다.

도킨스의 이런 주장들은 논란의 여지가 있으며, 실제로 과학자 다수가 이의를 제기하기도 했다. 하지만 도킨스의 다음 아이디어는 충격적이었다. 당시 학생이었던 내가 처음 이 책을 읽었을 때 느낀 짜릿한 충격을 아직도 기억한다. 도킨스는 유기체가 유전자 확산을 위한 매개체라고 주장하며, 우리는 유전자가 우리의 자손을 통해 시간을 타고 앞으로 나아가려는 목적으로 만든 일회용 존재라고 말했다. 도킨스에 따르면 장미, 파리, 점균류, 달팽이, 독수리, 기린, 인간은 모두 유전자 복제를 위한 장치에 불과하다. 우리의 모습과 행동이 다음 세대를 위한 유전자의 투쟁으로 만들어졌다는 주장이다.

오늘날 생물학을 지배하는 유전자 중심 관점은 '유기체는 유전자의 매개체'라는 생각으로부터 이어져 왔다. 유기체는 유전자의 추상적이면서도 직접적인 확장이라는 도킨스의 관점에서 보면 세포에는 의미 있는 물질적 기반이 없으므로 그 자체만으로 존재할 수가 없다. 암탉은 유전자가 자체 복제본을 만드는 방식 중 하나일 뿐이며, 달걀은 암탉을 만들기 위한 도구일 뿐이다. 진화생물학자 대부분과 마찬가지로 도킨스는 생명에 관해 논할 때 유전자에서 유기체와 그 활동에 이르는 개념들이 서로 교체 가능하다는 듯이 이 개념들 사이를 매끄럽게 이동한다. 동물은 자손을 돌보고 인간이 서로에게 이타적으로 행동하는 이유는 유전체 내 개별 유전자가 한 세대라도 더 이어갈 가능성을 극대화하려고 하기 때문이다. 유기체가 특정 방식으로 행동하는 것은 그 방식이 주변 환경에 합리적이거나, 그렇게 행동하도록 설계되었거나, 자체에 적합하기 때문이 아니다. 우리가 하는 행동의 이유는 이기적인 유전자가 지시하기 때문이다. 이는 설득력 있는 주장이지만 세포의 역할을 고려하지 않는다는 점에서 생명에 관한 중요한 부분을 빠뜨리고 있다.

이타적 유전자

《이기적 유전자》는 큰 인기를 끌었지만 과학계에서는 이를 순순히 받아들이지 않았다. 동료 생물학자들에게 자신의 견해를 설명하기 위해 도킨스는 1982년 《확장된 표현형 The Extended Phenotype》을 출간했다. 도킨스는 "유기체가 DNA의 도구이지 그 반대가 아니라는 근본적인 진리"를 받아들이면 "이기적 DNA라는 개념은 설득력 있고 심지어 당연한 것이 된다"고 썼다. 이런 주장을 하는 과학자의 글을 읽으면 혼란스러워진다. 신념보다 논리와 과학적 추론을 우선시하기로 잘 알려진 인물이 이런 언급을 했다는 건 그 의도와 목적이 무엇이든 간에 맹신을 요구하는 것이다.

물론 도킨스의 생각 중 내가 동의하는 부분도 있다. 유전자는 그 물질적 기반인 DNA와 마찬가지로 복제에 능숙하며, 이 점에서 DNA나 RNA로 구성된 대부분 바이러스와도 비슷하다. 또한 자연선택의 핵심은 경쟁이라는 다윈의 정설에도 동의한다. 실제로 도킨스가 그린 지구의 초상은 바이러스가 그 자체로 세포 없이 세포를 감염시키고 점령하여 유전 물질을 복제하고 더 많은 바이러스를 만들면서 지배적 존재가 되는 세상일 수 있다. 최근 코로나바이러스SARS-CoV-2 팬데믹을 보더라도 바이러스가 복제와 진화에 얼마나 능한지 잘 알 수 있다. DNA가 모든 것의 설계도라면, 그 자신을 복제하는 설계도도 된다.

하지만 도킨스가 유전자 중심의 세상을 그리기 위해 간과하고 단순화한 부분도 많다. DNA 복제가 중요한 것은 맞지만, 복제가 이루어지려면 추가적인 도구와 전용 공간이 필요하다. 세포는 이런 기능에 필수적인 요소다. 따라서 이 세계에서는 단세포 유기체가 바이러스 전쟁의 매개체가 될 것이다. 그렇지만 유기체 다수가 세포로 구성되어 있고 세포는 단백질로 구성되어 있으며, 세포와 단백질은 DNA의 작용과는 완전히 별개로 다음 세대로 전달되는 요소에 영향을 미친다. 이러한 사실에 비추어 볼 때 '유기체가 DNA의 도구'라고 주장하는 것은 분명하지 않으며 잘못되었다고도 볼 수 있다.

생명의 근본적인 논리는 이기적 유전자 가설과 충돌한다. 도킨스의 말처럼 영원한 자체 복제를 위한 개별 유전자 간 투쟁이 생명의 본질이라면, 왜 진핵세포 같은 바로크 양식의 구조가 탄생했을까? 두더지의 발, 박쥐의 날개, 돌고래의 지느러미발, 말의 다리, 인간의 손 같은 놀라운 조합이 생겨난 이유는 무엇일까? 다음 세대로 유전자의 절반을 전달할 자손을 만드는 게 목적이라면, 왜 굳이 에너지와 자원 소비가 더 많고 출생에서 성적 성숙에 이르기까지 오랜 기간이 걸리기도 하는 형태가 존재할까? 사실 나는 '왜'라는 질문을 좋아하지 않는다. 그저 작동하면 유지된다는 게 진화의 법칙이니 말이다. 내가 언급한 특성들의 복잡성과 아름다움은 분명하며, 그 배경에는 질문이 숨어 있다. 도킨스의 가설에 따르면 유전자는 박테리아 같은 단순한 단세포를 선택하기를 고수하거나 바이러스처럼 세포를 완전히 피해야 한다. 박테리아와 바이러스가 자체 유전자를 대신해 대리전을 치르면, 결국 일부 세포가 살아남아 바이러스를 감염시킬 것이고 최종 승자는 유전자가 될 것이다. 이런 과정의 일부로 진핵세포가 등장했고 이에 적응하는 새로운 바이러스가 뒤이어 나타났다고 볼 수 있다. 하지만 동물과 식물의 경우 바이러스에게 어떤 이점이 있을까? 시간을 여행하는 유전자에게는 동물보다 단세포생물이 훨씬 더 에너지 효율이 높은 매개체가 될 것이다.

도킨스의 신념이 유효한 경우들이 있기는 하다. 원핵생물과 일부 단세포 진핵생물의 경우 유전자의 '이기심' 개념은 설득력 있다. 이런 유기체 중 다수, 특히 원핵생물에서 DNA는 유전자의 복제를 보장하기 위한 분자 저장소 역할을 할 때가 많다. 그러나 감염된 모든 세포 내에서 복제본 여러 개를 만드는 바이러스의 DNA와 달리, 세포의 DNA는 세포가 딸세포 두 개로 분열할 때 단 한 번만 복제된다. 세포에서는 유전자가 '유전자 자체로' 복제되는 것이 제한적이다. 다만 세포의 부피나 나이 때문에 세포가 스스로를 복제하도록 유도되는 경우에만 발생한다. 유전자는 세포의 구성 요소가 되고 나면 세포의 조건을 따라야 한다. 그렇다면 유전자의 이기심이 줄어든 것이다.

반면에 세포는 DNA와 무관하게 자체를 복제할 수 있다. 유사 분열 시 세포는 기존 구조를 두 번째 세포를 만들기 위한 견본으로 사용한다. 세포의 중심소기관과 세포골격은 모두 세포의 DNA와 독립적으로 자체를 복제할 수 있다. 세포막 체계도 마찬가지다. 이 중 어떤 요소도 유전자에 암호화된 구성 단백질의 RNA로 새로 쉽게 형성될 수 없다. 모두 기존 구조를 견본으로 사용한다.

DNA의 이런 독립성은 세포막에서 특히 두드러진다. 혈장이나 세포막 형성에 필요한 모든 유전자를 시험관에 넣고, 그 유전자를 전사하여 효소로 변환하는 데 필요한 단백질을 추가한 다음, 효소가 작용할 수 있는 유기 분자를 내용물에 공급하더라도(효소가 세포막의 물리적 요소로 변환되려면 무언가가 필요하며, 유전자는 진공 상태에서 존재하지 않으므로) 세포막이 생겨나지는 않을 것이다. DNA의 분자 하나가 다른 분자를 위한 견본이듯이, 세포막은 다른 세포막 형성을 위한 견본이다. 세포는 유전체의 정보를 해석해서 유기체로 변환하는 주체다.

유기체는 DNA가 만든 도구가 아니라 세포의 도구 저장소다.

도킨스의 유전자 관련 주장과 같은 방식으로 세포가 복제자라는 주장을 따른다면, 세포도 독립적인 개체로서 자연선택의 대상이 된다는 사실을 받아들여야 한다. 일부 진화생물학자들은 자연선택이 유전자, 세포, 유기체, 혈연 집단 차원에서 작용할 수 있으며 각 요소가 다음 세대로의 전달에서 역할을 한다는 의미인 '다단계 선택multilevel selection'을 거론하며 이러한 복잡한 사실을 인정한다. 그러나 세포의 구조와 기능에 관심 있는 세포생물학자들과 유전자의 관점에서 세상을 보는 진화생물학자들 사이의 단절로 인해 이 부분은 자세히 다루어지지 않았다. 무엇보다 이런 주장이 유전자와 세포의 핵심적인 차이, 즉 유전자는 이기적이지만 세포는 이타적이라는 점을 고려하지 않는다는 사실이 중요하다.

유기체 생존에 필요한 기능을 제공하기 위해 세포가 자체 특성을 포기하는 경우도 있다. 극단적인 예로, 근육이 형성되는 동안 개별 근육세포는 서로 융합하여 여러 개의 핵과 미토콘드리아가 있는 큰 섬유를 생성한다. 이를 통해 동력을 만들고 일상생활의 일부인 신체 활동의 긴장 유지에 필요한 힘을 유지할 수 있다.

이런 협력적 행위는 새로운 차원의 창발 현상으로 이어진다. 예를 들어 우리의 생각, 감정, 움직임은 뉴런 간에 전달되는 신호의 산물이다. 그러나 인간의 뉴런은 단순히 개별적으로 작동하지 않는다. 신경 기능을 관장하는 회로라는 큰 기능 단위로 연결되어 있다. 신경 회로의 구성 방식은 다양하다. 발산형 회로에서는 개별 뉴런이나 뉴런 소그룹의 신호가 다른 뉴런 다수, 어쩌면 수천 개를 자극하며, 수렴형 회로에서는 뉴런 다수의 신호가 개별 뉴런이나 뉴런 소그룹을 자극한다. 뉴런을 연쇄적으로 자극하여 병렬이나 반향 신호를 생성하는 회로도 있다. 이러한 회로들을 통해 우리의 마음과 의식이 생겨난다. 유전자는 회로 구성에 필요한 단백질 관련 지침을 제공하지만, 단백질 조합을 해석하고 이런 다양한 방식으로 연결하는 역할을 하는 주체는 세포다. 신경 회로는 유전자가 아닌 세포 간 상호작용의 산물이며, 그 결과물은 잘 알려진 또 다른 창발 현상의 사례가 되기도 한다.

유기체의 생명은 유전자의 이기심으로 손상될 수 있다. 가끔 유전자 한두 개가 세포의 통제에서 벗어나기도 하는데, 이런 유전자의 산물이 세포 분열이나 소통에 관여하면서 복제하고, 돌연변이를 만들고, 변이를 일으켜 미래를 건 도박을 하게 된다. 이런 이기심이 통제 불능 상태가 되면 결국 암이 발생한다. 암은 '반란 세포'의 질병이라고도 불린다. 암은 세포에 영향을 미치지만 사실은 세포의 질병이 아니라 유전자의 질병이다. 유전자가 세포라는 주인의 통제에 반항하여 반기를 들고, 결국 세포가 유전자가 강제하는 명령을 따라 복제된 결과물이다. 면역계 세포가 바이러스를 막지 못할 때와 마찬가지로, 유전자가 아무런 제지 없이 복제하고 돌연변이를 일으키면 그 유기체는 파괴된다.

세포의 눈으로 생명체를 보면 다세포 유기체 내에서 벌어지는 줄다리기를 볼 수 있다. 진핵세포는 다른 세포와 결합하고 협력하여 장기와 조직을 만들고, 이를 통해 유기체를 구성한다. 유전자의 관심사는 자신을 무한히 복제하는 것이다. 자연에 존재하는 다양성, 특히 동물계의 다양성은 세포와 유전자가 서로 다른 목적을 해결하기 위해 일종의 합의를 형성했음을 시사한다.

운명적 합의

박테리아와 고세균이 합쳐져 최초의 진핵세포가 형성되었을 때, 영원한 복제만을 추구하던 유전자의 작동 방식에 변화가 생겼다. 처음에는 유전체 두 개 이상이 서로 생존을 위해 이기심을 누그러뜨리기로 합의해야 했다. 한 유전체는 미토콘드리아에, 다른 유전체는 핵에 정착했다. 하지만 여기서 더 나아가 유전체는 숙주인 세포에 대해서도 이기심을 누그러뜨려야 했다. 세포에게 자체 구조와 조직에 관한 결정권이 있어야 유전체를 둘 이상 보유할 수 있었기 때문이다. 실제로 진화의 과정에서 미토콘드리아를 탄생시킨 박테리아 유전자 중 일부는 핵으로 이동했다. 다세포 차원의 협력이 세포에 유리해지면서 이런 식의 합의는 아주 중요해졌고, 유전자와 세포 간의 계약에 변화가 생겼다.

앞서 살펴본 바와 같이 6억 년 전 동물이 등장한 시기는 유전체에 포함된 단백질을 암호화한 유전자의 수가 엄청나게 늘어난 시기이기도 하다. 이렇게 생겨난 새로운 도구 덕분에 세포는 다른 세포 및 환경과의 상호작용을 확장하고, 모양을 바꾸고, 자체 기능에 집중할 수 있게 되었고, 이는 현재도 마찬가지다. 세포가 이러한 도구를 사용해서 한데 모여 유기체를 만들 수도 있다. 이처럼 방대한 규모의 도구 목록이 가용해지면서 세포가 창의적인 잠재력을 발휘하며 집단을 형성해 다양한 동물, 균류, 식물로 성장할 수 있었다. 세포의 창의성과 유전자의 불멸성이 서로 얽힌 것이다.

괴테의 고전 희곡 《파우스트》에서 헌신적이고 경건한 과학자 파우스트 박사는 악마와 계약하라는 유혹에 넘어간다. 파우스트는 인생의 초월적인 한순간을 누리기 위해 자신의 영혼을 악마에게 영원히 넘겨준다. 그렇게 단기적인 총명함과 명성을 얻는 대신 장기적인 대가를 치른다. 나는 이런 파우스트와 같은 거래를 동물 세포가 유전체와 했다고 본다. 이런 합의는 악마 역할인 유전체는 세포가 자체 암호화 능력을 복잡한 다세포 유기체를 만들고 유지하는 데 사용할 수 있도록 허용하는 대신, 그 유전자가 다음 세대에 결함 없이 전달되는 것을 전제한다. 이것이 바로 생식세포가 맡은 임무다. 다음 세대에 유전자를 물리적으로 전달하는 생식세포는 동물이 만들어지기 전에 따로 확보되는 경우가 많다.

동식물을 구축하려면 수많은 세포와 세포 유형의 생성과 배열, 분화 및 공조 활동이 필요하다. 이런 활동은 생식세포가 유기체의 독립된 영역에 따로 분리된 후에 발생한다. 생식세포는 유기체의 구성 방식에 전혀 관여하지 않는다. 실제로 생식세포는 유전체를 사용하는 유일한 시간 동안 DNA가 변형되지 않도록 보호하고 감수분열을 수행하기 위한 전용 장비를 사용한다. 동물이 만들어지는 복잡한 과정에서 원래의 유전체 복제본을 보호하는 것이 생식세포의 기능이기 때문이다. 사실 생식세포는 생성됨과 동시에 다른 세포가 될 가능성을 영원히 차단하여 다른 세포의 생성으로 이어질 수 있는 유전 프로그램을 종료한다. 이것이 유전자와의 합의로 세포가 양보하는 부분이다. 하지만 유기체의 나머지 부분에서는 세포가 유전체를 사용해 원하는 대로 할 수 있다. 따라서 신체의 다른 모든 유형의 세포가 유전체를 활용하여 다세포 협력을 강화하는 반면, 특수 세포인 생식세포는 이기적인 유전체에 종속되어 시간 여행의 수단으로 사용되며, 유기체의 생성과 관련된 창조적 과정의 영향을 받지 않는다. 세포와 유기체의 관점에서 유전체는 세포가 암탉을 만드는 데 사용하는 도구 상자이며, 달걀은 암탉이 그 도구 상자에 접근하기 위해 지급하는 대가다.

유전자는 자연선택의 과정을 이해하는 데 도움이 되지만, 유전자만으로는 지느러미가 지느러미발, 손, 발, 날개로 진화한 과정을 설명할 수 없다. 유전자에 돌연변이가 발생하면 도구 목록에 변화가 생겨 새로운 창조적 가능성이 열리지만, 어떤 새로운 도구를 보관하고 사용할지, 어떤 도구를 버릴지를 결정하는 것은 세포다.

자연선택이 일어나기 전에 세포는 자체를 위한 선택을 한다.

이런 통찰에 근접했던 사람이 다윈이다. 다윈은《종의 기원》13장에서 세포의 작용이 단순하고 공통된 출발점에서 다양한 척추동물의 출현으로 이어지게 한 주체일 수 있다는 직관적 통찰에 접근했다. 이를 직접적으로 언급하지는 않았으나, 다윈은 다양한 종의 배아가 발달 초기에는 기이할 만큼 비슷해 보이지만 나중에는 엄청난 차이를 보인다고 지적했다. 무언가 중요한 사실을 감지했던 것이다. 세포가 만들어내는 최초의 구조인 배아에는 동물 다양성의 기원에 관한 중요한 단서가 있다. DNA를 통해 세포의 공통 조상을 밝혀내기 훨씬 전부터 배아는 생물체가 공통 조상에서 나온 '변형을 담고 있는 후손'이라는 증거였다.

배아는 세포의 장인 정신을 보여주는 훌륭한 사례다. 앞으로 살펴보겠지만, 배아는 부피, 형태, 기능, 시간이 결합하여 유기체라는 작품을 만드는 연속된 창발의 결과물이다. 이 과정은 유전자와 세포가 맺은 합의의 결과이며, 유기체의 발달뿐 아니라 우리 주변에서 감탄을 자아내는 다양한 형태와 기능의 근원이기도 하다.

2부

세포와 배아

나는 다음 날 배양접시에 나타날 장면을 설레는 마음으로 기다렸다. 사실 자유롭게 헤엄 치는 반구라든지 원시적인 창자가 세로로 개방된 창자배 반쪽이 있을 거라는 상상은 다소 어처구니없다고 생각했다. 뭐가 생겨났든 아마도 죽을 거라고 예상했다. 하지만 다음 날 아침에 보니 배양접시마다 전형적인 모습의 절반 크기만 한 유생이 활발하게 헤엄치고 있었다.

– 한스 드리슈Hans Driesch,
〈Der Werth der beiden ersten Furchungszellen in der Echinodermenentwicklung〉

따라서 내가 볼 때 발생학에서 가장 중요하다고 할 수 있는 핵심 사실들은 고대 조상 하나에서 파생된 수많은 후손의 변이 원리에 기반해 설명되며, 생애 아주 이르지 않은 시기에 등장해서 해당 기간에 유전적으로 상속된다. 배아를 성체나 유충 상태의 조상을 그린 다소 모호한 그림으로 여기면 발생학이 아주 흥미로워진다.

– 찰스 다윈, 《종의 기원》

마지막으로, 완전히 발달한 유기체의 모든 세포나 그 등가물은 난자 세포가 형태학적으로 비슷한 요소로 점차 분열되면서 발생했으며, 배아 기관 일부의 초기 기반을 형성하는 세포는 그 수가 아무리 적더라도 발달한 기관이 구성하는 모든 형성된 요소(즉 세포)의 독점적 원천이 된다는 결론을 내릴 수 있다.

– 로버트 리막Robert Remak,
《Untersuchungen über die Entwickelung der Wirbelthiere》(1855)

4장

재탄생과 부활

종에 따라 0.5밀리미터에서 1밀리미터 정도 길이인 배아는 다양성이 풍부한 세포 수천 개로 구성되어 있어, 유기체를 구성할 세포 유형의 범위를 예고한다. 이런 여러 가지 세포의 수와 정밀한 조직을 보면 세포 하나, 즉 최초의 접합체에서 이런 세포들이 어떻게 생겨났는지 궁금해지기 마련이다. 세포의 엄청난 다양성은 신경계를 통한 사례들로 증명되었지만, 인체의 다른 부분에도 마찬가지로 적용된다.

단일 구조의 단일 층 내에서도 세포의 다양성은 놀라울 정도다. 세포가 조직적으로 쌓여 있는 층인 '책상조직palisade'은 소화관 전체에 걸쳐 있지만, 특정 부분의 책상조직만 보더라도 세포의 종류와 기능이 놀랍도록 다양하다는 것을 알 수 있다. 소화관의 시작 부분인 식도의 세포는 두꺼운 층으로 쌓여 있다. 그래서 소화되지 않은 음식물이 들어올 때 보호막 역할을 한다. 음식물이 도달한 위장의 책상조직은 다양한 유형의 세포로 구성된 단일 층으로 이루어져 있다. 이 중 일부 세포는 산과 효소를 분비하여 음식을 분해한다. 또한 위장에는 호르몬을 분비하여 위장 활동을 조절하고 박테리아의 위협을 방어하는 세포들도 있다. 그 아래로 가면 소장의 첫 부분인 십이지장을 구성하는 단일 세포층이 있다. 소화된 음식에서 영양 입자를 흡수하는 세포와 더불어, 다양한 호르몬을 분비해 식후 졸음을 유발하거나 위에서 새어 나올 수 있는 산성 액체로부터 장을 보호하는 세포도 있다. 이처럼 세포 사회는 단일 집단이 아니다. 세포들은 협력을 통해 기능적인 결과를 만들어낸다. 그러나 지난 수년에 걸친 연구를 통해 같은 장기나 조직 내에서도 세포가 유전적 특성의 변형으로 볼 수 있을 만큼 다양한 유전적 활동을 전개한다는 사실이 발견됐다.

이런 세포들은 모두 결국 최초의 세포인 접합체에서 비롯된다. 단일 세포인 접합체가 어떻게 이런 다양성을 생성하는지, 세포가 어떤 유전자를 언제 어디서 사용하고, 배제할 유전자를 어떻게 선택하는지는 유전체 염기서열 분석은 물론 '유전자'라는 용어가 만들어지기 훨씬 전부터 생물학계의 핵심 질문이었다. 이 질문에 대한 해답의 일부가 도출된 것은 1891년 이탈리아 나폴리만 해변에 위치한 연구소에서 최초로 성공한 인공 복제 실험을 통해서였다.

당시 한스 드리슈Hans Driesch는 해양 생물의 발달과 생리를 연구하는 전 세계 연구자들을 위해 해안에 설립된 연구소 스타지오네 주올로지카Stazione Zoologica에서 여름을 보내던 젊은 생물학자였다. 이 연구소는 오늘날까지 과학의 혁신과 교류에서 중추 역할을 맡고 있다.

동물 세포의 분화 시기와 그 방식이 궁금했던 드리슈는 당시 널리 퍼져 있던 가설을 시험해보기로 했다. 세포의 각 유형이 최초 접합체에 내재된 '결정인자determinant'라는 특정 요소를 통해 형성된다는 당시 가설과 달리, 세포가 분열하고 증식할 때 최초 결정인자 집합의 일부를 얻고, 그에 따라 눈, 팔 또는 다른 신체 기관이나 조직의 생성 여부가 결정된다는 주장이었다. 드리슈의 주장은 1880년대에 빌헬름 루Wilhelm Roux가 수행한 일련의 실험을 통해 지지를 얻었다. 루는 청개구리Rana esculenta의 수정란을 채취하여 접합체가 첫 번째 분열을 거쳐 세포 두 개로 될 때까지 기다렸다. 그런 다음 두 세포 중 하나를 뜨거운 바늘로 찔러 죽였다. 나머지 세포 하나가 증식하고 발달하면서 예상대로 몸의 한쪽만 발달하여 한쪽으로 치우친 '반쪽 배아'가 되는 것으로 관찰됐다. 이 결과를 통해 루는 접합체가 전체 유기체를 생성할 수 있지만 후속 세포에는 접합체와 동일한 동물 형성 잠재력이 없다는 결론을 내렸다.

드리슈는 이런 결론이 마음에 들지 않았다. 빌헬름 루의 실험 설계에 문제가 있어 결과가 편향되었다고 생각했다. 드리슈는 같은 실험을 반복하되, 크고 복잡한 동물인 개구리 대신 연구소 주변의 나폴리 해변에 많이 서식하는 성게를 실험 대상으로 선택했다. 또한 발달 중인 세포 덩어리에 붙어 있는 세포를 죽이는 대신, 세포를 부드럽게 떼어내 독립적으로 발달하는 과정을 관찰하고

당신의 지문은 DNA를 말하지 않는다

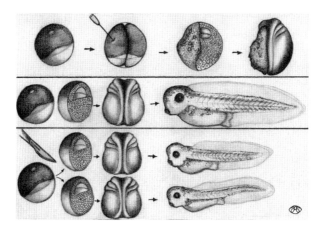

그림 14. 위: 개구리 접합체의 첫 번째 분열 후 빌헬름 루가 두 세포 중 하나를 죽이자 관찰된 한쪽으로 치우친 '반쪽 배아'. 가운데: 정상적인 발달. 아래: 접합체를 두 반쪽으로 분리한 결과, 무늬는 정상이지만 크기는 절반이 된 배아 두 개에서 태어난 모습.

자 했다. 드리슈는 "나는 다음 날 배양접시에 나타날 장면을 설레는 마음으로 기다렸다"면서 "뭐가 생겨났든 아마도 죽을 거라고 예상했다"고 적었다. 하지만 다음 날 연구실에 도착한 그는 "다소 어처구니없는" 것을 발견했다. 성게 유생 두 마리가 활발하게 헤엄치고 있었던 것이다. 쌍둥이였다. 드리슈는 같은 방식으로 접합체를 세포 네 개로 증식하여 유생 네 마리가 생기는 실험을 시도해보았다. 하지만 마법은 사라졌다. 배아 하나에서 네 개 이상의 세포를 증식해서는 성게를 만들 수 없었다. 하지만 드리슈는 이미 기존의 과학적 통념에 엄청난 일격을 날린 것이었다.

　모든 훌륭한 과학 연구가 그렇듯이, 성게만의 특이한 현상이 아닌지 확인하기 위해 다른 종을 대상으로도 시험해볼 필요가 있었다. 다른 연구자들이 한스 드리슈의 방식을 따라 개구리를 이용해 세포를 분리하고 독립적으로 발달하게 만들어보았다. 그러자 완전한 개구리 두 마리가 탄생했다. 빌헬름 루의 실험에 뭔가 문제가 있었던 것이다. '할구blastomere'라는 초기 세포 집단에 죽은 세포를 남겨둔 것이 배아의 발달에 영향을 미쳤을 수 있다. 과학자들은 루가 관찰한 것이 과연 정말 '반쪽 배아'였는지에 관해서도 의문을 품었다.

한 세기가 지난 지금도 드리슈의 연구 결과는 유효하다. 발달 중인 토끼나 쥐의 초기 세포 두 개를 분리하면 반쪽씩 두 개가 생기는 것이 아니라 각 세포가 완전한 동물로 발달한다. 일란성쌍둥이도 이와 유사하게 자궁 내 초기 세포가 우연히 저절로 분리된 결과일 가능성이 아주 크다. 인간의 경우 일란성쌍둥이는 400명 중 1명에 불과할 정도로 드물지만, 마치 습관처럼 일란성쌍둥이를 낳는 동물도 있다. 예를 들어 아홉띠아르마딜로에서 쌍둥이가 흔한데, 수정란 하나에서 두 개가 아닌 네 개의 배아를 생성하기도 한다.

당시 드리슈가 인식했듯이 이 결과는 엄청난 영향력을 내포한다. 초기 배아의 각 세포에는 완전한 유기체를 탄생시킬 수 있는 잠재력이 있다. 다시 말해, 세포는 '전능성totipotent'을 가진 것이다. 이 단어는 '완전한whole', '효과적인effective', '강력한powerful'이라는 의미에 근원을 둔다. 전능성은 모든 세포가 중요해지는 시기에 세포의 손실에 대비한 일종의 보험으로 볼 수 있다. 그 지속 기간은 동물마다 다르지만 대체로 짧다. 성게의 경우 세포가 여덟 개가 될 시기에 분화되어버린다. 포유류의 경우 전능성이 더 오래 지속된다.

전능성에는 흥미로운 반전이 있다. 할구를 분리하는 대신 서로 다른 접합체에서 나온 초기 세포를 융합하면 할구가 매끄럽게 결합하면서 유전체가 두 개인 단일 유기체가 생성된다. 세포 집단이 두 개가 있고 그중 하나는 흰쥐로, 다른 하나는 검은쥐로 발달했다고 가정해보자. 발달 초기 단계에서 이 둘을 융합하면 일반적인 쥐와는 세포 수가 같고 완벽하게 균형 잡힌 얼룩덜룩한 줄무늬 쥐가 태어난다.

이런 세포 융합은 앞서 소개한 캐런 키건과 같은 키메라를 만든다. 키메라는 세포의 계산 능력을 보여주는 또 다른 사례로 세포가 조직, 장기, 유기체의 세포 수를 조절하고 주변 세포와의 관계를 감지하여 어떤 유전자를 사용할지 선택할 수 있다는 것을 보여준다. 실제로 양과 염소 사이에서 키메라가 만들어진 놀랍고 흥미로운 결과가 나온 바 있다.[1]

개구리는 영원하다

프랑스의 생물학자이자 철학자인 장 로스탕 Jean Rostand은 "생물학자는 죽고 개구리만 남는다"는 말로 유명하다. 생명체를 이해하려는 노력을 빗댄 말이다. 개구리는 동물계에서 미미한 존재이지만, 세포가 서로 달라지는 방식을 이해할 수 있게 해주는 주요 연구 대상으로서 우리에게 생명의 복잡성을 제대로 보여준다.

개구리가 실험실과 생물학 교과서에 항상 등장하는 데는 여러 이유가 있다. 개구리의 알은 지름이 1.2~1.5밀리미터로, 0.15밀리미터에 불과한 포유류 난자에 비해 상당히 크다. 알의 내부 공간 대부분은 수정 후 증식을 시작할 세포를 위한 난황 먹이로 채워져 있다. 배아가 알에서 생기지만 배아 자체가 알은 아니다. 세포가 난황을 소비하면서 공간이 열리면 알 속 세포를 더 쉽게 관찰하고 조작할 수 있다. 그리고 빌헬름 루의 실험에서는 오류가 있긴 했지만, 개구리의 접합체는 아주 견고해서 외과적 개입 후에도 스스로 생존하고 치유할 수 있다. 세포를 제거하고, 추가하고, 세포 위치를 바꾸더라도 배아는 대부분 유생으로 발달한다. 개구리는 발달 속도가 빠른 편이며, 발생학자들이 가장 선호하는 아프리카발톱개구리*Xenopus laevis*의 경우 접합체가 올챙이가 되기까지 50시간 남짓만 걸린다. 이런 점들을 모두 고려하면 개구리는 발달 연구에 거의 이상적인 실험 대상이라 할 수 있다.

개구리알은 세포 전능성의 한계를 조사하는 데 아주 적합하다. 세포가 완전한 동물로 발달하는 능력을 상실하는 시기와 그 방식을 알아내려는 과학자들은 개구리알의 크기가 커서 실험 수행에 큰 도움이 된다는 사실을 알게 되었다. 드리슈는 어느 시점에서 세포의 전능성이 상실된다는 것을 확인했다. 그런 드리슈의 선례를 따르던 과학자들은 전능성의 회복 가능성이 궁금했다. 세포가 뉴런, 근육, 피부로 분화하면 다른 유형의 세포를 생성하는 능력은 사라질까? 아니면 세포는 불필요해진 도구라도 나중에 사용하려고 버리지 않고 있을까? 이러한 질문을 하던 과학자들은 개구리알을 통해 쉽게 답을 찾을 수 있었다.

로절린드 프랭클린, 프랜시스 크릭, 제임스 왓슨이 DNA 이중나선 구조 모델을 제안하기 1년 전이던 1952년, 미국 과학자 두 명이 북부표범개구리 Rana pipiens를 연구하면서 세포가 발달하는 동안 어떤 능력을 발휘하는지 조사했다. 필라델피아에 있는 미국 암 연구소의 로버트 브릭스 Robert Briggs와 토머스 J. 킹 Thomas J. King은 수정되지 않은 난자인 '난모세포 oocyte'를 채취하여 핵을 제거한 다음, 더 발전된 단계에 도달한 세포의 핵을 이식했다. 수정 후 난자가 가질 수 있는 염색체의 수와 요소를 확보시켜 이 세포가 실제로 정자와 수정된 것처럼 속인 다음 어떤 일이 일어나는지 관찰했다. 연구진은 제조된 접합체가 오래 발달하지 못할 것이며 심지어 배아를 만들지 못할 수도 있다는 가설을 세웠다. 세포가 분화한다면 발달 잠재력의 일부 또는 전부를 잃는다는 사실을 확인하는 데 도움이 될 실험이었다.

이 실험은 말처럼 쉽지 않았다. 연구원들에게는 엄청난 수준의 기술이 요구되었다. 개별 난자에 조심스럽게 관통하여 세포의 나머지 부분에서 손상을 최대한 줄이면서 핵을 제거해야 했다. 그런 다음 분화된 세포에서 채취한 공여 세포의 핵을 세포 직경보다 약간 좁은 주사기를 사용하여 난자에 삽입하면 새로운 핵을 가진 난자가 수정됐다. 엄청난 인내가 필요한 과정이었다. 브릭스와 킹은 이를 성공적으로 해냈고 그러자 명확한 결과가 도출됐다. 초기 배아의 세포에서 추출한 핵으로 교체했을 때는 난자가 올챙이 몇 마리를 생산했다. 좀 더 발달한 세포에서 핵을 가져왔을 때는 올챙이가 거의 생겨나지 않았다. 접합체에서 할구, 배아, 성체로 이어지는 발달 과정은 세포 수준에서 되돌릴 수 없는 것으로 보였다. 또한 분화 후에는 세포의 전능성 같은 능력들이 사라지는 것 같았다.

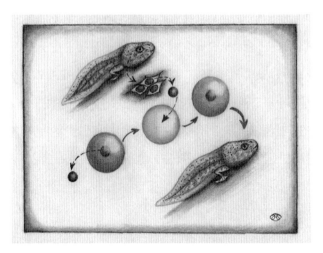

그림 15. 공여 세포의 핵을 난모세포에 이식하여 복제하는 개념은 개구리를 대상으로 실험한 로버트 브릭스와 토머스 J. 킹이 처음 제시했으며, 존 거든이 추가 연구를 수행했다.

당신의 지문은 DNA를 말하지 않는다

하지만 과학자들은 본질적인 면에서 회의적 의견을 보였다. 특정 실험에서 어떤 결과가 나오지 않았다고 해서 다른 실험에서도 같은 결과가 나오지 않는다는 보장은 없기 때문이다. "증거가 없다고 해서 그것이 존재하지 않는 것은 아니다"라는 말이 있듯이 말이다. 위 사례에 관한 회의론자 중에는 당시 옥스퍼드대학의 학생이던 존 거든John Gurdon도 있었다. 거든은 브릭스와 킹의 실험이 기술적으로 너무 어려웠으므로 그 과정에서 뭔가 잘못되었을 수 있다고 생각했다. 거든의 지도교수 마이클 피슈버그Michael Fischberg도 해당 실험을 다시 수행해볼 가치가 있다는 데 동의했다. 재실험을 통해 발달 과정을 되돌릴 수 있다는 걸 증명할 가능성도 있었기 때문이다.

거든은 아프리카발톱개구리를 대상으로 삼고 실험 설계를 개선한 후 실험을 반복했다. 박사학위를 받은 직후인 1956년, 거든은 브릭스와 킹의 실험과 같은 결과를 도출했다. 그러나 실험 과정의 어려움에 대해 생각하던 거든은 문제가 분화보다는 시간과 더 관련 있을 수 있다고 판단했다. 초기 배아에서는 세포 분열과 증식이 빠르고 격렬하게 발생하는 반면, 분화된 세포는 천천히 분열하거나 거의 분열하지 않을 때가 있다. 따라서 거든은 더 발달한 핵이 발달 초기의 세포 분열 속도에 적응하는 데 어려움을 겪을지도 모른다고 생각했다. 오랜 수면에서 막 깨어난 핵이 세포 분열의 빠른 속도를 따라잡기가 힘들 수 있었다.

거든은 분화된 세포의 핵이 초기 발달 속도에 적응할 기회를 주려고 여러 혁신적인 기술을 도입해보았다. 그는 해당 과정을 촉진하는 '연쇄 이식serial transplantation'이라는 새로운 기술을 고안했다. 분화된 세포의 핵을 채취하여 분화되지 않은 어린 세포에 삽입한 다음, 그 어린 세포가 여러 번 분열하도록 만드는 방법이었다. 그렇게 생겨난 개별 배아 핵을 브릭스와 킹이 도입한 개념에 따라 새로운 난모세포에 하나씩 삽입했다. 이 핵들은 모두 같은 분화 세포에서 생겼기 때문에 이런 새로운 방법을 적용해도 핵의 잠재력에 차이가 없어야 했다. 세포가 분화할 때 전능성을 부여하는 유전자가 힘을 잃거나 사라진다면 그 후손 핵은 완전한 유기체를 만들 수 없어야 했다. 그러나 거든의 주장대로 세포 활동 속도의 불일치가 문제였다면, 연쇄 이식을 통해 미리 발달한 핵이 어린 세포의 속도에 적응할 가능성이 높아져 해결될 수도 있었다.

거든이 할구와 초기 배아에서 채취한 핵을 사용했을 때는 올챙이로 발달한 배아의 수가 약간 증가한 한편 실험 결과는 브릭스와 킹의 경우와 대체로 동일했다. 하지만 올챙이의 창자에서 채취한 핵을 사용한 실험에서는 헤엄치는 올챙이 다수가 생식능력이 있는 개구리로 성장했다.[2] 다음으로 이전 실험에서 사용한 것보다 더 성숙하고 분화된 세포를 삽입했는데, 여전히 세포가 전능성을 갖출 수 있다는 사실을 발견했다. 올챙이에서 추출한 다양한 세포 유형의 핵으로 실험을 반복해보았는데, 올챙이들은 계속 생식능

당신의 지문은 DNA를 말하지 않는다

력을 갖춘 개구리로 발달했다. 세포 분화 과정은 염색체의 정보를 변경하지 않았다. 분화 후에도 모든 정보가 남아 있었고, 특정 작업을 거치면 복원도 가능했다. 추가 실험에서 거든은 완전히 발달한 개구리의 조직에서 추출한 핵을 사용했는데, 이 실험은 성공하지 못했다. 그래도 세포 분화 과정을 되돌릴 수 있다는 사실을 발견했다는 점에서 아주 중요한 발견이었다. 어쩌면 젊음도 되돌릴 수 있을지 몰랐다.

거든의 실험은 세포의 도구 저장소와 그 안의 도구들이 분화 후에도 그대로 유지된다는 사실을 밝혀냈을 뿐 아니라, 완전히 발달한 성체의 세포를 이용해 동물을 복제하는 것이 가능하다는 최초의 실마리를 제공했다. 그러나 이런 놀라운 발견에도 불구하고 그의 연구는 일반 대중에게 관심이나 우려조차 일으키지 못했다. 그해에는 우주 경쟁이 한창이었다. 프랜시스 크릭이 '정보가 DNA에서 단백질로 전달되면 다시 빠져나갈 수 없다'는 분자생물학의 핵심 교리를 설파하던 시기였던 데다, 이제 과학이 너무 기술적이고 추상적인 영역으로 들어가서 사람들의 관심을 끌지 못하기도 했다.

어쩌면 개구리는 생명체 계도에서 인간과 너무 멀리 떨어져 있는지도 모른다. 접합체의 놀라운 능력과 복제 생물 출현으로 인한 파급 효과가 대중의 관심을 끌려면 보다 폭신폭신하고 귀여운 농장 동물이 필요했을 수도 있다.

복제 양 돌리에서 복제 고양이 CC까지

거든의 개구리 실험은 생명체 복제의 가능성을 입증했지만, 풀리지 않은 과학적 문제들과 새로운 의문점을 제기하기도 했다. 일부 과학자들은 핵을 '깨우는' 능력이 양서류에만 있는 특이한 능력인지 궁금해했고, 실험 결과를 전혀 믿지 않는 과학자들도 있었다. 올챙이의 창자 세포가 완전히 분화되어 기능한다는 사실을 잊은 거든이 성체 세포 대상 실험에 성공하지 못했다는 비판도 흔했다.

다음 단계는 포유류 배아에 오래된 핵을 주입하는 실험이었겠지만, 이 과정은 브릭스, 킹, 거든이 극복한 것보다 훨씬 큰 장애물로 가득했다. 우선 포유류의 난자는 평균적으로 개구리알 부피의 0.1퍼센트도 안 되므로 바늘로 주입하기가 아주 어려웠다. 과학자들이 개구리 난자보다 천 배나 작은 공간에 핵을 성공적으로 이식할 수 있다 해도, 다음 단계에서 핵이 이식된 난자를 대리모의 자궁에 착상할 방법을 찾아야 했다. 그러려면 배아를 받아들여 필요한 기간까지 임신할 수 있도록 준비된 자궁이 필요했다. 복제 개구리 배아 중 1~5퍼센트만이 성체로 성장한다는 점을 고려하면, 배아를 들일 준비가 된 가임기 암컷 포유류 수백 마리가 필요하다는 의미였다. 이렇듯 쉽지 않은 실험이었지만 과학자들은 시도를 멈추지 않았다.

실험을 성공시키려는 노력이 시작되었고 연구자들은 곧 성과를 발표하기 시작했다. 1981년 제네바대학의 생물학자 칼 일멘세

Karl Illmensee는 초기 배아 세포의 핵을 성숙한 난자에 이식하여 포유류, 정확히는 쥐 세 마리를 복제하는 데 성공했다고 발표했다. 그러나 곧 일멘세의 연구 결과는 재현이 안 되므로 신뢰할 수 없는 손재주의 산물이라는 의혹이 제기되었다. 실제로 제대로 된 쥐 복제는 거의 20년 동안 시도했지만 성공하지 못했다. 그러는 동안 박테리아의 단백질 및 호르몬 생산 능력을 시험하는 실험도 수행됐는데, 엉뚱하게도 이 연구가 결국 세계에서 가장 유명한 포유류 복제로 이어지게 되었다.

이런 시도는 원래 복제 생명체를 만들기보다는 유용한 호르몬을 생산하려는 의도였다. 과학적 결과는 원래 의도와 다르게 간접적으로 이루어질 때가 많다. 유전체 분류 과정에서 과학자들은 유전자의 종류와 상황에 따라 발현 여부를 결정하는 전사 조절 영역에 기록된 단백질, 호르몬, 효소 등 신체 구성 도구가 나열된 일종의 색인을 세포가 활용한다는 사실을 알게 되었다. 어떤 메신저 RNAmRNA를 생성할지를 유전체가 알지 못한다는 사실이 밝혀지자, 과학자들은 특정 단백질이나 호르몬의 암호가 담긴 유전자를 박테리아의 불특정 박테리아 제어 영역 아래에 삽입하는 방법을 통해 박테리아가 해당 유전자를 발현하게 할 수 있다는 사실을 깨달았다. 이 경우 박테리아는 DNA를 mRNA로 전사하고 RNA를 원하는 단백질이나 호르몬으로 변환하며 충실하게 반응한다. 연구자들이 이런 방식으로 박테리아를 호르몬 공장으로 전환하여 다량의 인슐린과 성장호르몬을 효율적으로 생산할 수 있게 되면서 오래되고 힘들었던 생화학 공정이 대체되었다.

하지만 박테리아가 만들 수 없는, 적어도 유용한 형태로는 만들 수 없는 단백질도 있었다. 일부 단백질은 태생의 포유류 세포만이 제공할 수 있는 화학적 변형이 필요하기 때문이다. 박테리아가 유용한 형태로 만들 수 없는 단백질 중 하나로 혈액 응고와 혈우병 치료에 필수적인 '제9인자Factor IX'를 들 수 있다. 과학자들이 아무리 노력해도 박테리아가 이 단백질의 기능을 인위적으로 만들게 할 수는 없었다.

이 문제에 대한 해결책으로 양과 소의 젖에서 이 희귀한 단백질을 대량 생산해보자는 아이디어가 한동안 거론되었다. 박테리아 단백질 공장에서 얻은 교훈을 적용해 젖 단백질의 발현을 관장하는 유선의 제어 영역을 제9인자 같은 단백질을 발현하는 용도로 사용한다면, 유선 세포가 이런 변형을 도입해서 단백질을 활성화할 수 있다는 이론이었다. 이런 생명공학의 기술을 통해 다른 유기체의 DNA가 도입된 생명체, 즉 형질전환 동물을 만들 수 있을 터였다.

이 이론적 과정은 1989년에 현실이 되었다. 동물 생리 및 유전학 연구소Institute of Animal Physiology and Genetics Research의 에든버러 연구소 소속 분자생물학자 존 클라크John Clark는 유전자 변형을 통해 암양의 유방 세포가 양젖에서 인간의 제9인자를 생산하게 만드는 데 성공했다. 또한 클라크는 트레이시Tracy라는 두 번째 암양의 유전자를 변형해 양젖에서 폐기종과 낭포성 섬유증 치료에 사용되는 인간 단백질인 알파-1-항트립신Alpha-1-antitripsin을 생산하게 했다. 쉽지 않은 과정이었다. 게다가 감수분열 과정에서 부계 유전자와 모계 유전자가 뒤섞이므로 형질전환 암양의 자손이 인간 단백질을 같은 양만큼 생산한다는 보장이 없었다. 자손이 복제되지 않는 한 암양의 유선 세포가 어미의 유선 세포와 100퍼센트 같기란 불가능했다.

이제 가장 생산성 높은 형질전환 암양을 복제하여 번식의 유전적 도박을 끝내는 것이 과제였다. 이 목표를 위해 에든버러 연구소는 로슬린 연구소와 분소인 PPL 테라퓨틱스로 확장되어 생의학적으로 유용한 단백질을 상업적으로 생산하기 위한 동물 복제를 목표로 삼았다. 연구원들은 제약과 농업을 결합한 이 부문을 '파밍pharming'이라고 불렀다. 1995년 로슬린-PPL 공동 연구팀은 배아 세포에서 쌍둥이 암양인 메건Megan과 모라그Morag를 탄생시키며 존 거든의 연구를 포유류의 영역까지 확장했다. 그러나 성체 세포에서도 같은 방법으로 형질전환 양을 대규모로 생산할 수 있을지는 여전히 미지수였다.

1995년부터 1996년까지 이언 윌머트Ian Wilmut가 이끄는 연구팀은 배아 및 태아 세포 핵을 난모세포로 옮기는 과정을 개선하려 노력했다. 그러려면 번식기 암양의 생식능력을 최대한 활용해야 했다. 1996년 2월 어느 날, 연구팀은 이식용으로 사용하려던 세포가 하나도 생존하지 못한 걸 알고 좌절했다. 당시 PPL의 발달학자였던 카렌 워커Karen Walker는 "난모세포를 낭비하는 것만큼은 피하고 싶었다"며 "그래도 우리는 무언가 시도하고 싶었다"고 이후 회상했다. 실험실을 둘러보던 연구원들은 6세인 '중년' 암양의 유방세포를 발견했다. 초기 발달 단계에 성체 핵을 추가할 수 있는 조건을 확인하기 위해 윌머트와 함께 연구하던 유능한 세포생물학자 키스 캠벨Keith Campbell이 준비해둔 표본이었다. 아직 해당 조건을 확인하지는 못했지만 번식기를 최대한 활용하여 시도해보려고 준비된 것이었다. 이것으로 일단 뭐라도 시도해봐야 했다.

그로부터 5개월 후인 1996년 7월 5일, 복제양 돌리Dolly가 태어났다. 돌리는 성체 세포에서 복제된 최초의 포유류이자 동물이라고 할 수 있다.[3] 거든이 증명하지는 못했지만 개구리를 통해 가설을 세웠듯이, 완전히 분화한 성체 세포핵을 재활성화하여 전능성을 복구할 수 있었다. 발달 과정에서 세포는 특정 기능을 가진 특정 조직을 만들기 위해 특정 유전자를 선택한다. 그리고 필요하지 않아 그대로 남아 있는 유전자가 있는데, 일반적으로는 접근할 수 없는 이런 유전자의 복구도 가능하다는 사실을 복제양 돌리가 증명했다.

돌리는 순식간에 유명 인사가 되었다. 돌리의 놀라운 탄생은 과감하게 만든 신세계의 시작을 알렸다. 하지만 이런 세상이 희망과 기대감의 신호인지 아니면 어두운 디스토피아의 미래를 암시하는지는 대중에게 분명하지 않았다. 일각에서는 로슬린 연구소가 인간 복제를 계획하고 있었기 때문에 돌리의 존재를 몇 달간 비밀에 부쳤다고 주장하기도 했다. 로슬린 연구소의 연구팀은 이런 주장을 단호히 부인했다. 돌리의 탄생이 발달생물학에서 획기적인 사건인 건 분명했지만, 그들의 목표는 의약품 생산에 사용할 형질전환 양의 복제 집단을 만드는 것이었다. 이듬해에는 양젖에서 제9인자를 생산할 수 있게 재설계된 성체 세포를 사용하여 '폴리Polly'와 '몰리Molly'라는 암양 두 마리가 추가로 태어났다. 어려운 과정이었지만 결국 성공했다.

과학자들이 아무리 부인해도 인간 복제에 대한 공포는 커져갔다. 대중의 불안감을 감안해 유엔은 2005년 "(인간 복제가) 인간의 존엄성 및 생명 보호와 양립할 수 없다는 점을 고려해" 인간 복제를 금지하는 구속력 없는 일시 중지 선언을 발표했다. 이후 40개 이상의 국가가 인간 복제를 금지하는 법을 통과시켰지만, 일부 국가에서는 복제 배아를 연구에 사용할 수 있도록 허용하고 있다. 모호하게 표현된 유엔의 금지 조치에 허점이 있었던 것이다. 하지만 인간 복제의 허용 여부와 관계없이 완벽한 도플갱어의 탄생은 기술적으로 먼 미래에나 가능한 일로 남았다. 과학자들이 동물 복제에 능숙해지면서, 복제 생명체가 실제로는 원래 생명체와 100퍼센트 일치하지 않는다는 사실 등 몇 가지 놀라운 사실들이 밝혀졌기 때문이다.

2001년에는 최초의 복제 고양이가 탄생했다. 이름은 '카피캣

Copy Cat'을 의미하는 CC였고, 어미 고양이인 레인보우와 모든 유전물질이 같았지만 털색은 전혀 달랐다. CC의 털에는 호랑이 얼룩무늬에 갈색과 흰색이 섞여 있었고, 레인보우는 커다란 색상 구획들이 있는 삼색 털이었다. 이런 결과가 나온 이유는 털색에 관여하는 유전자 다수가 X 염색체에 존재하기 때문이다. 암컷 고양이인 레인보우는 X 염색체가 두 개였다. 색소를 생성하는 개별 피부 세포는 X 염색체들에 있는 두 유전자 중 하나만 사용하고 다른 하나는 비활성화하는데, 개별 세포에서마다 이런 일이 일어났다. CC는 '주황색' 또는 '검은색' 유전자가 비활성화된 세포의 핵에서 복제되었기에 이 색상들이 더는 발현되지 않은 것이다. 일란성쌍둥이의 경우에도 비슷한 유전자 비활성화 현상이 발생할 수 있다. 일란성쌍둥이는 DNA가 같은데도 서로 다른 특징이 많으며, 그중 일부는 아주 미묘하기도 하다. 극적인 사례로, 유전자의 이런 무작위 비활성화로 인해 일란성쌍둥이에서 놀라운 차이가 발생할 수 있다. 듀센 근이영양증과 관련된 *DMD* 유전자는 X 염색체에 위치한다. 암컷의 경우 두 염색체 중 하나가 비활성화되므로 모든 세포의 해당 염색체 내 유전자 수가 X 염색체가 하나뿐인 수컷의 경우와 같다. 이러한 비활성화 작용은 세포 단위에서 무작위로 발생한다. 두 쌍둥이가 *DMD* 돌연변이에 대한 이형접합체인 경우, 둘의 유전체가 같더라도 어느 세포에서 어떤 염색체가 비활성화되었는지에 따라 한 명은 듀센 근이영양증에 걸리고 다른 한 명은 걸리지 않는 경우가 많다. 유기체의 고유성은 유전자가 아니라 세포가 유전자를 사용하는 방식과 관련 있다는 사실을 다시 한 번 상기하게 하는 사례다.

CC를 만든 회사인 지네틱 세이빙스 앤드 클론Genetic Savings & Clone은 복제라는 새로운 과학을 활용하기 위한 영리기업으로 설립되었지만, 사업 시작 5년 만에 문을 닫았다. 공여 생명체를 복제할 수 없다는 점이 결정적인 문제였다. 사람들이 원하는 건 자신의 반려동물과 유전자가 같은 고양이가 아니라, 외모와 행동이 똑같은 고양이였다. 그렇기에 먼저 떠난 소중한 반려동물의 유전자가 아닌 세포를 되살리기를 원했지만, 그런 일은 불가능했다.

대체로 상업적 복제는 현실이라기보다는 그림의 떡에 가까웠다. 지금은 존재하지 않는 회사인 PPL 테라퓨틱스는 2003년 11월, 느린 제약제품 개발과 높은 비용 때문에 투자자들이 빠져나가면서 운영을 중단하고 자산을 매각했다. 한편 이 회사가 개척한 복제 기술은 일부 분야에서 활용되었다. 목축업자들이 우유 생산량을 높게 유지하고자 이 기술을 사용했다. 품질이 훌륭한 텍사스 스테이크를 생산하기 위해 복제 소를 활용하겠다는 다소 기발한 목표를 세운 육종가들도 있었다. 경주마 사육자들도 관심을 보였다. 더비 경마에서 우승이 보장된 경주마는 엄청난 돈을 벌 기회가 될 수 있으므로 복제 성공률이 10퍼센트 정도만 되더라도 그만한 가치가 있을 수 있다.

여러 면에서 이보다 더 중요한 것은 생물 다양성 보존에 도움이 될 수 있는 복제의 비상업적 응용 가능성이다. 살아 있는 동물을 만들려면 살아 있는 세포가 필요하기에 복제를 통해 멸종된 종을 부활시키는 것은 적어도 현재로서는 불가능하다. 하지만 복제 기술을 사용해 멸종 위기에 처했거나 번식 문제에 직면한 종을 보존하는 것은 현실적으로 가능하다. 스페인 산양의 일종인 피레네 아이벡스*Capra pyrenaica pyrenaica*의 경우, 연구자들이 1999년에 이 종의 마지막 남은 암컷을 잡는 데 성공했다. 연구진은 이 산양에 '셀리아Celia'라는 이름을 붙이고 피부 세포를 채취해 액체 질소로 냉동 보관했다. 그리고 1년 후 셀리아는 죽었다. 돌리, 폴리, 몰리 등의 복제 동물 탄생 후 대담해진 호세 폴치José Folch와 동료들은 2003년, 냉동된 세포를 사용해 셀리아를 복제하기로 했다. 피레네 아이벡스의 난모세포나 대리모가 없는 상황에서 과학자들은 살아 있는 가까운 친척 종에게 눈을 돌렸다. 셀리아의 피부 세포에서 추출한 핵을 자국산 염소의 난자에 넣었다. 그렇게 융합에 성공한 초기 배아를 이식하여 피레네 아이벡스와 염소의 교배종 접합체를 형성했다. 실험에서 생성된 배아 782개 중 57개는 대리모에게 이식될 수 있을 만큼 오래 생존했고, 그중 7개가 자궁벽에 착상되어 산모와 연결되었다. 이 배아 7개 중 출생까지 살아남은 건 1개뿐이었는데, 그마저도 제왕절개로 분만 후 몇 분 만에 죽었다. 그 마지막 교배종은 한쪽 폐에 치명적인 결함이 있었다. 그럼에도 언론에서는 최초의 '멸종 방지' 업적으로 환영했다. 하지만 특정 종을 제대로 복원하려면 미세한 확률을 뚫고 건강한 배아를 성체로 키워야 한다. 그리고 적어도 두 번 이상 반복해 번식할 수 있을 만큼 오래 살아남을 수 있는 수컷과 암컷을 만들어야 하기에 난관이 만만치 않다.

과학자들은 이런 어려움에 굴하지 않았다. 피레네 아이벡스 복제 실험에 사용된 접근 방식을 기초로 2020년 12월, 죽은 지 40여년 된 동물의 피부세포에서 검은발흰족제비 _Mustela nigripes_ 를 복제하는 데 성공했다. 국제자연보전연맹에 따르면 검은발흰족제비는 멸종 위기에 처했는데, 이는 야생에 생존하는 검은발흰족제비 1000여 마리가 유전적으로 아주 비슷하기 때문이다. 연구팀은 새로 복제된 개체인 '엘리자베스 앤 _Elizabeth Ann_'이 이 종의 다양성을 회복하는 데 도움이 되기를 기대하고 있다. 연구팀은 엘리자베스 앤과 그 후손이 검은발흰족제비의 떼죽음을 초래한 야생 흑사병(인간의 흑사병을 유발하는 박테리아가 원인인 병)을 퇴치할 가능성이 더 큰 공여 세포를 골라 선택했다.

매머드의 귀환?

멸종된 종의 부활에 대중의 관심이 쏠린 가장 유명한 사례는 마이클 크라이튼의 소설 《쥬라기 공원 _Jurassic Park_》일 것이다. 이 소설에서 과학자들은 공룡을 되살리는 방법을 찾아내지만, 그 결과는 평화롭고 아름답다고 할 수 없다. 한편《쥬라기 공원》을 SF소설이 아닌 실제 도전 과제로 여기는 사람들도 있다.

하버드대학의 저명하고 선도적인 유전체 과학자 조지 처치 George Church와 기업가 벤 램Ben Lamm은 복제 기술로 털매머드Mammuthus primigenius를 되살리는 연구에 착수했다. 매머드는 멸종 복원 분야에서 인기 있는 대상이므로 매머드 복제에 도전하는 과학자는 처치뿐이 아니다. 하지만 처치는 엄청난 지원을 받고 있다. 기술 스타트업 콜로설 래버러토리스 앤드 바이오사이언스Colossal Laboratories & Biosciences(이하 콜로설)의 창립자인 처치와 램은 이 연구가 성공을 거두면 쥬라기 공원을 현실로 만드는 것을 넘어 새로운 유전학의 시대가 열릴 수 있다고 믿고 있다. 북극에서 메탄을 제거하거나 바다의 플라스틱을 청소하는 등 우리가 원하는 일을 하는 완전히 새로운 생명체를 만들 수 있게 되는 것이다.

이 원대한 꿈은 가혹한 현실에 직면하게 된다. 유전자만으로는 생명을 창조할 수 없기 때문이다. 질병에 대한 세포 중심 관점의 창시자인 루돌프 피르호Rudolf Virchow는 "모든 세포는 세포로부터 나온다omnis cellula e cellula"는 유명한 말을 남겼다.

복제를 통해 매머드를 제대로 부활시키려면 콜로설은 우선 매머드 DNA를 확보해야 한다. 연구자들은 화석에서 매머드 DNA의 일부 조각을 확인했고, 이를 통해 실험에 필요한 매머드 유전자 상당량을 합성할 수도 있을 것이다. 그러나 이 과제를 달성하더라도 그다음에는 매머드 DNA를 살아 있는 매머드 세포, 되도록 난자에 넣어야 한다. 안타깝게도 매머드 세포는 매머드 종이 멸종했을 때 모두 사라졌다. 죽은 세포를 다시 깨우기란 불가능하다. 매머드 난자가 없는 상황에서 연구진은 아시아코끼리 *Elephas maximus* 처럼 비교적 가까운 종의 수용체 세포에 유전자를 삽입하는 방법을 선택하고 있다. 그러나 온전한 매머드 유전체가 없어서 난자로의 삽입 또한 불가능하므로 여기서 다시 막다른 길에 직면한다. 따라서 세 번째 선택지로 넘어가야 한다. 이는 아시아코끼리 유전체를 매머드와 비슷하게 만들기 위해 '조정'하는, 상대적으로 더 단순한 실험 설계다.

이것이 바로 처치의 목표다. 처치를 필두로 한 연구팀은 매머드의 고유하고 필수적인 특징과 관련된 몇 가지 유전자를 선택하는 것부터 시작할 계획이라고 밝혔다. 우선 코끼리 세포를 가져다가 박테리아가 유전체에서 이전에 접한 바이러스를 탐지하고 파괴하는 데 사용하는 유전자 가위인 크리스퍼 기술을 사용하여 특정 코끼리 유전자를 잘라내고 매머드의 유전자로 대체할 것이다. 그런 다음 '조작된' 핵을 추출하여 원래 있던 핵을 제거한 아시아코끼리 난모세포나 미성숙 난자에 넣어 교배종 접합체를 만든다. 이 방법이 효과가 없다면 재프로그래밍하는 더 진보된 기술이 연구팀에게 있다. 이에 관해서는 나중에 설명하겠다. 생성된 접합체는 화학적 자극을 받아 성장을 시작한 다음, 착상을 위해 코끼리 대리모에 이식된다. 이 모든 과정이 순조롭게 진행되면 완전한 아시아코끼리도 아니고 완전한 매머드도 아닌 생명체가 탄생할 것이다.

애초에 이런 과정이 잘 진행될 것 같지는 않다. 코끼리의 체외수정은 문자 그대로나 비유적으로나 배아 분야이며, 착상 자체가 실패할 가능성이 크다는 사실도 일단 제쳐두도록 하겠다. 착상에 성공한다고 가정한다면, 2년 후 기적의 생명체가 태어날 때 세상에 나온 동물은 경이롭기는 하겠지만 매머드는 아닐 것이다. 겉모습으로는 지금의 아시아코끼리와 털과 이빨이 다를 가능성이 크다. 이 생명체의 적혈구에는 추운 환경에 덜 민감한 특수한 유형의 헤모글로빈이 있어서 산소를 더 쉽게 내놓을 수도 있다. 오래전 멸종한 그 생물이 떠오를 만큼 매머드와 모습도 서식 방식도 비슷할 수 있다. 하지만 DNA 대부분과 모든 세포는 여전히 아시아코끼리의 산물이다. 콜로설이 만들 이 생물은 기껏해야 '매머드 코끼리mammouphant'에 불과할 것인데, 그마저도 번식을 할 수 있을 경우의 얘기다.

나는 이 생명공학 실험의 성공에 회의적인 과학자 중 한 명이다. 특히 조지 처치가 제안한 6년이라는 기간 내에 성공할 가능성은 희박하다고 본다. 하지만 처치의 실험 설계는 이런 과정에서 DNA가 수행하는 부차적인 역할을 강조하고 있다.

리처드 도킨스와 마찬가지로 처치와 동료 부활론자들은 세포를 매머드 DNA를 담는 수동적인 그릇으로 묘사한다. 이들은 멸종한 종을 되살리려면 유전자 암호를 창의적으로 재작성하고 재창조하는 것이 관건이라고 주장한다. 하지만 매머드의 부활을 위한 계획은 온통 세포로 가득하다. 공여 세포 채취에서 시작해 조작된 핵을 다른 난모세포에 삽입하고, 성숙한 유사 접합체를 세포의 집합체인 대리모에 이식하는 단계까지, 이 과정의 중심은 유전자가 아닌 세포에 있다. 배아를 만드는 데 적합한 유전자만 필요하다면 애초에 코끼리 난자를 가지고 어렵게 작업할 이유가 없지 않을까? 처치와 콜로설의 주장처럼 유전체가 강력하다면 재설계된 핵은 어떤 세포 안에 있든 상관없이 이 작업을 수행할 수 있어야 한다. 하지만 그렇지 않다. DNA를 시험관에 넣고 유기체가 생겨나기를 기대할 수는 없다. 세포, 즉 적합한 세포가 없으면 유전체는 A, G, C, T라는 문자열에 불과한 것이 현실이다. 거든이나 로슬린 연구소의 과학자들이 성체 세포의 핵을 난모세포에 주입했을 때 새로운 유전체를 재생했던 마법 같은 작업은 같은 종류의 세포에서 발생하는 과정이었다.

이제 세포가 어떻게 유전체에 도달하며, 발달 과정에서 정체성, 형태, 목적 채택에 필요한 유전자를 어떤 방식으로 선택하는지에 관한 의문이 생긴다. 물론 난모세포의 마법 같은 능력에도 같은 질문이 적용된다. 이에 관한 기본 개념과 규칙은 놀랍도록 단순하다. 독특한 박테리아의 세계와 돌연변이를 실험한 프랑스 연구자 두 명의 통찰력에서 비롯된다.

곤충과 코끼리

복제 실험을 통해 유기체의 생애에 걸쳐 모든 세포 내 유전체가 거의 동일하게 유지된다는 사실을 알 수 있다. 훨씬 더 중요한 사실은 발달 과정에서 세포가 다양한 조직을 만드는 데 필요한 유전자를 각각 선택하고 필요 없는 유전자는 숨겨둔다는 점이다. 그렇다면 세포는 인간을 구성하는 세포 유형 200여 개 중에서 특정 유형의 세포를 만드는 데 필요한 도구가 정확히 무엇인지 어떻게 아는 것일까? 세포는 필요하지 않은 도구들을 어떤 방식으로 안전하게 보관하여 정상적인 기능을 방해하지 않도록 할까? 다시 말해, 세포의 유형을 어떻게 구분하는 것일까? 연구자들은 단순한 형태의 생명체를 대상으로 일련의 실험을 수행하여 그 해답을 찾아냈다. 양이나 인간만큼 장엄하지는 않지만 특유의 매력이 있는 생명체다.

박테리아는 언뜻 보면 먹이를 찾고, 번식하고, 바이러스로부터 스스로를 보호하며 사는 것이 전부인 지루한 유기체처럼 보인다. 우리 몸의 세포 40조 개 안에는 박테리아 100조 개 정도가 살고 있다. 소화에 필수적인 박테리아를 포함한 일부는 유익한 역할을 한다. 그러나 외부에서 해로운 박테리아가 유입되거나(누구나 한 번쯤 '배탈'을 앓아보았을 것이다) 항생제가 유익한 박테리아를 없애 신체 기능을 저해할 때는 신체 내부의 균형이 깨질 수 있다.

정상적인 상황에서 우리 몸의 박테리아가 세포 차원에서 근육 세포가 될지 신경세포가 될지, 증식할지 분화할지, 살아갈지 자살

할지 결정해야 하는 실존적 과제에 직면하는 경우는 드물다. 그렇다고 박테리아에게 선택권이 없는 것은 아니다. 박테리아의 선택은 대부분 무엇을 언제 먹을 것인가와 관련 있다. 박테리아가 메뉴를 고르는 방식을 보면 세포가 다양한 선택을 하는 방식에 관한 기본 원칙을 알 수 있다.

'대장균 *Escherichia coli*'은 흔히 알려져 있듯이 장에 서식하는 박테리아 중 하나다. 대장균은 우리가 음식을 소화할 때 나오는 부산물을 섭취한 후 세포가 흡수하고 연료로 사용할 수 있는 영양분으로 분해해준다. 과학자들은 실험실의 통제된 조건에서 '길들여진' 대장균을 관찰해 대장균의 실속 있는 접근 방식을 알아냈다. 다양한 선택권이 있을 때 대장균은 섭취에 드는 노력이 적은 순서대로 먹는다. 예를 들어 두 가지 당분인 포도당과 유당만 제공하면 대장균은 항상 포도당을 먼저 먹고, 분해하는 데 더 많은 에너지가 드는 무거운 분자인 유당을 다음으로 먹는다.

박테리아 세포가 어떤 방식으로 포도당이나 유당을 선택하는지에 관한 질문은 프랑스계 미국인 생물학자 자크 모노 Jacques Monod의 박사학위 논문 주제였다. 모노는 세포의 내부 작용에 관한 연구로 생물학계에 지울 수 없는 발자취를 남긴 카리스마 넘치는 인물이다. 1941년 제2차 세계대전이 유럽 전역을 휩쓸고 있을 때 모노는 파리의 소르본대학에 재학 중이었다. 공산주의자이자 무신론자였던 모노는 자신의 연구실을 레지스탕스 선전 활동을 위한 인쇄소로 사용했다. 연합군의 노르망디상륙 후 샤를 드골의 프랑스 내무군에 합류하여 나치에 맞서 싸웠고, 그 공로로 크뢰 드 게레 훈장과 미국 청동성장을 받았다.

강박적이고 이성적인 기질을 타고난 자크 모노는 전쟁이 끝난 후 파스퇴르 연구소에서 과학자로서 연구를 계속하기로 했다. 1957년, 모노는 전쟁 전 외과의사를 지망하다가 부상 후유증으로 꿈을 접은 프랑수아 자코브François Jacob와 우연히 함께 이 연구에 참여했다. 10년이 지나지 않아 모노와 자코브는 공동 연구의 결실로 앙드레 르보프André Lwoff와 함께 노벨 생리의학상을 공동 수상한다. 왓슨과 크릭이 유전학의 구조를 발견했다면, 자코브와 모노는 '우연과 필연'이라는 유전자의 논리를 발견했다.

대장균이 유당을 소화하려면 유전자 목록에 있는 단백질 두 가지가 필요하다. 하나는 세포막에 존재하는 락토오스 퍼미아제lactose permase로, 유당을 세포 안으로 끌어들이는 단백질이다. 다른 하나는 유당을 소화할 수 있는 단위로 분해하는 효소인 베타-갈락토시다아제ß-galactosidase다. 모노는 이전 연구를 통해 이 두 단백질이 주변 배양 환경에 유당이 없을 때는 세포 내에 존재하지 않지만 유당이 첨가되면 갑자기 나타난다는 사실을 알고 있었다. 그는 배양 환경에 포도당이 있으면 세포가 항상 포도당을 먼저 먹어 치우는 것을 목격하기도 했다.

자코브가 파스퇴르 연구소의 모노에게 합류하면서 연구진은 세포의 습성과 대사 작용을 파악하고 이런 요소들을 찾기 위해 비정상적 선택을 하게 만드는 돌연변이가 있는 대장균을 물색했다. 그 결과 유당 없이 베타-갈락토시다아제를 만드는 돌연변이, 유당이 있어도 해당 효소를 만들지 않는 돌연변이, 포도당이 있어도 유당부터 먹기 시작하는 돌연변이를 발견했다. 이런 돌연변이들이 퍼즐 조각을 구성했는데, 이 퍼즐을 풀면 대장균의 선택 방식을 명확하게 알 수 있었다.

대장균의 유전체에는 유당 처리에 필요한 단백질인 락토오스 퍼미아제와 베타-갈락토시다아제로 변환되는 RNA를 만드는 유전자, 즉 지침서가 숨겨져 있다. 이 DNA 조각들은 세포 내부에 유당이 없으면 세포의 RNA 생성 기제에 접근할 수 없다. 이런 유전자의 제어 영역(RNA 생성 여부 결정에 사용되는 정보가 있는 DNA 조각)에 다른 단백질이 단단히 결합하여 DNA가 압축을 풀고 전사되는 것을 방해하기 때문이다. '억제인자repressor'라는 이 단백질은 전사 인자의 일종으로, 유전자 내 정보의 발현을 억제한다.

락토오스 퍼미아제는 발현되면 세포막에 자리 잡으며, 주변에 있는 유당의 양을 감지하여 유당을 포획한 다음 세포 안으로 끌어들인다. 세포 안으로 들어간 유당은 억제인자 단백질과 결합한다. 이렇게 되면 유당 소화 단백질을 암호화하는 유전자와 억제 단백질의 결합이 끊어지면서 유전자 발현이 가능해진다. 락토오스 퍼미아제는 현재 상황과 환경에 따른 세포의 유전자 제어 방식을 보여주는 사례 중 하나다. 포도당이 주변에 있으면 세포는 단백질 형태로 신호를 방출하여 억제인자가 DNA에서 떨어져 나가더라도 베타-갈락토시다아제의 발현을 막아 포도당이 먼저 사용되도록 하는 이중 안전 기제 같은 역할을 한다. 유당이 소비된 후에는 억제인자가 다시 작동하며, 해당 도구는 다음에 필요할 때까지 도구 상자로 복귀된다. 이런 복잡한 제어 체계를 '락토오스 오페론 lactose operon'(이하 락 오페론)이라고 한다.

자코브와 모노는 락 오페론을 각 세포가 감지한 환경에 따라 유당을 활용하기 위해 박테리아가 켜거나 끌 수 있는 회로나 스위치로 예상했다. 이후 대장균에서 특정 영양소 섭취, 감염 퇴치 또는 세포 분열 관리 등 다양한 세포 기제에 관여하는 다른 회로들이 발견되었는데, 이런 개별 회로의 기능을 보면 일종의 유전자 발현 제어 장치에 연결된 감지기가 있다는 걸 알 수 있었다. 이것이 세포가 유전자 활동을 제어하는 가장 단순한 표본이다.

모노와 자코브는 이런 회로들이 특정 기능을 매개한다는 점에서 세포의 보편적 특징이라고 주장했다. "대장균에 관해 사실로 밝혀진 부분은 코끼리에도 분명 적용된다"고 모노는 단호히 말했다. 코끼리는 박테리아보다 더 복잡한 생명체다. 하지만 초음속여객기인 콩코드가 라이트 형제의 복엽기보다 복잡하긴 해도 본질에서는 동일하듯이 코끼리를 만드는 기본 원리도 대장균과 같다는 주장이다.

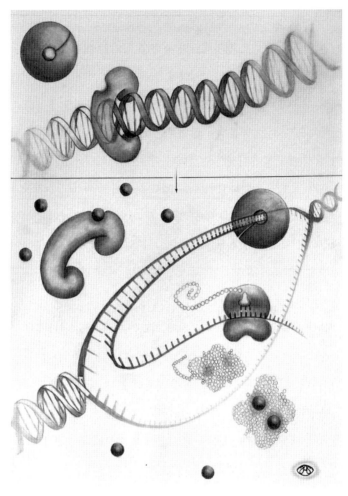

그림 16. 대장균 락 오페론의 작동 원리. 억제인자(상단의 콩 모양)는 DNA에 결합하여 전사 과정을 억제한다. 락토오스(작은 공)의 결합으로 억제인자와 DNA의 결합이 끊어지면서 베타-갈락토시다아제(큰 원형 물체)에 대한 RNA를 합성하는 효소의 전사 과정이 진행된다. 이 RNA는 유당에 결합하여 소화하는 베타-갈락토시다아제 단백질(오른쪽 하단의 네모난 모양)로 변환된다.

운명의 풍경

모노와 자코브의 발견이 동물에게 어떻게 적용되는지 이해하려면 지구상 다세포 생명체로의 전환을 정의한 혁신적 요소들을 다시 살펴볼 필요가 있다. 첫 번째, 클론 다세포성으로 인해 접합체의 자손이 세포 분화를 거치며 특정 역할과 기능을 수행하고, 자체적으로 만든 공간에서 상대적인 위치를 차지하면서 함께 모여 있기 때문에 유기체가 발생한다. 두 번째, 세포 간 신호를 통해 세포가 정보를 교환하고 새로운 세포 사회에서 자체의 정체성과 활동을 조율하고 조직화할 수 있다. 세 번째, 세포 유형의 생성을 관리하고 세포 간 상호작용을 구현할 수 있는 새로운 도구 집단이 있는데, 이 분야에서는 이를 '세포 유형별 전사 인자cell-type-specific transcription factor'라고 부른다.

유당 사용 관여를 포함해 유전자 회로는 넓은 창고 선반에서 상품을 신속하고 효율적으로 선별하는 자동화 로봇에 비유할 수 있다. 이런 로봇은 주문한 고객에게 포장해 보낼 상품을 찾고 이동할 위치를 파악하도록 프로그래밍돼 있지만, 로봇 자체는 상품을 사용하지 않는다. 세포의 경우 유전자 회로는 일종의 분자 로봇 또는 응용 프로그램으로, 고객인 세포가 자체의 모양, 구조, 기능을 유지하는 데 필요한 단백질을 전달받게 한다. 유전자 회로는 세포의 요구 사항, 정체성, 작동의 중심이지만 세포의 모양이나 기능을 정의하지는 못한다. 그저 개별 세포가 자체 구조 구축에

당신의 지문은 DNA를 말하지 않는다

필요한 요소를 선택하고 사용하며 세포 사회 내에서 자신의 위치에 따라 구조를 변경할 수 있게 해줄 뿐이다. 앞서 살펴보았듯이 개별 유전자에는 발현 여부를 결정하는 제어 영역이 포함되어 있다. 억제인자가 락 오페론과 결합하는 영역이 바로 이런 영역 중 하나다. 이 영역은 유전체의 활동을 지시하는 우편번호와 같다. 세포가 유전자를 발현해야 할 때 도달하는 곳이 이 영역이며, 자체적인 방식으로 회로를 켜거나 끄는 스위치인 신호가 여기에 담겨 있다.

소위 '만물상점'인 아마존Amazon은 제품을 1200만 종 이상 보유하고 있으며 매년 120억 개가 넘는 개별 품목을 판매한다. 따라서 이동식 로봇 20만 대가 직원 100만 명과 함께 고객 주문 처리를 지원하는데 이는 놀라운 일이 아니다. 대장균에는 유전체에 약 6메가바이트의 정보인 DNA 염기쌍 450만 개가 있다. 이는 아마존의 제품 목록과 비슷한 규모다. 그러므로 대장균은 비슷한 수의 자체 로봇을 유전자 회로의 형태로 구성하여 헤엄치고 먹고 포식자를 피하는 데 사용할 수 있다. 반면 인간은 DNA 염기쌍 30억 개, 2.7기가바이트 정도의 정보를 가지고 있으므로 세포가 엄청난 수의 회로를 암호화할 수 있는 능력을 갖추고 있다. 대장균과 마찬가지로 인간 세포도 유전체 목록에 있는 항목을 사용하여 언제 어떻게 먹을지를 결정하지만, 세포 유형마다 입맛과 요구 사항이 달라서 그 선택 과정이 더 복잡하다. 유전자의 제어 영역을 통해 이를 살펴볼 수 있다.

 모든 대장균 세포는 거의 동일하지만, 인체의 세포는 다른 동물의 세포와 마찬가지로 고유한 방식으로 서로 다르며, 세포가 분화하고 안정적으로 기능하는 데 필요한 유전자를 선택하고 사용하기 위해서는 많은 수의 회로가 필요하다. 근육세포는 유연한 섬유를 만들고 움직이는 데 도움이 되는 목록이 필요하고, 신장세포는 혈액에서 독성 노폐물을 걸러내는 데 도움이 되는 목록이 필요하다. 뇌의 뉴런은 생각하고 먹고 말하고 수면을 유지하기 위해 하루에 300칼로리를 소비한다. 개별 유형의 세포는 전사 인자로 구성된 특정 자동화 응용 프로그램을 만들어 특정 기능을 수행한다. 응용 프로그램은 공유 제어 영역들로 구성되며, 신호는 선택에 영향을 미치고 세포 집단 전체에 걸쳐 회로의 활동을 조정하는 데 중요한 역할을 한다. 이런 요소들은 다세포성의 창발에 필수적이다.

 다른 동물의 경우와 마찬가지로, 인간 유전체에서 가용한 도구와 재료 중 다수가 우리 몸을 구성하는 데 사용된다. 따라서 세포가 스스로를 제어하여 다양성을 만들고 구성할 수 있다. 앞에서 다루었듯이 특정 유전자를 변경하면 더듬이 대신 다리 같은 부속기관이 생기거나 날개가 두 쌍 달린 초파리처럼 특정 요소가 부재하거나 잘못된 위치에 있는 유기체가 만들어질 수 있다. 이는 이동 로봇이 유전체의 올바른 위치로 이동하여 부품을 가져와 조립 공정으로 전달하는 것에 비유할 수 있다. 잘못된 부품이 선택되어 잘못된 위치에 조립되면 결함이 있는 구조가 만들어진다.

발달 과정에서 동물의 수많은 세포 유형 생성은 유당과 포도당 사이에서 대장균이 내리는 결정과 크게 다르지 않은 일련의 양자택일(A가 될 것인가? 아니면 B로 변할 것인가?) 후에 천천히 진행된다. 이런 선택에는 베타-갈락토시다아제보다 훨씬 많은 유전자가 사용되며, 시간이 지나면서 일련의 결정이 쌓여 차이점을 만든다.

세포 X가 분열하여 A나 B가 될 가능성이 있는 세포 두 개를 생성한다고 가정해보자. A를 선택한 세포는 C와 D 중 어느 쪽이 될 것인지 선택해야 하며, B를 선택한 세포는 E와 F 중에서 선택해야 한다. A와 B 사이의 분화 과정이 시작되고, 결국 세포 X의 자손은 피부에서 근육, 신경에 이르기까지 다양한 세포 유형을 생성할 것이다. 이런 선택의 본질은 모노의 주장대로 유당을 사용하는 선택과 같다. 개별 선택은 전체 유전자 프로그램을 돕는 회로에 의존하기 때문이다. 유전자가 생성하는 단백질(그중 일부는 전사 인자)이 제어 영역을 찾아 다른 유전자(그중 일부는 전사 인자)를 활성화하는 식의 과정을 거친다. A, B, C, D, E, F의 제어 영역은 전사 인자의 서열에 따라 어떤 유전자가 활성화되는지를 결정한다. 이런 식으로 개별 회로가 프로그래밍되는 것이다. 이 모든 결정에 개별 세포 유형에 고유한 특성을 부여하는 유전자가 많게는 수백 개까지 관여한다는 사실이 지난 몇 년에 걸쳐 밝혀졌다.

한편 이는 대장균의 원리와 중요한 차이점이 있다. 동물의 경우 공간 내에 커다란 세포 집단이 할당된 데다, 시공간을 가로질러 집단에 속한 세포 다수가 이러한 결정을 조정해야 한다. A와 B는 세포 집단인 경우가 많지만, 모든 결정에 관여하는 수많은 유전자를 고려하더라도 기본 원리는 여전히 같다. 세포는 신호를 수신하고 통합한 다음, 특수 단백질을 사용하여 활성화 여부에 필요한 유전자의 제어 영역을 찾고, 개별 회로가 활성화되면 다른 회로로, 다시 또 다른 회로로 이어진다.

영국 생물학자 C. H. (콘래드) 와딩턴 C. H. (Conrad) Waddington은 이런 세부 사항이 밝혀지기 전에도 산악 지형을 여행하는 모습을 묘사하며 이런 과정의 윤곽을 생생히 포착해냈다. 이 지형의 끄트머리에 있는 산꼭대기로부터 계곡과 협곡이 여러 갈래로 갈라지며 깊은 계곡으로 이어진다. 난자 하나가 이 산꼭대기에서 동물이 되는 여정을 시작한다. 계곡은 세포 분화의 마지막 단계로 가는 경로를 나타낸다. 바닥의 가장 깊은 계곡에 있는 마지막 단계는 성체를 구성하는 다양한 세포 유형이다.

산꼭대기에 도달한 난자는 수정이라는 신호를 기다리다가 마침내 처음 분열하고 증식하는 순간에 내리막을 굴러가기 시작한다. 갈림길마다 세포는 왼쪽 또는 오른쪽이라는 양자택일의 상황에 직면하지만 뉴런, 근육, 피부가 되는 경로를 따라 계곡이나 협곡으로 계속 내리막을 굴러 내려간다. 세포가 계곡 바닥에 자리를 잡고 나면 이제 세포는 계곡을 벗어나는 것이 불가능하다. 과학자들이 복제를 위해 난모세포에 핵을 이식할 때처럼 세포를 빼내지 않는 한 말이다. 이제 협곡과 계곡의 풍경을 만들기 위해 능선으로 이 요소들을 서로 분리해야 한다. 골의 깊이, 능선의 높이, 계곡 바닥의 편평도는 발달 과정에서 세포 분화 과정에 내재한 다양한 특징을 나타낸다. 이런 특징들에 따라 특정 방향으로 이동하는 세포의 경로와 수가 결정된다.

하강을 시작하면서 접합체가 세포 두 개로 분열하고, 두 세포가 네 개로 증식하는 식으로 세포가 증식한다. 세포 하나가 아닌 여러 개가 동시에 갈림길을 마주하면서, 이 동물의 세포는 장기와 조직을 구성할 수 있는 수로 점차 다른 경로에 걸쳐 분산된다. 예를 들어, 심장이 기능하려면 심방과 심실에 특정 수의 세포가 필요하며, 이런 세포 수에 변화가 생기면 심장 기능에 심각한 결과를 초래할 수 있다. 협곡이나 계곡으로 내려가는 경사가 가파를수록 세포는 흐름에 따라 이동하는 데 에너지가 덜 들기 때문에 그 골을 선택할 가능성이 크다. 자리 잡을 골을 정하고 나면 다른 골을 탐색할 기회는 사라진다. 지형을 오르는 데 필요한 동력이 엄청나게 높아지기 때문이다. 이는 세포가 양자택일할 때마다 더는 접근할 필요 없는 유전체 부분을 닫기 위해 전사 인자를 사용하기 때문이기도 하다. 베타-갈락토시다아제 유전자로의 접근을 차단하는 억제인자도 같은 맥락이다. 이런 방식을 통해 세포는 불필요한 도구의 간섭 없이 필요한 도구에 효율적으로 접근할 수 있다.

생물학자들이 '운명'이라고 부르는 세포 분화와 숙명에 관한 이 우화는 현재 '와딩턴 풍경 Waddington landscape'으로 알려져 있다. 와딩턴은 풍경의 지형이 유전자와 관련 있다고 믿었다. 그는 풍경을 묘사하면서 유전자를 언덕과 협곡 밑에 있는 말뚝과 밧줄에 비유하며 유전자의 장력이 협곡의 높이와 풍경의 험준한 정도를 결정한다고 시사했다. 그러나 와딩턴은 장기와 조직의 생성 과정이 유전자 활동과 관련 있더라도 유전자 너머의 단계에서 발생한다고 생각했다. 그리고 이를 설명하기 위해 '후성 epigenetic'이라는 용어를 사용하며 와딩턴 풍경은 "후성적 풍경"이라고 말했다. 와딩턴이 사용한 이 용어는 발달과 더 관련 있지만, 앞서 살펴본 바와 같이 분자적 관점에서 유전자 발현을 제어하는 단백질의 변형을 지칭하는 의미로 대체되었다. 나는 이렇게 세포의 활동을 의미하는 고전적인 정의를 선호한다.

그렇다면 대장균에 해당하는 사항이 코끼리에게도 적용되는 것이 맞는다고도 할 수 있다. 동물 세포는 외면상으로도, 배아 및 유기체에서의 세포 결합 방식도 복잡하지만, 분자 차원에서는 상대적으로 단순하다. 조종간이나 전선 같은 요소는 더 많지만 기본 원리는 같은 셈이다.

와딩턴의 뒤를 이어 발달생물학자들은 특정 협곡과 계곡 그리고 특정 골짜기에 안착하는 결정에 이르기까지 이 풍경 내 모든 선택과 연관된 유전자를 목록화하는 데 심혈을 기울여왔다. 지난

20년 동안 유전학에 대한 인류의 이해와 유전자 조작 능력으로 인해 유전자와 전사 인자의 활동을 중심으로 하는 배아 및 유기체 발달에 대한 관점이 생겼다. 하지만 와딩턴은 유전자가 세포의 기능을 직접적으로 결정하지 않을 수 있다는 견해를 분명히 밝혔다. '후성유전학'이라는 용어의 의미는 수년에 걸쳐 진화해왔다. 이제 후성유전학은 세포나 유기체의 환경에 영향을 받고 유전자 활동의 패턴에 기록된 유전자 발현 상태를 설명하는 데 사용된다. 그럼에도 세포가 결정을 내리는 방식에 관한 와딩턴의 통찰력은 여전히 유효하다.

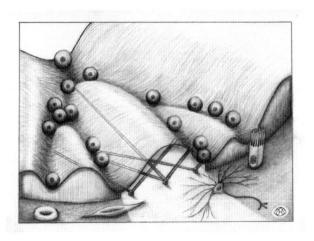

그림 17. 1957년 콘래드 와딩턴이 《유전자의 전략The Strategy of Genes》에서 기술했듯이, 발달 과정에서 세포가 무엇이 될지 결정하는 과정을 표현한 그림. 세포는 유전자의 활동으로 형성된 울퉁불퉁한 지형을 굴러가는 공으로 표현되며, 유전자의 활동은 지형 밑의 말뚝과 밧줄로 표시된다. 아래쪽에서는 세포가 내려온 경로에 따라 최종 세포 유형으로 변한다.

와딩턴의 풍경은 모노의 코끼리를 표현한 것이기도 하다. 그리고 박테리아의 유전자 회로에서 동식물 발달의 근거를 제공하는 프로그램으로 전환된 개념을 특유의 간접적인 방식으로 표현한다. 그러나 앞에서 말했듯이, 집이 그저 벽돌과 돌의 집합이 아닌 것처럼 유기체는 유전자의 단순한 집합이 아니다. 후성적 특성을 통해 세포 활동이 유전체 활동의 총체적 결과물이라는 사실을 분명히 알 수 있으며, 집이나 건물의 건축에 질서가 있듯이 유기체의 형성에도 질서와 구조가 있다. 다음으로 이와 관련된 부분을 살펴볼 것이다.

5장

움직이는 패턴

아기는 어디에서 오는 것일까? 모든 아이가 한 번쯤 물어보는 질문이지만, 모든 부모가 명쾌한 대답을 해줄 수 있는 것은 아니다. 어렸을 때 내가 이 질문을 했을 때 부모님은 황새가 아기를 어머니에게 데려온다는 고전적이고 환상적인 대답을 했다.

이상하게도 새가 아기를 데려온다는 전통적인 이야기는 고대 그리스와 이집트에서 시작되어 수많은 문화권에서 공유되고 있으며, 문화권마다 특유의 개성이 더해진다. 영미권에서는 주로 황새인데 다른 곳에서는 왜가리나 두루미가 등장하기도 한다. 아기가 태어나는 장소도 문화에 따라 다르다. 습지나 구스베리 덤불, 또는 숲에서 발견되는 '아데보르슈타인adeborsteine'이라는 마법의 돌 같은 특정 장소가 그런 곳이기도 한다. 내 부모님은 그냥 새들이 파리라는 도시에서 아이를 데려온다고 말했다.

하지만 특정 관점에서 보면 인간의 기원을 새와 연결 짓는 것이 그리 억지스럽지만은 않다. 우리는 태어나기 전에 배아로 시작되는데, 새의 알은 수천 년 동안 인간에게 배아의 발달을 보여주는

'창' 역할을 해왔다. 여기서 '창'은 단지 비유적인 표현이 아니다. 새의 알은 물고기나 개구리의 알처럼 투명하게 안을 바로 보여주지 않지만, 알 속의 배아와 세포막을 그대로 유지한 채 단단한 알 껍데기에 창을 내는 것이 가능하다. 이렇게 하면 알이 부화하는 동안 내부에서 일어나는 일을 관찰할 수 있다. 아리스토텔레스는 이런 실험을 통해 난황 근처의 작고 붉은 반점이 21일 후 부화할 준비가 된 병아리로 변하는 기적적인 모습을 최초로 기록했다. 아리스토텔레스는 자신이 목격한 것에 대한 구체적인 설명을 거의 남기지 않았다. 그는 붉은 반점이 암탉의 월경혈에 의해 활성화된 정자라고 생각했지만, 정자가 어떻게 배아가 되는지는 알지 못했다. 하지만 아리스토텔레스는 자신이 관찰한 사실만은 확실히 알았다. 그것은 조직이 없던 곳에 점차 조직이 생겨났다는 점이었다.

아리스토텔레스 이후 긴 세월이 지난 계몽주의 시대에도 과학자와 철학자들은 여전히 같은 질문에 대한 답을 찾고 있었다. 중력, 산소 및 기타 원소를 발견하고, 화학적 과정에 이름을 붙이며, 세상을 분류하는 거대한 체계를 만들었지만, 아기가 어디에서 왔는지는 여전히 풀기 어려운 숙제로 남았다.

생물학적 기원에 관한 질문의 해답을 연구한 초기 계몽주의 사상가는 제임스 1세와 찰스 1세의 주치의였던 영국의 위대한 의사 윌리엄 하비 William Harvey였다. 찰스 1세는 9월부터 12월까지 거의 매주 사냥을 나갔기에, 하비는 왕과 신하들이 사냥한 암컷 사슴의 몸에서 알을 찾아볼 기회를 얻었다. 도마뱀, 물고기, 개구리, 새가 알에서 태어나니 사슴과 다른 포유류도 알에서 태어나야 한다고 생각했던 것이다. 하지만 알은 어디에서도 발견되지 않았다. 9월과 10월에 해부한 사슴의 자궁에서는 아무것도 발견되지 않았다. 11월과 12월에도 사슴을 해부해 보았는데 닭의 알에 낸 창을 통해 보이는 형태와 놀랍도록 유사한 사슴 배아의 윤곽이 보였을 뿐이다.

하비는 그렇게 배아를 찾아냈지만 추적할 만한 알의 흔적은 없었다. 하지만 그는 생이 끝나가던 무렵인 1651년에 동물의 발달에 관한 자신의 견해를 《동물의 세대 The Generation of Animals》라는 책에 모았다. 책 앞부분에는 그리스 신 제우스가 알을 깨자 온갖 종류의 동물이 알에서 빠져나오는 장면을 그린 판화가 들어갔다. 알에는 '만물의 근원 Ex ovo omnia'이라는 문구가 새겨져 있었다. 알에서 모든 것이 나온다는 의미였다.

그 후로 하비의 알 중심 관점과 동물의 성장에 대한 가설은 직접적인 증거가 없었던 탓에 사실이 아닌 믿음에 가까워졌다. 한편 그는 아리스토텔레스의 주장에 동의하며 병아리의 "부분들은 동시에 만들어지지 않는다"며, "예정된 순서에 따라 연속적으로 생겨난다"고 적었다. 이는 동물의 배아가 난자에서부터 분화와 성장이 이루어져 생성된다는 주장인데, 하비는 이 과정을 '후성설 epigenesis'이라고 칭했다. 이는 '세대에 따른 upon generation'이라는 뜻으로 와딩턴이 '와딩턴 풍경'에 사용한 단어의 기초가 되었다.

이와 반대로, 맨눈으로 보지 못할 만큼 작은 신생 유기체의 축소 버전이 처음부터 존재했다는 견해도 있었다. 수정이 이루어지면 '미리 형성된' 유기체가 난자의 난황 근처에 자리 잡아 유기체가 스스로 생존할 수 있을 만큼 성장하는 데 필요한 영양분을 제공받는다는 주장이다. '전성 preformation'이라고 불리는 이 개념은 비합리적으로 들릴 수 있다. 하지만 1677년 안토니 판 레이우엔훅이 정액을 현미경으로 관찰해 독립적인 유기체가 헤엄치는 것을 발견한 후로 지지를 얻게 되었다. 이에 상상의 나래가 펼쳐지면서 판 레이우엔훅이 발견한 애니멀큘레마다 축소된 인간이 들어 있고 발달 과정을 거쳐 실물 크기로 자라난다는 가설이 생겼다. 정자 안에서 아기가 발가락은 정자의 꼬리 쪽으로, 머리는 정자의 머리 쪽으로 향한 채 태아 자세로 웅크리고 확장이 시작되기를 기다리는 그림이 주목받기도 했다.

이렇게 극단적으로 치달은 전성설은 그 부조리한 부분을 피할 수 없었다. 정자 안에 있는 축소된 아기는 그 자체로 정자를 품고 있어야 하고, 그 정자에는 더 작은 아기가 들어 있어야 했다. 그러려면 부모보다 작은 유기체의 계보가 작디작은 마트료시카 인형처럼 미래 세대의 생식세포로 끝없이 이어져야 한다. 게다가 이 모든 축소 인간이 실물 크기로 성장하고 그 모든 세대를 수용하려면 미리 형성된 유기체가 작아질수록, 그 많은 수의 양분을 감당하기 위해 난자의 난황은 점점 더 커져야 하지 않을까? 아니면

당신의 지문은 DNA를 말하지 않는다

유기체가 너무 작아져서 태어나지도 못하게 될까? 신앙심이 깊은 지지자들은 이런 논리를 이용하여 현재의 정자 크기에서 시작하여 정자 세포에 얼마나 많은 더 큰 유기체를 담을 수 있는지를 두고 계산을 해보았다. 이처럼 그들은 모든 유기체의 역사가 에덴동산에서 처음 창조되던 시기의 크기로 거슬러 올라간다는 과감한 해석을 했다. 결국 이를 통해 '무에서 유를 창조한다는 건 신의 손길이 아니면 불가능한 일'이라고 주장했다. 전성설 지지자들은 아테나가 제우스의 머리에서 완전히 형성되었듯이 최초 유기체의 기원은 신성한 상태로 존재한다고 믿었다.

이에 따라 전성설 지지 세력과 후성설 지지 세력 사이에 지적 대립이 발생하였고, 1760년과 1770년대에 절정에 이르렀다. 근육과 신경의 고유한 특성을 규명한 것으로 유명한 제네바 출신의 저명한 자연주의자 알브레히트 폰 할러Albrecht von Haller가 전성설을 지지하고 나섰다. 후성유전학 쪽에는 의학박사 논문 주제로 닭의 배아를 세밀하게 연구한 젊은 독일 신진 학자 카스파 프리드리히 볼프Caspar Friedrich Wolff가 있었다. 이 연구의 일환으로 볼프는 미분화된 젤리 같은 덩어리에서 배아의 내장이 점진적으로 창발하는 과정을 설명했다. 볼프는 수정란 내부의 물질이 줄을 지어 융기와 주름을 형성하고 서로 융합하거나 갈라지면서 내장뿐 아니라 혈관, 심장 및 기타 기관을 만드는 방식에 주목했다. 볼프가 닭의 내부에서 후성설에 맞는 발생이 이루어진다는 것을 "의심의 여지 없이" 믿은 이유는 자신의 눈으로 직접 목격했기 때문이다. "닭 배아의 내장은 처음에는 단순한 막이다. 이 이중판의 세로 줄무늬인 첫 번째 평면이 원통형으로 부풀어오르기 시작하여 초기 내장 같은 모양이 된다. 따라서 이 내장이 이전에 존재하지 않았다가 새로 형성되었다는 것이 확실하다."

볼프는 자신의 논문을 할러에게 헌정했고, 당연히 할러도 관심을 보였다. 두 사람은 격렬하게 대립했지만, 할러가 사망할 때까지 거의 20년간 계속 글을 주고받으며 발달의 본질에 대해 논쟁을 벌였다. 볼프가 수많은 증거를 제시했음에도 할러는 유기체의 모든 장기가 미리 형성되어 있으며 기존의 현미경으로는 이를 밝혀낼 수 없다고 주장했다.

시간이 흘러 볼프의 주장이 옳았다는 것이 증명되었고, 볼프는 현대 발생학의 창시자로 자리매김하게 되었다. 그러나 전성설 지지 세력과 후성설 지지 세력 간 논쟁은 루돌프 피르호와 다른 학자들이 세포를 모든 생명체의 필수 기본 단위로 규명한 1800년대 중반까지 끝나지 않았다. 그러는 동안 동물 배아 관련 연구는 계속되었고, 이 분야에서 놀라운 사실들이 밝혀졌다.

혹스 스텝

1820년대 독일 쾨니히스베르크에서 에스토니아 출신 해부학자 카를 에른스트 폰 베어 Karl Ernst von Baer는 이미 비좁은 방을 표본이 담긴 병, 수술 도구, 양초, 현미경으로 가득 채웠다. 폰 베어는 동물의 발달 단계별 배아를 병에 담아 장기, 조직, 몸통 전반의 형태와 구조의 점진적 변화에 따라 세심하게 나누어 보존하고 있었다. 폰 베어는 종 간의 유사점과 차이점을 파악하면 결국 동물 간의 연관성을 확인할 수 있다고 생각했다.

그런데 한순간의 부주의로 예상치 못한 사실을 깨달았다. 어느 날 폰 베어는 아주 어린 표본 두 개에 라벨을 붙이는 것을 깜빡했다. 나중에 그 두 배아를 관찰했는데, 아주 비슷해서 구분할 수 없을 정도였다. 그때 폰 베어는 깨달았다.

도마뱀일 수도 작은 새일 수도, 아주 어린 포유류일 수도 있다. 이 동물들의 머리와 몸통의 형성은 서로 아주 비슷하다. 이 배아들에는 아직 사지가 없고 발달의 첫 단계라 하지만 전혀 구분이 되지 않는다. 도마뱀과 포유류의 발, 새의 날개와 발, 사람의 손과 발은 모두 동일한 기본 형태에서 발달하기 때문이다.

폰 베어가 관찰하던 배아는 머리와 꼬리가 선명하게 구분되는 구부러진 분절 구조였다. 머리에는 두 눈의 윤곽이 있었고 몸통에는 물고기의 아가미를 닮은 틈이 있었다. 개구리 배아에도 아가미가 있으므로, 아가미가 있다는 것만으로 물고기라고 판단할 수는 없었다. 하지만 그는 표본을 구분하기 위해 수집한 표본들을 살펴보던 중 전에는 눈치채지 못했던 놀라운 사실을 발견했다. 발달 초기 단계에서는 물고기와 개구리부터 고양이와 소에 이르는 모든 배아에 아가미처럼 보이는 구조가 있었던 것이다. 게다가 이 배아들은 모두 기이할 정도로 비슷해 보였다. 폰 베어는 이러한 통찰을 바탕으로 모든 동물은 우선 같은 형태로 시작되고 이후 발달하면서 특정 종의 형태가 되어간다는 가설을 세웠다.

19세기의 자연주의자들은 자연에 질서를 부여하는 데 관심이 쏠려 있었다. 폰 베어가 초기 배아들 간의 기묘한 유사성을 처음 발표하고 2년 후인 1830년, 프랑스의 자연주의자 에티엔 조프루아 생틸레르Etienne Geoffroy Saint-Hilaire와 조르주 퀴비에Georges Cuvier는 동물에서 볼 수 있는 다양한 형태의 기원을 두고 지적 논쟁을 벌였다. 할러와 볼프 간의 대립과 달리 이 논쟁은 파리의 과학아카데미 앞에서 일련의 토론을 통해 공개적으로 펼쳐졌다. 조프루아는 지혜와 어리석음이 뒤섞인 혁명기 특유의 자세로 '구성의 통일성'을 주장하며, 신의 동물 창조 여부와 관계없이 동물은 모두 단일한 기본 구상의 다양한 변형이며 이를 밝혀낼 수 있다고 주장했다. 한편 당시 동물학 분야의 최고 권위자였던 퀴비에는 신이 모든 동물을 개별적으로 창조했으며 동물마다 형성된 환경과 활동에 최적화되어 있다고 주장하며 반박했다. 조프루아는 내부 골격이 없는 오징어와 달팽이 같은 연체동물의 몸이 척추동물의 몸과 구성이 같다고 주장한 탓에 논쟁에서 패배했다. 과학계에서 받아들이기에는 너무 과격한 주장이었기 때문이다. 그러나 조프루아

당신의 지문은 DNA를 말하지 않는다

와 그 지지자들은 박쥐의 날개, 돌고래의 지느러미발, 말의 다리는 모두 거대한 단일 설계에서 변형된 것일 뿐이라며 물러서지 않았다. 찰스 다윈도 1859년《종의 기원》에서 조프루아를 인정하며 같은 주장을 적었다. 동물은 태어날 때는 서로 아주 다른 모습이지만, 배아 발달 과정에서 볼 수 있는 기본적인 신체 구성과 내부 구조 대부분에는 공통점이 있다는 논리였다.

1994년 스위스 제네바대학의 발달유전학 및 유전체학 교수 데니스 두불Denis Duboule은 종별로 다양한 난자에서 유사한 초기 배아로의 발달을 설명하기 위해 '발달 모래시계'라는 개념을 도입했다. 두불은 폰 베어가 깨달음을 얻은 발달 단계가 모래시계의 목 부분에 해당하며, 이 시점이 동물의 신체 축을 중심으로 서로 다른 영역을 구분하는 데 사용되는 '혹스' 유전자가 물고기, 개구리, 인간 같은 좌우대칭 동물의 머리-꼬리 축을 따라 완전히 발현되는 시기와 일치한다는 흥미로운 사실을 발견했다. 모래시계의 양쪽 중 한 공간에서는 동물 세포가 다양한 모양과 형태로 자체를 조직할 수 있지만, 모래시계의 목 부분에서는 전부 같은 모습일 수밖에 없다는 것이다. 이는 해당 단계에서 세포가 동물로 형성되기 시작하면서 혹스 유전자에 있는 도구를 사용해야 하기 때문이다. 그리고 이런 도구는 알 수 없는 이유로 철저히 보존되어 있다고 두불은 말했다.

그럴듯한 비유이지만 닭, 개구리, 물고기, 사람의 알 또는 난자

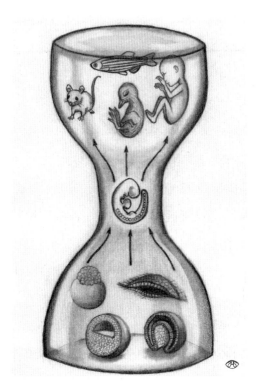

그림 18. 1994년 데니스 두불이 모래시계로 묘사한 발달과 진화의 연관성. 두불은 카를 에른스트 폰 베어의 초기 개념에 따라 동물이 여러 가지 형태에서 시작하여 유사성의 병목 현상을 거쳐 다양화되는 방식을 제시했다.

를 초월하여 같은 모습으로 수렴되는 정확한 원인이 무엇인지 의문이 생긴다. 시작이 다른 대상들이 증식하고 성장하면서 어떻게 같은 모습이 될 수 있을까? 나는 이 질문의 답이 세포가 발달 초기에 선보이는 춤에 있다고 생각한다. 이 춤은 세포의 단순한 통과의례가 아닐 것이다. 왈츠에서 룸바에 이르기까지 모든 춤의 기

당신의 지문은 DNA를 말하지 않는다

본이 되는 박스 스텝처럼 모든 경우에 통용되는 일반적인 댄스 스텝이라 할 수 있는 '혹스 스텝Hox step'으로 생각해볼 수 있다. 하지만 안무가 실제로 어떻게 진행되는지 보려면 춤의 시작점, 즉 동물의 첫 번째 세포인 접합체로 돌아가야 한다.

세포의 무도회

정자가 난자 안으로 들어가면 세포 분열과 증식의 주기가 시작되어 세포 수천 개가 빠르게 생성된다. 모든 동물에서 이 첫 번째 발달의 결과로 서로 구별이 어려운 세포 덩어리인 포배blastula 또는 배반엽blastoderm('돋아나는 피부'를 뜻하는 그리스어 단어에서 유래)이 생기고 앞으로 발생할 모든 일의 근원이 된다.

이 단계에서는 세포가 벽 같은 모양인 상피에 빽빽하게 모여 있다. 이는 원래 난자와 세포의 주요 영양 공급원인 난황의 구조에 의해 결정된다. 일반적으로 세포는 난황 위에 자리 잡고 바다에 떠 있는 뗏목처럼 납작한 원반을 형성하거나, 난황을 감싸며 구체를 만들어 오렌지에 핀 곰팡이처럼 바깥쪽에서 안쪽으로 난황을 소비한다. 두 가지 경우 모두 세포는 언뜻 보기에 모두 같다. 세포는 자체의 차후 역할과 모습을 알지 못한 상태에서 고유 특징이 없는 상태로 유지된다.

그런 다음 난자가 수정되는 순간부터 종별로 정확히 측정된 시간 안에 일부 상피세포가 더 유연한 형태인 중간엽mesenchyme으로 변모하고 춤을 추는 듯한 방식으로 움직이기 시작한다. 이 세포들은 마치 보이지 않는 지휘자의 지휘봉에 따르듯이 소규모 단위로 움직이며 미분화된 덩어리를 유기체의 전체적 윤곽으로 바꾸어간다. 춤이 계속 진행되면서 상피의 세포들이 점점 느슨해지면서 합류하고 세포가 집단의 단위로 나뉜다. 책상조직에서 벗어나 난자의 내부로 향하는 세포가 있고, 세포 표면에서 자리를 차지하려고 다투면서 원래의 책상조직을 구부리는 방식으로 움직여 다른 세포의 이동을 막으려고 추가 세포벽을 만드는 세포도 있다. 이런 움직임이 끝나면 폰 베어가 언급한 기묘한 구조가 모습을 드러낸다. 한쪽 끝은 머리 모양, 다른 쪽 끝은 꼬리 모양이며, 층 사이와 층 내부에서 이동하며 여러 조직과 기관으로 분화하는 과정을 시작하는 세포 집단이나 분절 구조가 있는 배아다. 이 구조는 각 문門에 속하는 동물이라면 모두 비슷하게 나타난다. 이제 우리는 두 불의 모래시계의 목 부분, 즉 혹스 유전자가 펼쳐지고 세포가 '혹스 안무'를 시작한 단계에 이르렀다.

이때 발생하는 세포의 안무를 칭하는 전문용어는 '위장胃腸'을 의미하는 그리스어 'gaster'에서 유래한 '장배 형성gastrulation'이다. 1872년 독일 예나대학의 교수 에른스트 헤켈Ernst Haeckel이 만든 어색한 단어다. 헤켈은 공 모양으로 시작되는 해면 배아의 발달을 연구하던 중 세포 한 무리가 공 모양으로 접히면서 내장의 내벽을 형성하는 것을 발견했다. 바람이 약간 빠진 풍선을 손가락으로 눌

렀을 때 또 다른 벽과 함께 움푹 들어간 공간이 생기는 것에 비유할 수 있다. 이때 풍선의 구체에서 움푹 들어간 부분이 해면 배아의 초기 내장이며, 헤켈이 이를 '장배gastrula'로 명명하면서 이 과정이 '장배 형성'으로 불리게 되었다.

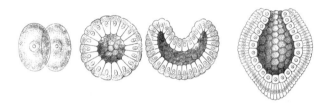

그림 19. 에른스트 헤켈이 해면 내 장배 형성을 그린 그림. 이 과정은 왼쪽에서 오른쪽으로 그림과 같이 단계적으로 진행된다. "Studien zur Gastraeatheorie 1877," 1879.

헤켈은 관찰 결과를 바탕으로 모든 동물의 발달 초기에 장배 형성이 이루어진다고 주장했다. 맞기는 했지만, 해면은 대부분 동물의 장배 형성을 표현하기에는 적합하지 않다. 해면의 경우 장배 형성 발생에서 세포가 두 집단이나 두 층으로만 분열한다. 한편 다른 대부분 동물은 이때 세포가 세 개로 나뉜다. 이 세포들은 앞으로 발생할 일들의 씨앗이 되는 '배엽germ layer'이다. 각 배엽에서 궁극적으로 형성될 구조는 세포의 모양, 움직임, 서로에 대한 춤이 끝날 때 개별적으로 취하는 위치를 통해 구분된다. 간, 췌장, 폐를 포함한 내장 기관은 가장 안쪽인 '내배엽endoderm'에서 장배 형성 과정의 마지막에 생겨난다. 피부와 뇌는 가장 바깥층에 위치하는 '외배엽ectoderm'에서 발생한다. 내배엽과 외배엽 사이에는 심장, 혈액, 신장, 생식기를 포함한 근육조직을 생성하는 '중배엽mesoderm'이 있다.

실시간으로 보면 장배 형성 과정의 춤은 아주 미묘한 변화와 움직임처럼 보인다. 볼프와 다른 연구자들에게 닭 배아가 마치 아무것도 없는 공간과 형태 없는 물질에서 생겨난 것처럼 보였던 이유이기도 하다. 하지만 오늘날 우리는 세포의 활동을 촬영한 후 빠른 속도로 재생하여 세포 집단이 함께 모양을 바꾸며 '혹스 스텝'을 밟는 장면을 확인해 유기체 출현에 관한 마법을 풀 수 있게 되었다. 세포는 단독으로 움직일 때도 있지만, 집단으로 움직이며 그 목적과 정밀성을 보여줄 때가 많다. 닭 배아에서 초기에 발생하는 춤은 무도회장 위아래로 한 쌍의 무용수들이 거울을 보듯 원을 그리며 무도회장을 누비는 폴로네즈(4분의 3 박자의 느린 폴란드식 춤곡에 맞추어 추는 춤—옮긴이)와 비슷하다. 양쪽 무용수 사이의 중심선은 머리와 꼬리, 등과 배에서 볼 수 있는 좌우대칭 구조를 반영한다.

곤충의 경우, 그 춤의 규칙이 수정 전에 이미 난자에 새겨져 있다. 첫 번째 세포가 생길 때부터 이미 몸체의 구조를 형성하는 방법들이 전부 제시되어 있는 것이다. 예를 들어 초파리 알의 세포 공간 내에는 특정 단백질 형태의 표식이 있어 정확하게 분포되어 있다. 그래서 배아의 앞면과 뒷면, 위쪽과 아래쪽을 구분한다. 수

당신의 지문은 DNA를 말하지 않는다

정 후 세포가 생겨나 알을 가로질러 자리를 잡을 때, 이런 표식의 지시가 세포의 차후 운명을 결정한다. 24시간 후 특정 유전자 프로그램이 실행되면서 세포는 구더기가 되고 알에서 기어 나온다. 반면 척추동물에는 이러한 이정표가 없다. 그래서 세포가 춤의 규칙을 만들어내는 것이 무에서 유를 창조하는 마술처럼 보인다. 그런데 사실 이것은 창발 현상이다. 세포는 신호를 주고받으며 신체의 축을 만들어 세포 조직을 구성하고, 음악의 박자를 정하며, 보이지 않는 나침반을 따라 상대적 위치에 기반해 서로에게 역할을 부여하며 이리저리 이동한다. 장배 형성의 춤이 멈추고 나면 개구리, 토끼, 돼지, 사람의 윤곽이 드러난다. 전반적으로 장배 형성은 세포가 서로에 대한 목적과 방향을 가지고 움직이며 세포의 수와 구성 공간의 기하학적 구조를 감지하는 과정이다. 세포는 세포 골격을 사용하여 동력을 생성하고, 움직이며, 화학적 신호를 통해 서로에게 자신의 현재 역할, 임무, 차후 운명을 알려준다. 고체에서 액체로, 액체에서 다시 고체로 변하면서 놀라운 예술적 감각을 선보이며 춤과 조각의 경이로운 조합으로만 표현할 수 있는 집단을 형성해간다. 유전자 발현 과정인 전사가 이 과정에서 어느 정도 역할을 하는데, 이때 항상 세포 집단의 요청에 따른다. 세포의 건설 능력을 가장 잘 보여주는 단계가 바로 이 장배 형성 과정이다.

　세포는 장배 형성을 통해 유기체의 윤곽을 그린다. 지금은 고인이지만 카리스마 넘치고 통찰력 있던 내 동료이자 엔지니어 출신

생물학자였던 남아프리카공화국 출신 루이스 월퍼트Lewis Wolpert가 "인생에서 가장 중요한 시기는 출생, 결혼, 죽음이 아니라 장배 형성 시기"라고 말했던 이유이기도 하다.

개별 종에 따라 이런 안무에는 고유한 물리적 기준점, 즉 춤이 시작되는 세포 덩어리 내 한 지점이 있다. 그 지점이 어디든 결국 유기체의 등쪽 끝이다. 개구리의 경우 '원구배순부dorsal lip'라는 틈새로 나타나며, 이후 세포 덩어리 내 구멍이 된다. 내배엽 세포와 중배엽 세포는 이 구멍을 기준점으로 삼아 머리부터 꼬리까지 자신의 위치로 서서히 파고든다. 물고기의 장배 형성도 비슷한 방식으로 진행되는데, 육지 동물로 진화하면서 변화가 생겼다. 구멍이 골로 바뀌고 세포의 활동이 바뀌었다. 조류의 경우 초기 세포 덩어리가 공이 아닌 원반을 형성하며, 원반의 한쪽 가장자리에 얕은 골이 생겨나고, 여기에서 세포가 원반의 반대쪽 극을 향해 고랑을 파기 시작한다. 이런 특징을 '원시선primitive streak'이라고 하며, 개구리의 원구배순부처럼 내배엽과 중배엽 세포가 장기 및 조직이 될 세포층과 집단으로 신생 배아를 채우는 데 사용된다. 포유류에게도 원시선의 특징이 보인다. 앞으로 살펴보겠지만 이는 인간이라는 존재를 정의하는 고유의 표식이 되기도 했다. 모든 세포가 최종 위치에 자리 잡고 나면 춤이 시작된 지점은 내장의 가장 뒤쪽 끝인 항문이 된다. 따라서 항문은 인간 탄생의 가장 중요한 순간을 기념하는 특별한 구멍이라 할 수 있다.

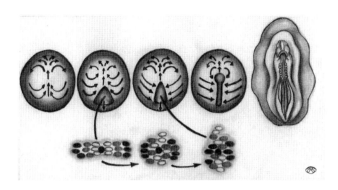

그림 20. 닭 배아의 장배 형성 과정. 초기에는 배아가 커다란 원반 형태의 세포 집합으로서 폴로네즈 춤(화살표)과 비슷한 조직된 움직임을 보이며 원시선(하단의 삼각형)의 발생을 유도한다. 정형화된 움직임으로 재배치가 된 후에는 머리가 위쪽에 있고 꼬리가 아래쪽에 있는 배아의 본체 축이 형성된다(오른쪽 끝).

　　장배 형성의 춤이 시작되기 전에는 세포들이 서로 구분되지 않는다고 앞서 언급했다. 그러나 춤이 시작되자마자 각 배엽 내 세포들은 서로 다른 방식으로 움직이며 앞으로 어떤 세포가 될지 구분되기도 전에 자신들의 운명대로 간다. 내배엽이 될 세포는 느슨해져서 새로 생겨나는 배아 깊숙이 파고들어 빽빽한 판 형태를 형성한 다음 관 모양으로 말려서 내장 안에 자리 잡는다. 외배엽이 될 세포는 원반이나 덩어리 형태의 세포 집단에 남아 신경계가 형성되기를 기다린다.

　　가장 놀라운 점은 중배엽 세포가 벽 같은 형태에서 벗어나 서로 분리되고 명백히 개별적인 방향 감각을 가지고 내배엽과 외배엽 사이로 퍼져나간다는 사실이다. 중배엽 세포는 몸의 어느 부위가 될 것인지에 따라 뛰어난 탐색 능력을 발휘하거나 군집 행동을 보이기도 한다. 포유류의 경우, 심장이 될 중배엽 세포는 배아의 가장 앞쪽으로 이동하고, 가슴 주변 구조를 형성할 세포가 그 뒤로 퍼져나가서 배아의 앞뒤축을 따라 '체절somite'이라는 단단한 공 형태를 만든다. 체절은 근육과 갈비뼈의 기초가 된다.

장배 형성의 흥미로운 특징은 두불의 모래시계에서 특히 목 부분의 구조 수렴에서 잘 드러난다. 각 배아는 기하학적 구조와 물리적 제약이 다른 난자에서 시작하여 다양한 방식으로 장배 형성을 수행하지만, 그 과정의 결과는 아주 유사해서 서로 다른 유기체의 배아끼리도 그 모습이 아주 비슷하다. 폰 베어가 처음 발견한 이 단계에는 우리가 이해해야 할 몇 가지 형태의 유인 요소가 포함되어 있다.

이 복잡한 안무의 박자와 타이밍은 동물 종별로 다르지만, 종이 같은 배아끼리는 완전히 동일하다. 개구리나 닭 배아 100개를 늘어놓고 그 발달 과정을 관찰하면, 특정 유기체의 발달에 문제가 생기지 않는 한 모든 배아에서 동시적 움직임을 관찰할 수 있다. 정말 놀라운 광경이다. 심지어 초기 세포 덩어리의 다양한 부분에서 세포 집단을 염색하여 장배 형성 과정을 처음부터 끝까지 추적할 수도 있다. 개구리 배아를 대상으로 처음 수행된 이 실험을 통해 배아 분열 전 세포의 위치에 따라 배아에서 세포가 정착하는 위치가 결정된다는 것이 밝혀졌고, 처음부터 같은 위치에 있는 세포들이 마지막에도 같은 위치에 있게 된다는 사실이 드러났다. 세포의 운명이 세포가 처음 형성된 지점에 따라 결정될 수 있는 것이다.

모든 동물에는 장배 형성의 음악에 귀를 기울이지 않는 특별한 세포 집단이 하나 있다. 차후 정자나 난자를 생성하는 종자 세포다. 세포가 와딩턴 풍경의 지형을 따라 굴러가기 전인 이 순간에 진핵세포와 유전체 사이에서 파우스트 방식의 합의가 공식화된다. 장배 형성 과정에서 종자 세포는 미사용된 세포 도구 상자의 복제본을 보호하여 다음 세대가 사용할 수 있도록 따로 보관한다. 모든 동물의 종자 세포는 생식선이 만들어질 때 그쪽을 찾아갈 수 있는 능력이 있다. 그때까지 종자 세포는 주변에서 발생하는 세포의 춤에 영향 받지 않고 옆으로 밀려나 있다. 그리고 때가 되면 배아를 통해 생식선에 도달할 때까지 기적적인 여정을 거쳐 다음 세대로 나아갈 생식세포가 된다.

세포의 언어

왈츠, 폭스트롯, 룸바를 추는 댄서는 일정한 규칙에 따라 움직이지만, 세부적인 각 스텝에는 댄서의 재량권이 크다. 발레에서는 무용수의 안무가 대본으로 정확히 명시되어 있으며, 모든 무용수가 공연 내내 조화를 이루도록 동작의 방향과 속도가 미리 정해져 있다. 장배 형성 과정의 움직임은 〈아름답고 푸른 다뉴브강〉에 맞추어 무도회장을 빙빙 도는 움직임이라기보다는 러시아 황실 발레단의 〈백조의 호수〉 공연에 더 가까운 방식으로 배아에서 배아로 한 스텝도 놓치지 않고 반복된다. 이를 위해서는 악보대로 움직이는 명확한 동작과 마디로 구분된 구성이 존재해야 한다. 여기에는 신은 아닐지라도 안무가는 있을 수 있다.

장배 형성의 정확한 타이밍과 움직임은 독일 베를린의 한스 슈페만Hans Spemann 연구실에서 도롱뇽을 대상으로 처음 확인되었다. 20세기 초 두 세계대전 사이 기간이었던 당시, 배아의 가장 깊은 본질에 관한 답을 찾을 곳으로 슈페만의 연구실보다 좋은 곳은 없었다. 슈페만이 실험에 도롱뇽을 사용한 이유는 구하기 쉬운 데다 알이 크고 난황이 풍부해서 세포 덩어리로 빠르게 발달하는 덕분에 저배율로 관찰할 수 있고, 조작이 수월했기 때문이다. 슈페만은 배아를 아주 난처한 위치에 배치하고, 세포를 제거하거나 혼합하며 세포가 이런 조작된 설정을 어떻게 해결하는지를 관찰하는 데 대부분의 시간을 보냈다고 한다. 그러자 세포들은 평소처럼 안무를 따르지 않고 슈페만이 조작한 설정에 따라 자신들의 운명을 새롭게 만들어나갔다. 이 실험을 통해 세포의 움직임에 따른 양상과 그것이 세포의 운명에 미치는 영향을 관찰할 수 있었다.

이런 방식으로 수년간 연구한 슈페만은 장배 형성 과정 중 세포 움직임의 기준점 역할을 하는 원구배순부로 관심을 돌렸다. 1921년 슈페만은 같은 연구실 소속의 뛰어난 제자였던 힐데 만골트Hilde

Mangold에게 이미 몇 차례 수행했던 실험을 반복해달라고 부탁했는데 흥미로운 결과가 나왔다. 장배 형성이 시작되기 직전에 한 배아의 원구배순부 주변에서 조직을 떼어내어 다른 배아의 원구배순부 반대편에 이식하자 완전히 조직화된 두 번째 배아가 나타났다(결합 쌍둥이의 형태인 경우가 많았다). 만골트가 실험한 세포 집단 중 이런 결과로 이어진 경우로는 처음이자 유일했다. 이식된 세포가 다른 배아의 다른 위치로 옮겨진 상황에서도 자신의 역할을 '기억'하고 다음 단계가 진행되었던 것이다. 이는 새로운 배아가 생성된 것일 수도 있지만, 다른 가능성도 있었다.

이 가설을 시험하기 위해 만골트는 색상이 다른 도롱뇽 세포 두 종을 대상으로 실험을 반복하기로 했다. 세포의 색을 통해 쌍둥이가 생성될 때 공여 세포와 수혜 세포를 쉽게 구별할 수 있게 한 것이다. 그런데 놀랍게도 쌍둥이 배아는 수혜 세포에서 성장하고 있었다. 이식된 원구배순부 세포가 수혜 배아 세포의 정체성을 바꾼 것이다. 원래 없던 부위를 생성하도록 세포가 움직이고 변화하도록 '지시'한 것이다. 원구배순부 주변 조직이 주변 세포의 자체 조직 방식에 관한 지침을 제공하기 때문이다. 이는 현재 '슈페만-만골트 조직Spemann-Mangold organizer'으로 알려져 있다. 안타깝게도 힐데 만골트는 사고로 사망하여 수상에 참여하지 못했지만, 슈페만은 이 발견의 공로로 1935년 노벨 생리의학상을 수상했다.

이후 이처럼 장배 형성 과정에서 다른 세포들의 움직임, 즉 안무를 결정하는 비슷한 능력이 있는 세포가 새, 토끼, 쥐의 배아에서 발견되었지만, 인간 배아 실험을 제한하는 법률로 인해 인체 내 해당 과정은 대부분 수수께끼로 남아 있었다. 결합 쌍둥이는 조직의 오작동이나 분열로 발생할 수도 있다. 그러나 인간 장배 형성에 관한 정확한 정보가 부족했음에도 연구자들은 유기체의 설계도 구축에 사용되는 언어가 보편적이며 배아가 종을 넘어 신호를 번역할 수 있다는 사실을 알아냈다. 개구리 배아에서 슈페만-만골트 조직을 가져와 발달 초기 단계인 닭 배아에 넣더라도 이 조직이 주변 세포에 두 번째 배아를 만들도록 지시하여 개구리가 아닌 닭의 배아가 생겨날 것이다. 토끼와 닭의 공여 세포를 뒤바꾸어도 마찬가지다. 공여 세포는 수혜 세포가 자체 언어로 읽고

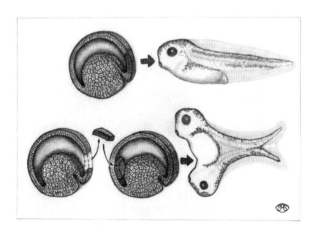

그림 21. 힐데 만골트가 수행한 슈페만-만골트 실험은 공여 세포를 이식하면 수혜 세포가 2차 배아를 생성하도록 유도하는 실험이다.

당신의 지문은 DNA를 말하지 않는다

해석할 수 있는 지시 사항을 보낸다. 마치 앞서 살펴본 *PAX6* 유전자가 원래 속한 유기체와 별개로 발현되는 유기체에서 눈을 형성하는 것과 같은 맥락이다. 결국 주어진 도구나 신호를 읽고 해석하고 번역하는 것은 세포다.

장기가 생겨나는 동안 세포 간에도 비슷한 방식으로 대화가 이루어진다. 일부 세포 그룹은 지시하고 이끄는 역할을 하며, 다른 세포 그룹은 이를 듣고 실행한다. 암탉에게 이빨이 생기는 과정을 예로 들어보겠다. 다른 장기와 마찬가지로 동물의 이빨도 두 가지 유형의 조직이 주고받는 대화를 통해 발달하기 시작한다(생물학자들은 이를 '상호작용'이라고 부른다).

닭의 턱이 발달할 때는 뼈, 근육, 혈액의 세포를 생성하는 느슨한 세포 집합인 '간엽mesenchyme'과 외배엽에서 발달한 인접 상피세포 집단 사이에서 상호작용이 발생한다. 발달 중인 닭 배아의 턱에 있는 간엽세포를 쥐의 간엽세포로 대체하면 이빨이 생겨난다.[1] 무엇보다 놀라운 것은 이때 형성되는 이빨이 악어의 이빨과 비슷한 파충류의 치아라는 점이다. 마치 《쥬라기 공원》의 이야기 같다.

한편 유전체를 세포가 유기체를 구축하고 유지하는 데 사용하는 도구 목록으로 보는 세포 중심 관점으로 보면 암탉에게서 파충류 이빨이 생기는 것이 그리 이상한 일은 아니다. 화석 기록과 유전자 연구에 따르면 새는 8000만 년 전에 이빨을 잃은 살아 있는 공룡이다. 새의 화석화된 조상 중에는 아르카이옵테릭스*Archeopterix*처럼 턱에 날카로운 이빨이 있던 새들도 있다. 이기적 유전자로 대표되는 리처드 도킨스의 이론에 따르면 이빨을 만드는 유전자가 닭의 유전체에서는 이미 오래전에 도태되었을 것이다. 사용되지 않는 요소는 없어지는 것이 진화의 원리다. 그러나 이빨을 만드는 유전자는 미사용 상태로 저장되어 있을 뿐, 다양한 용도로 활용될 수 있는 도구로 남아 있다. 새에게서는 이 도구를 실제로 사용해 이빨을 다시 자라게 하는 생화학적 주문이 빠져 있을 뿐이다.

사실 선천적으로 이빨을 가지고 태어나는 새들의 사례를 자세히 살펴보면 그 원리에 관한 단서를 얻을 수 있다. '탈피드*Talpid*'라는 돌연변이를 지닌 닭에는 기형적으로 생긴 머리와 투명한 파충류 이빨 등 여러 가지 특이한 요소가 있다. 유전학자들은 탈피드 돌연변이 닭에서 '소닉 헤지호그 Sonic Hedgehog(이하 소닉)'라는 신호 단백질 signaling protein의 수치가 높다는 사실을 발견했다. 실험에 따르면 소닉 신호는 턱 부위의 상피세포와 간엽세포가 이빨을 만들기 위해 소통하는 주요 경로다. 조류의 경우 대부분 이 세포들 사이에 소닉 신호가 작용하지 않지만, 탈피드 돌연변이체에서는 소닉이 아주 뚜렷하게 작용한다.[2] 턱이 형성되는 동안 상피세포에 이 신호 단백질을 공급하면 수백만 년 전 활성화되어 있다가 중단된 세포 간 대화가 다시 시작된다. 이것이 바로 쥐의 간엽세포가 닭에게 미친 영향이다.

장배 형성의 마법에는 세포 사이의 집단적인 대화도 포함된다. 세포는 방대한 양의 정보를 교환하고 이에 대응하여 자체의 움직임과 춤을 추는 상대를 계속 바꾼다. 이런 교류가 아주 빠르게 방대한 규모로 발생하기에 자칫 불협화음으로 이어질 것 같지만 그렇지 않다. 모든 척추동물에서 동일하게 나타나는 몸체 구성 과정에서 세포들이 정렬할 때 세 가지 신호 단백질인 BMP, Nodal, Wnt가 춤의 마지막 단계까지 세포 간 교류를 지휘하기 때문이다. 이 세 가지 단백질은 유기체의 머리와 꼬리, 앞쪽과 뒤쪽의 위치를 결정하는 데 관여한다. 세포의 도구 및 재료 목록에 있는 유전자 수천 개의 제한을 푸는 전사 인자 암호가 담긴 단미증 유전자를 활성화하는 것이 이 세 단백질의 초기 역할이다. 단미증 유전자가 활성화되면 세포는 움직임과 방향 그리고 세포 활동을 촉진하는 신호인 Nodal과 Wnt의 유지에 관여하는 다양한 도구에 접근할 수 있게 된다. Nodal과 Wnt는 개구리의 원구배순부 구조와 활동의 핵심이 되는 단백질로, 닭과 쥐에서 원시선을 만들고 배아의 앞뒤축을 생성하며, 춤 상대를 움직이고 바꾸면서 앞으로의 운명을 탐구하고, 새로운 세포 조합과 더불어 새로운 수준의 신호, 감각, 반응을 시도한다. 장배 형성을 통해 세포는 질서정연하게 유전체에 도달하여 단백질로 변했을 때 세포에 특정 지점에서 맡을 역할을 할당하며 유기체의 윤곽을 형성하는 유전자를 탐색한다.

세포가 신체를 만드는 데 사용하는 유전자와 단백질의 약어와 수수께끼 같은 이름에는 세포의 신호 전달 언어의 역할과 그것이 발견된 과정이 내포되어 있다. '*Shh*'라고도 하는 소닉 헤지호그(고슴도치) 유전자는 돌연변이 파리 구더기 몸체의 모양이 고슴도치 같이 생긴 데서 유래한다. 이는 척추동물과 유사체(유전학자들은 '상동체 homologue'라고 부른다)의 관계다. BMP는 처음 발견되었을 때 뼈의 성장과 관련된 역할 때문에 '뼈 형성 단백질Bone Morphogenetic Protein'로 불렸고 그 약자다. Nodal은 조류와 포유류 생체의 초기 배아의 절node에서 파생된 이름으로, 왼쪽과 오른쪽을 구분하는 역할을 한다. 두문자어인 Wnt는 이전에 각기 발견된 초파리의 '날개 결손wingless' 돌연변이 유전자와 암을 유발하는 '*Int1*' 유전자가 사실은 같은 유전자였다는 사실을 연구자들이 발견하고 생긴 이름이다.

이러한 패턴들이 구체화되도록 유도하는 기제는 이제 막 밝혀지기 시작했다. 세포는 이러한 신호와 함께 숫자와 기하학을 응용하는 능력을 통해 배아 생성에 필요한 유전체에 접근하는 것으로 보인다. 이 과정을 지켜보면 세포가 무엇을 해야 하는지, 서로를 기준으로 어디로 이동해야 하는지 언제나 잘 아는 상태로 공간에서 자기 위치를 찾는 것 같다. 그래서 심장과 폐 같은 장기의 세포들이 잘 조합되어 제대로 작동하는 것으로 보인다.

다른 세포를 기준으로 상대적 위치를 파악하는 능력은 세포의 가장 귀중한 자산 중 하나이다. 이는 장배 형성 직후 생겨나는 경이로운 집단인 '신경능선neural crest'을 통해 알 수 있다. 신경능선세포는 머리의 뼈와 연골을 구성하고 심장, 치아, 장의 일부, 눈, 근육 등 인체의 많은 부분을 구성한다. 또한 우리의 피부색을 만드는 색소세포의 원천이며, 다른 동물에서는 줄무늬와 반점으로 구성된 매혹적이고 정교한 패턴을 만들기도 한다. 신경능선세포는 발달 중인 신경계의 가장 등쪽 부분에서 Wnt 신호의 영향을 받아 몸 전체에 걸쳐 생성된다. 그런 다음 몸 전체로 퍼져나가며 정착하는 위치에 따라 다양한 종류의 세포가 된다. 예를 들어, 얼룩말이나 호랑이의 털에 나타나는 눈에 띄는 패턴은 색소세포를 생성하는 신경능선세포가 이동한 경로를 반영한다.

신경능선세포의 이동은 세포가 통과하는 세포 영역에 숨은 단서를 따라 정확하면서도 신비로운 방식으로 이루어진다. 최근 연구에 따르면 이런 단서에는 단순히 화학적인 것뿐 아니라 해당 영역의 강도와 침입하는 세포 집단의 밀도도 포함된다. 이 경우 주변 요소가 아주 중요한데, 그에 따라 세포의 이런 기능적 특성이 유전자 활성으로 변환되어 세포의 언어를 확장하면서, 궁극적으로 세포가 무엇이 될지에 영향을 미친다.

손과 발가락 숫자 세기
대부분 사람은 엄지, 검지, 중지, 약지, 소지로 구성된 다섯 손가락과 함께 동일한 구성의 발가락을 가지고 있다. 손가락이 여섯 개인 경우는 '다지증polydactyly'으로 그리 드물지 않게 발생한다. 이는 유전성이 있다고 밝혀진 최초의 인간 형질이다. 손과 발가락의 이러한 패턴과 순서는 발달 초기에 결정되는데, 그 시기는 다른 척추동물과 마찬가지로 몸통 양쪽 중 한쪽에 사지가 될 싹이 형성되는 직후로 손가락이나 발가락이 생기기 한참 전이다. 또한 사람마다 손의 크기는 다르지만 손가락은 손의 크기에 비례하며, 이는 팔다리의 크기에도 맞추어진다. 이런 단순한 사실은 루이스 월퍼트가 장배 형성에 관한 유명한 농담을 할 때 그의 머릿속에 떠올리고 있던 것이다. 이런 패턴이 어떻게 생겨나는지 고민하던 월퍼트는 1969년, 세포 집단 내에서 세포가 자체 위치에 따른 역할에 관한 지시를 받거나 만든다고 생각했고, 이를 '위치 정보positional information'라고 칭했다.[3]

위치 및 크기 조정이 미치는 영향력을 알고자 월퍼트는 사고실험을 했다. 익숙하게 느껴지는 다른 물체 역시 전체 크기와 관계없이 그 패턴에서 항상 일정한 비율을 유지하는 특성이 있는지 생각해본 것이다. 그 결과 월퍼트는 국기를 떠올리며 프랑스 삼색기에 주목했다. 사실 모든 삼색 깃발에 적용할 수 있었지만, 월퍼트는 프랑스 국기를 선택했다. 국기의 크기에 상관없이 파란색, 흰색, 빨간색 직사각형은 항상 동일한 상대적 위치에 있으며, 파란색 직사각형이 깃대에 가장 가깝고 빨간색 직사각형은 가장 멀리

당신의 지문은 DNA를 말하지 않는다

떨어져 있다. 각 직사각형의 면적은 언제나 전체의 3분의 1이다.

그다음 월퍼트는 공간에 세 가지 원소가 정렬된 패턴이 있는 실제 상황으로 관심을 돌렸다. 우리의 손과 발은 각각 세 요소가 아닌 다섯 요소임에도 괜찮은 후보이긴 했지만, 새의 날개와 발이 국기의 비유에 더 적합했고, 월퍼트가 생각해보기에도 더 적절한 선택이었다. 예를 들어, 닭에는 검지(2번), 중지(3번), 약지(4번)에 해당하는 손가락뼈 세 개가 있다. 발달 중인 닭 배아의 손가락뼈는 월퍼트의 프랑스 국기 비유와 맞아떨어졌다. 2번이 파란색 영역, 3번이 흰색 영역, 4번이 빨간색 영역인 셈이었다. 세포로 구성된 이 삼색 '깃발'에 있는 무언가가 세포 그룹이 파란색, 흰색, 빨간색(2번, 3번, 4번 손가락뼈) 중 무엇이 될지, 그리고 유기체 전체의 다른 세포 그룹과의 상대적 크기는 어느 정도여야 하는지에 관한 의미를 알려주고 있었다.

이 사고실험을 이어나가던 월퍼트는 세포로 구성된 백지를 상상하고 패턴을 만드는 지시 사항이 미지의 화학적 지침에서 온다고 말했다. 그리고 이 미지의 물질을 '모르포겐morphogen', 즉 형태 형성 물질로 칭했다. 모르포겐이 백지의 한쪽에서 새어 나와 백지 전체로 확산되면서 그러데이션을 형성한다는 것이다. 월퍼트는 모르포겐의 농도가 세포에 따라 다르며, 높은 농도는 파란색(2번), 중간 농도는 흰색(3번), 낮은 농도는 빨간색(4번)의 신호로 세포가 해석한다고 가정했다. 이는 또 다른 유형의 세포 간 대화로,

세포가 발신지로부터 얼마나 멀리 떨어져 있는지에 따라 세포에 전달되는 메시지의 의미가 달라진다. 마치 멀리에서 작게 피어오르는 연기 신호보다 바로 옆 언덕 너머에서 뿜어져 나오는 연기 기둥이 더 즉각적인 위협으로 해석되는 것과 비슷하다. 월퍼트는 모르포겐의 메시지가 '깃발'의 크기와 무관하다고 가정했는데, 이는 사람들의 손이 작든 크든 일반적으로 새끼손가락과 검지의 상대적 비율이 같다는 의미다.

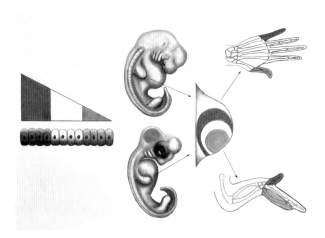

그림 22. 위치 정보의 프랑스 국기 모델에 따르면, 모르포겐이라는 물질의 농도에 따라 세포가 다른 역할을 맡게 된다. 배아 단계인 척추동물의 사지 싹은 이러한 원리를 잘 보여주는 사례다. 특정 물질이 싹의 후면에서 확산하면서 세포가 그 농도를 해석하여 서로 다른 손가락뼈가 된다. 모르포겐이 같더라도 사람과 새에서 그 해석 결과는 다르다.

월퍼트의 프랑스 국기 세포 신호 모델을 시험하기 위해 여러 실험이 수행되었다. 원구배순부가 조직을 구성하는 역할을 확인하기 위한 슈페만-만골트 실험에서처럼 배아에서 세포를 떼어내 수혜 조직에 이식하여 세포의 역할을 확인했는데, 이번에는 손가락뼈 싹에서 세포 집단을 추출했다. 개별 사지 후면에는 놀라운 특성을 가진 세포가 숨어 있다. 닭 배아에서 이 세포를 가져와 다른 닭 배아의 정상적인 손가락뼈 싹 전면에 배치한 결과, 손가락뼈가 3개가 아니라 6개인 병아리가 태어났다. 게다가 여분 손가락뼈 3개가 원래 손가락뼈 3개와 대칭을 이루면서 정상적인 2, 3, 4 패턴이 아닌 4, 3, 2, 2, 3, 4의 패턴이 됐다. 이런 특별한 능력이 있는 세포 집단은 '극성활성부zone of polarizing activity'로 명명되었고, 손가락뼈에 대한 일종의 슈페만-만골트 조직자를 나타낸다. 이 세포 집단에 퍼져 있는 분자를 찾는 과정에서 소닉 헤지호그라는 단백질 세포 집단이 나타났다.

앞서 언급했듯이 탈피드 돌연변이체에 이빨이 있는 이유는 시끄럽고 무질서한 불협화음인 소닉 신호가 너무 많아 턱의 상피세포에 영향을 미치기 때문이다. 탈피드 돌연변이체에서는 사지 싹을 포함한 다른 조직 다수에서도 소닉 신호가 지나치게 많이 발생한다. '탈피드'라는 이름은 두더지를 포함하여 정상적인 손발가락 외에 '가골falciforme', 즉 가짜 뼈가 추가로 하나 있는 두더지과Talpidae에서 유래했다. 추가로 진행된 연구에서는 소닉 신호가 가득한 구슬을 닭 배아 날개 싹 전면 끝에 놓으면 4, 3, 2, 2, 3, 4번 손가락뼈가 있는 병아리가 태어난다는 사실이 밝혀졌다. 인간의 다지증 사례 중 다수는 소닉 신호의 위치 오류와 관련 있다. 전화 통화를 할 때처럼 대화가 서로 뒤섞이거나 '양치기 소년'의 거짓말처럼 신호가 잘못 배치되기도 한다.

소닉 신호의 과잉 존재와 관련된 증후군에 걸리면 서로 다른 조직이 같은 신호를 다르게 해석하며, 신호의 기능이 지시가 아닌 세포의 선택권 행사 영역을 '조직'하고 정의하는 것이 된다. 소닉 신호는 그 원천이 쥐, 물고기, 구슬이든 관계없이 닭의 손가락뼈 싹에 위치하면 세포가 추가 손가락뼈를 만들게 하고, 입에 위치하면 수백만 년 동안 조상 유기체에 나타나지 않던 이빨이 나게 한다.

세포가 이러한 신호를 해독하고 번역하는 방식 자체도 꽤 복잡하다. 월퍼트가 처음 생각한 것처럼 단순히 가스나 수도 계량기를 읽듯이 국소 농도를 해석하는 것이 아니다. 세포 내부에서 발생 중인 일과 더불어 단백질이 여기에 어떻게 관련되고 연동하는지에 따라 달라지는 복잡한 작업이다. 다양한 위치에 있는 세포들은 장배 형성 과정에서부터 주변 요소와 교류 상대에 따라 이미 서로 다른 상태이며, 개별적 경험을 거쳐 특정 유전자를 발현하면서 모습이 달라진다.

이런 차이는 세포의 분자 구성에서 발견할 수 있다. 개별 세포와 세포 유형 내에서는 다양한 분자 기제, 단백질, 지질이 자체적으로 도구와 고정 장치를 찾으려고 한다. 이때 다양한 단계에서 대화가 이루어지며, 같은 신호라도 수신자에 따라 다른 효과로 이어질 수 있다. 고개를 좌우로 흔드는 것이 인도에서는 '예', 유럽에서는 '아니요'를 의미하며, 엄지손가락을 치켜세우는 행동이 미국에서는 격려와 응원의 의미이지만 중동의 많은 지역에서는 심한 불쾌감을 주는 행위인 것에 비유할 수 있다. 이와 마찬가지로 소닉 신호는 입의 세포에서는 치아를, 사지 싹의 말단 세포에서는 손가락뼈를 의미한다.

한편 월퍼트의 위치 정보 개념을 통해 세포 집단이 몸 전체에 걸쳐 일관되고 일치하는 패턴을 만드는 방법을 추측해볼 수 있다. 우리의 몸을 살펴보면 신체 내 특정 위치에 따른 장기 및 조직의 패턴과 내부적인 패턴을 관찰할 수 있다. 눈, 코, 입, 귀는 서로 몸의 반대편에 위치하지만 그 상대적 위치는 명확하다. 세포의 씨앗들이 위치 정보의 규칙에 따라 배치되었기 때문이다. 소닉 신호 외에도 BMP, Nodal, FGF, Wnt 요소들이 모두 DNA 내 도구 상자에 접근하여 다른 세포를 만드는 데 사용된다. 이렇게 만들어진 세포가 장기와 조직을 형성한다. 사실 여러 과정에서 반복적으로 사용된다는 점에서 이 신호들의 역할은 세포에 지시를 내리는 것이 아니라 유전자 발현을 조정하는 것임을 알 수 있다. 이 신호들은 기하학 및 역학과 함께 작용해 특정 세포 집단의 위치, 장기의 형태, 장기를 만드는 세포의 수와 비율을 결정한다. 실험을 통해 이러한 사실을 알 수 있지만, 그러한 세포의 작동 방식에 관해서는 아직 밝혀진 바가 많지 않다.

소닉, BMP, Nodal, Wnt, FGF, TGF의 신호는 유전자 암호를 가진 단백질의 형태로 전달되지만, 이 유전자들은 특정 장소로의 세포 이동이나 특정 크기 및 형태로 조직이 형성되는 이유를 세포에 알려주지 않는다. 유전자는 RNA로 복제된 후 만들어질 단백질을 제외하고는 아무 정보도 알려주지 않는다. 유전자의 복제 이유는 환경에 따라 세포 간에 전달되는 신호와 상호 교류 때문이다. 유전자는 세포의 도구이자 화학적 언어를 구성하는 알파벳으로, 화학 신호의 강도를 측정하여 '계산'하는 방법을 배웠을 뿐이다.

시간, 공간 그리고 배관

위치 정보에 관해 다룬 내용에서 알 수 있듯이 세포의 세계에서는 모든 것이 상대적이다. 시간과 공간의 분할과 제어는 유기체의 발달에 중요한 역할을 한다.

동물 중에서도 특히 척추동물의 경우, 주요 장기와 조직의 기초가 모두 갖추어지고 최종 형태로 발달할 준비가 되고 유기체의 기본 몸체 구성이 완료되고 나면 장배 형성의 춤이 끝난다. 이 단계에서 내배엽이 배아의 앞면을 길이 방향으로 덮고 있으며, 세포는 이후 식도, 폐, 췌장, 간, 위, 장으로 세분화되기 위해 관 형태로 접힐 준비를 하고 있다. 이런 각 영역에서 세포는 위치 정보와 신호를 통해 개별 구조 유형과 연결을 위한 패턴을 구축하면서 기능을 갖춘 개체들을 만들어간다.

장배 형성이 끝나면 몸체 구성 요소의 씨앗이 자리를 잡은 상태지만, 쥐나 인간 같은 포유류와 조류는 앞다리나 날개의 어딘가에서 몸이 끝난다. 그 지점과 항문 사이에는 아직 아무것도 없다. 이런 공간이 생기는 이유는 뒤쪽 끝에 있는 세포 덩어리가 두툼한 소시지처럼 앞쪽에서 뒤쪽으로 길게 뻗은 구조로 포장되어 있기 때문이다. 이런 구조로부터 척수와 중배엽이 발생하면서 이후 앞뒤축의 다양한 위치에서 사지, 신장, 생식선이 생겨난다. 이 요소들의 위치를 결정하는 주체는 앞서 설명한 개념이자 신체가 성장함에 따라 발현이 진행되는 혹스 유전자다.

척수의 양쪽에서는 중배엽 세포의 낭포 쌍들이 점차 나타난다. '체절'이라고 부르는 이 낭포의 쌍들은 성장 중인 몸체에 관한 일종의 척도가 되며, 나중에 척추뿐 아니라 몸통의 근육과 갈비뼈를 생성한다. 이 단계에서 체절은 리드미컬하게 한 쌍씩 차례로 생겨나는데, 생성 간격이 제브라피시는 30분, 쥐는 3시간, 인간은 5시간으로 종에 따라 다르다. '체절 생성 somitogenesis'이라는 이 과정은 몸체의 확장과 성장을 반영한다. 이 과정이 끝나는 시점에 몸체 구성이 완성되고, 이때 체절의 수는 쥐는 60개, 인간은 42~44개, 뱀은 500개다. 하지만 배아들은 표면적으로 여전히 아주 비슷한 모습이다. 라벨을 붙이지 않은 표본의 배아를 구분하려 애쓰던 카를 에른스트 폰 베어에게 이처럼 서로 닮은 체절들이 보였던 것이다.

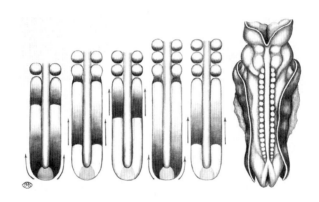

그림 23. 체절 생성 과정에서 유전자 발현의 파동은 후방에서 전방으로 진행하여(화살표 방향) 세포가 낭포인 체절을 형성하는 단계에서 끝난다. 체절은 발현이 이루어지는 리듬에 따라 순차적으로 생겨나며, 이어 분할 과정을 거치며 몸체 축의 갈비뼈와 근육으로 발달한다. 오른쪽: 체절이 생선된 5주차의 인간 배아.

체절의 리드미컬한 생성이 관찰되면서 체절이 성장 중인 중배엽을 가로질러 세포를 뒤쪽에서 앞쪽으로 통과하며 앞쪽부터 뒤쪽으로 성장하게 하는 주기적인 파동의 결과물일 수 있다는 가설이 생겨났다. 1997년 당시 프랑스 마르세유에서 연구를 진행하던 발달생물학자 올리비에 푸르퀴에Olivier Pourquié는 닭 배아 몸체의 길이 축에 걸친 소수 유전자의 주기적인 활동이 체절 생성 과정과 완벽하게 일치한다는 사실을 발표하며 이 가설이 사실임을 증

당신의 지문은 DNA를 말하지 않는다

명했다. Notch 신호와 관련된 유전자 발현을 통해 성장하는 중배엽 세포 덩어리 내 체절 생성 촉진 유전자 발현의 파동이 발생했던 것이다. 이 파동은 주기적으로 반복되다가 낭포가 형성된 곳에서 갑자기 멈췄다. 마치 파도가 해변에서 부서지다가 빠르게 후퇴하는 썰물처럼 모래에 흔적을 남기듯이, 체절의 생성에 맞추어 파동의 주기와 리듬이 변했다. 파도가 앞쪽에 부딪히면 멈추고 뒤쪽 끝에서는 이 과정이 다시 시작되며 시간이 공간으로 변환되었다. 이 과정이 진행되는 동안 배아 뒤쪽의 세포 수가 지속적으로 증가하면서 체절 생성 리듬에 맞추어 배아가 성장했다.

이러한 파동을 생성하는 단백질 간 일련의 상호작용은(다시 말하지만, 유전자는 단백질에 정보를 제공하는 역할만 한다) 반복적이고 정확한 타이밍의 활동 패턴으로 인해 '체절 생성 시계somitogenesis clock'라고 불리게 되었다. 개별 세포에서 이러한 유전자 활동 패턴을 자세히 살펴보면 진동이 발생하고 있으며, 공간 내 이런 진동들이 동기화되면서 파동이 생겨나는 것을 알 수 있다. 닭 배아에서 관찰되는 유전자 발현의 파동이 이후 다른 유기체에서도 관찰되었고 이에 관련된 유전자가 같다는 사실은 놀랍지도 않다. 차이점은 파동의 지속 시간, 즉 체절 생성 패턴을 따르는 진동의 타이밍이다. 이것은 유전체의 활동과 더불어 특정 과정과 관련된 도구에 관한 심오한 대화를 보여주는 또 다른 사례다.

이런 파동을 방해하면 체절의 모양과 갈비뼈 및 근육의 패턴 형성에 차질이 생긴다. 실제로 일부 척추측만증 사례를 포함하여 인간에게 발생하는 척수 관련 결함 중 다수가 체절 생성 시계와 관련된 유전자 돌연변이와 연관 있다고 밝혀졌다. 이처럼 체절 생성 파동은 몸체 생성의 기제에서 필수적인 부분이다.

유전자와 파동은 같은데, 그 파동의 주기와 종별 체절 수는 다를 수 있다. 왜 그럴까? 진동하는 중배엽에서 세포를 채취하여 분해한 다음 체절 생성 시계 유전자의 활동을 관찰하면 유전자 발현의 진동을 볼 수 있으며, 그 진동이 해당 종의 타이밍과 일치하는 것을 알 수 있다. 이런 진동은 세포에 내재되어 있다. 세포가 천천히 활동을 동기화하면서 잠시 후 배양 환경 내에 있는 세포 집단 전반에 걸쳐 지속적인 파동이 발생하는 것을 관찰할 수 있다. 진동은 유전자 조절망의 창발적 특성이지만, 파동은 조직 내 세포 간 상호작용에서 발생하는 창발적 특성이다.

파동이 끊어지는 몸체 축의 단계는 파동이 시작되는 고정 지점이며, 이 지점을 결정하는 것은 다른 신호 체제인 Wnt와 FGF인 것으로 보인다. 따라서 체절 생성 과정에서 유전자 활동의 세포 내재적 체제를 조정하는 것은 공간 형성 신호 체제를 통해 상위 단계에서 조정하는 단백질의 상호작용이다. 이런 핵심적인 과정에서 세포의 역할이 더욱 강조된다. 예를 들어 인간의 유전자와 단백질을 쥐의 세포에 넣어 체절 생성을 유도하면 해당 과정의 속도가 쥐 고유의 속도에 맞추어진다. 종속된 종에 활동을 맞추도록 세포가 유전자에 영향을 주기 때문이다. 이번에도 주도권은 세포에게 있다.

몸체가 늘어나는 동안 다른 종류의 중배엽들도 혹스 유전자 발현에 연관된다. 앞뒤축을 따라 규칙적인 패턴을 마련하여 앞뒤 사지, 신장, 생식선, 생식기의 싹을 만드는 중배엽들은 비슷하게 설정된 타이밍에 맞추어 작용하는 것으로 추정된다. 체절의 반복 구조는 단순하지만, 세포의 자가 조직화 과정이 모두 그렇게 간단하지는 않다. 이런 과정이 얼마나 복잡해질 수 있는지는 심장 형성 과정만 살펴봐도 알 수 있다.

심장은 공간이 나뉜 상자 같은 모습으로, 자체의 구멍을 드나드는 관을 통해 신체의 나머지 부분과 연결된다. 위쪽의 두 공간인 '심방atria'은 순환계나 폐에서 혈액을 받아들이고, 아래쪽에 있는 두 공간인 '심실ventricle'은 혈액을 내보낸다. 대정맥, 폐동맥과 폐정맥, 대동맥은 심방과 심실을 신체와 연결하는 배관 체계다. 몸체에 산소와 다른 필수 요소들을 공급한 후 소진된 혈액은 모세혈관과 정맥을 따라 우심방으로 이어지는 두 개의 큰 관인 대정맥으로 흘러 들어간다. 우심방이 거의 가득 차면 우심방 근육이 수축하여 혈액이 우심실로 가도록 압박한다. 그런 다음 우심실이 거의 가득 차면 우심실의 근육이 수축하여 혈액을 폐동맥으로 밀어 폐로 전달하여 산소를 흡수할 수 있게 한다. 혈액이 폐를 한 바퀴 돌고 나면 폐정맥으로 흘러 좌심방으로 전달된다. 좌심방이 거의 가득 차면 좌심방 근육이 수축하여 혈액을 좌심실로 보내고, 이어서 좌심실의 근육이 수축하여 혈액을 대동맥으로 밀어내어 온몸에 산소가 공급된다. 사실 이런 모든 근육의 수축을 제어하는 것은 우심방의 일부이다. 이 영역이 신경계에서 전기 신호를 받아 두 심방에 충격을 주어 함께 수축하게 한다. 이 전기 신호가 심장 근육을 가로질러 두 심실 사이의 영역으로 이동하면 두 심실이 함께 힘차게 수축하여 혈액이 전신에 도달할 수 있게 해준다. 이 과정은 평생 매일 10만 번가량 반복된다. 신호와 수축이 동시에 발생하지 않는다면 심장 박동이 빠르거나 느리거나 불규칙해진다. 어떤 과정이라도 어긋나면 생명이 위험해질 수 있다. 심장은 신체의 나머지 부분과 연결된 매우 정교한 펌프인 동시에 우리의 생명을 유지하는 역할을 한다.

동물 배아에서 발달하는 모든 장기 중에서 심장이 가장 먼저 활동을 시작하고, 장배 형성 과정이 완료된 직후부터 박동하기 시작한다. 이 단계에서는 아직 중배엽의 세포로 구성된 둥글납작한 관에 불과하다. 물고기의 심장은 이 단계에서 거의 완성된 상태이며, 세포가 심방과 심실로만 조직화하여 동시에 펌프질을 수행하며 혈액을 온몸으로 보낼 동력을 제공한다. 개구리의 심장 세포들은 심방 두 개와 심실 한 개로 구성된 세 공간을 만들어 산소를 운반하는 혈액과 산소가 빠져나간 혈액이 서로 섞이게 한다. 인간과 마찬가지로 심장이 공간 네 개로 이루어진 포유류의 경우, 세포가 같은 관에서 시작하여 구부러지고 접히고 융합하여 상부 및 하부에 공간을 두 개씩 만들 뿐 아니라, 심장 내 한 공간에서 다른 공간으로 혈액이 한 방향으로만 흐르도록 유도하는 막 두세 개가 달린 정교한 판막까지 만든다. 또한 이 구조는 주변에 형성되는 정맥 및 동맥과도 연결되어야 한다. 어떻게 보면 배관 공사와 비슷한 면이 있다. 이런 공학 및 설비 작업의 대부분은 해당 구조가 배아를 통해 혈액을 펌프질하는 동안 발생한다. 본질적으로 펌프에 해당하는 요소를 만드는 데 이렇게 많은 과정이 이루어진다는 것이 놀랍다.

포유류의 심장은 공학적 관점에서 보면 뇌보다 앞선 장기라고 할 수 있다. 하지만 이상하게도, 처음에는 중배엽 세포로 이루어진 관이었다가 마침내 공간 네 개로 구성된 경이로운 결과물이 되는 기간 사이에 심장은 아주 다른 형태로서 일정 기간 유지된다. 포유류 배아는 발달하는 과정에서 특정 기간에 심장이 물고기의 것과 비슷하게 공간 두 개로 유지된다. 물고기의 완성된 심장과 포유류 배아의 발달 중인 심장은 완전히 같지는 않지만 확연히 닮아 있다. 폰 베어가 말했듯이 유사성은 특정 관계를 의미하며 진화의 역사에서 공유된 때가 있다는 사실을 시사하기에, 자연 내 인간의 위치에 관한 더 심오한 질문이 제기된다.

체절 생성이 끝나면 배아 형성 과정이 완료 단계에 들어간다. 이 시기에는 심장이 완전한 형태로 조직되며, 다른 장기와 조직은 기능적 구성 요소의 대부분 또는 전부를 갖춘 상태다. 지금까지는 세포가 와딩턴 풍경을 따라 굴러 내려오며 증식하고 위치 정보를 사용하여 특정 운명을 결정한다는 이야기였다. 이제는 좀 더 신비로운 단계로 넘어간다.

배아에서 모든 장기의 씨앗이 몸의 크기에 비례하여 자라는 사실은 밝혀졌지만, 그 작동 원리에 관해서는 알려진 바가 거의 없다. 하지만 세포가 집단을 형성해 얼마나 성장하고 언제 성장을 멈출지 '알고' 있다는 점은 분명하다. 그래서 개별 장기의 크기는 정해져 있으며, 더 놀랍게도 한 사람의 두 팔이 서로 독립적으로 발달하고 성장했음에도 불구하고 크기와 면적이 거의 같고, 다른 사람의 두 팔과는 다르다는 점이다. 확실한 것은 그 배후에 언제나 세포의 활동이 있다는 사실이다.

배아의 정치

지금까지 장배 형성은 세포, 신호 그리고 발달 및 진화 과정에서 생겨나는 구조에 관한 이야기였다. 하지만 20세기 초에 이르러서는 정치적인 요소도 섞이는데, 에른스트 헤켈이 이 부문에 큰 영향을 미쳤다. 헤켈은 뛰어난 동물학자이자 발생학자로서 다윈의 진화론을 적극적으로 옹호했다. 과학적 아이디어를 창출하고 전달하는 데 재능이 있던 헤켈은 눈길을 사로잡는 자연계의 풍경을 책에 담았고, 그의 대중 강연은 흥미진진했다. 헤켈이 만든 용어 중 다수는 오늘날 생물학계에서도 여전히 사용되고 있다. 그중 가장 대표적인 단어가 '장배 형성'이다. 발달과 진화에 관한 헤켈의 견해는 설득력 있는 이념의 조합이었다. 그런데 때로는 설득하려는 열의가 지나쳐 도를 넘기도 했다.

배아 발달 연구에서 종 간 유사성에 대한 시각적 증거는 충분하지 않았다. 그래서 많은 과학자들이 실험을 통한 확인 없이 시각적 유사성에 근거해 결론을 도출하고는 했다. 폰 베어의 연구를 잘 알고 있던 다윈은 《종의 기원》에서 초기 배아 간 유사성과 발달 후 차이점의 중요성을 지적했다. 그는 인간을 포함한 동물의 조상이 모두 같다는 주장을 뒷받침하는 데 이를 증거로 삼고자 그런 사실들을 정리했다.

헤켈도 같은 요점을 피력하고자 했지만, 다윈보다 위험하고 자멸적인 방식으로 그림과 단어를 조합했다. 특히 1874년 출간한 저서 《인간의 진화 The Evolution of Man》의 삽화 중 하나에는 배아 발달의 초기 단계를 상단에 표시하고 하단에 후기 단계로 진행하는 도표를 만들고, 당시까지 연구된 일련의 배아들을 순서대로 나열하여 도표의 열을 채웠다. 헤켈은 가장 왼쪽 열에는 물고기를, 가장 오른쪽 열에는 인간을 배치하여 유기체가 단순한 미분화 세포 덩어리에서 복잡한 유기체로 발전하듯이 진화 과정에서 해당 유기체들이 단순한 구조에서 복잡한 구조로 발전하는 여정을 거쳤음을 시사했다. 이 자체도 이미 추측에 의한 것이었지만 헤켈은 여기서 또 무리한 비약을 했다.

폰 베어와 마찬가지로 헤켈은 초기 단계의 배아일수록 닮은 점이 많다는 점을 지적하면서 동물 배아가 발달하는 과정에서 마치 사다리를 오르듯 동물 진화의 자연사를 가로지른다고 주장했다. 물고기는 개구리보다 한 단계 아래, 개구리는 도롱뇽보다 한 단계 아래, 도롱뇽은 닭보다 한 단계 아래라는 식이었다. 헤켈은 각 단계마다 유기체가 '하위' 종에 내재된 특성에 개선점을 추가하여 진화의 '진보'를 이루었음을 의미한다고 언급했다. 발달 초기에 아가미 같은 틈이 있는 배아는 그 단계에서는 물고기와 비슷한 것이 아니라 실제로 물고기가 된 것이며, 이후 인간 배아에서도 그러하듯 꼬리가 생겼다면, 해당 발달 단계에서 실제로 물고기나 원숭이가 된 것이라는 논리였다. 헤켈은 이 가설을 "개체 발생은 계통 발생을 반복한다"는 말로 요약했다. 즉 유기체의 배아 발달이 해당 유기체의 진화가 반복되는 것이라는 의미다.

헤켈의 그림은 처음부터 의심을 불러일으켰다. 19세기 후반에는 과학 분야에서 아직 사진 증거가 일반적이지 않았다. 자연주의자와 의사들은 저서에 연구 결과를 설명하기 위해 주로 삽화를 사용했다. 그러다 보니 어느 정도 꾸며낼 여지가 있었는데, 헤켈은 이를 극단적으로 활용했다. 심지어 자기 생각에 맞추어 현실과 다르게 배아를 그리기도 했다. 배아를 직접 관찰하지 않고 다른 사람의 스케치를 모방해 배아를 그릴 때도 있었으며, 닭이나 개의

당신의 지문은 DNA를 말하지 않는다

배아를 사람의 것으로 표시하기도 했다. 심지어 같은 그림을 반복해 그린 다음 같은 발달 단계에 있는 서로 다른 동물들의 이미지라고 주장하기도 했다

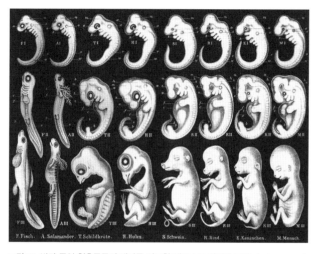

그림 24. 발달 중인 척추동물의 배아를 비교한 에른스트 헤켈의 그림. *Anthropogenie oder Entwickelungsgeschichte des Menschen*, 1874.

헤켈은 이처럼 '빠르고 허술하게' 그린 삽화로 인해 동료 학자들의 비난을 받았다. 헤켈은 잘못을 공개적으로 시인하고 이후 인쇄본에서 그림을 수정했다. 하지만 이미 때는 늦었고 결국 사기꾼으로 낙인찍혔다. 더 큰 문제는 신의 신성한 손이 모든 유기체를 완성된 상태로 창조했다는 소위 지적 설계론의 지지자들이 진화론의 모든 증거가 조작되었다는 '증거'로서 헤켈의 그림을 계속

거론하고 있다는 점이다. 오늘날 인터넷에서 "헤켈 배아 진화"로 검색하면 상위 10개 검색 결과에 어김없이 '가짜'와 '거짓말' 같은 단어와 함께 반진화론이나 반과학론 관련 웹사이트의 게시글로 등장한다.

헤켈의 과장된 그림이 엄청난 비판을 받고 이념적 도구로 사용된 것은 유감스러운 일이다. 이런 논란으로 인해 발달과 진화 부문에서 자세히 연구되어야 할 핵심적 사실들에 의구심이 드리워졌다. 특히 세포들의 유기체 몸체 구성에 혹스 유전자가 사용될 수 있게 되는 시점인 장배 형성 마무리 단계에서 모든 척추동물 배아가 서로 비슷한 구조를 가지게 되는 이유를 사례로 들 수 있다. 무척추동물 다수에서도 비슷한 구조를 관찰할 수 있다. 인간을 포함한 동물 전반에 걸쳐 이런 보편적인 발달 패턴을 주도하는 무언가가 있는 것이 분명하다. DNA가 발견되고 해독되기 수십 년 전부터 인간과 다른 동물의 조상이 같다는 단서들이 배아를 통해 나타났다.

그렇다면 어떻게 해야 할까? 우리는 인간의 존재와 정체성을 어떻게 이해할 수 있을까? 헤켈은 영장류 배아를 발달 도표의 맨 끝에 놓음으로써 인간을 발달상의 꼭대기에 두었다. 그렇게 존재하지 않는 진보와 완성의 척도를 주장했다. 생물학적 분류 체계에 인간을 포함시키는 것은 언제나 골치 아픈 작업이다. 다른 동물보다 인간이라는 종에 더 높은 도덕적, 지적 지위를 부여하려 하기

당신의 지문은 DNA를 말하지 않는다

때문이다. 하지만 우리는 이런 전제에 의문을 제기할 수밖에 없다. 창세기에 쓰였듯이 인간은 "하나님의 형상대로 창조된 존재"일까? 아니면 셰익스피어의 말처럼 "동물의 귀감이자 먼지의 본질"일까? 아니면 또 다른 존재일까? 이를 알 수 있는 유일한 방법은 인간의 기원을 자궁에서 관찰하는 것이다.

6장

보이지 않는 무엇

만삭 전에 태아는 어떤 모습일까? 조산이라는 두렵고 드물지 않은 경험을 한 사람이라면 이 질문의 답을 안다. 내 둘째 아이 대니얼이 임신 28주로 일찍 태어났을 때 우리 가족도 그랬다. 이 힘든 경험은 대니얼을 처음 만나게 된 내 어머니에게 엄청난 영향을 미쳤다.

내가 런던 히드로 공항으로 어머니를 마중 나갔을 때 어머니는 유난히 말이 없었다. 병원까지는 차로 2시간이 걸렸는데 그동안 어머니는 거의 말을 하지 않았다. 서로 주고받을 소식이 많았던 데다 다른 때라면 여러 대화를 나누었을 법한데 이상한 일이었다. 병원에 도착해 미숙아 병동으로 걸어가는 동안에도 어머니는 침묵했다. 어머니는 인큐베이터 주위를 몇 번 돌며 손자인 대니얼을 열심히 보다가 나를 향해 말했다. "전부 다 있네!"

그제야 나는 만삭이 되기 훨씬 전에 태어난 아기가 어떨지 생각하며 불안했던 어머니의 마음을 이해할 수 있었다. 어머니는 아기가 '정상적'이지 않을까 봐 걱정했던 것이다. 어머니 세대의 사람에게 임신 기간 중 자궁에서 생기는 일은 과도한 상상과 두려움이 동반되는 수수께끼였다.

어머니는 대니얼이 완전히 발달하지는 않았지만 온전히 형성되었다는 사실에 안도했다. 임신 3기라고는 하지만 당시 임신 28주는 합병증 유무의 경계선으로 여겨졌고, 신생아 다수에게는 삶과 죽음의 경계선이기도 했다. 대니얼의 뇌는 아주 빠른 속도로 성장하고 있었다. 한편 폐는 자가 호흡을 할 만큼 발달하지 않았고, 젖을 빨려는 본능도 아직 발달하지 않아 산모이자 내 아내인 수전과의 혈액 교환을 통해 영양을 공급받아야 했다. 그 후 두 달간 대니얼이 퇴원할 수 있을 정도로 힘을 얻을 때까지 미숙아 병동의 의료진은 대니얼이 계속 발달할 수 있도록 간호했다. 나와 수전 그리고 처제인 베아트리스는 그 후로도 수개월 동안 미숙아 병동 간호사들의 도움을 받아 대니얼의 조산 관련 문제들을 헤쳐나가야 했다. 우리 가족은 대니얼이 완전히 발달할 수 있도록 도와준 영국의 보건 의료 시스템에 늘 감사하고 있다.

대니얼은 이제 건강한 성인이 되었다. 물론 아들의 몸 일부는 엄마의 자궁이 아닌 병원 인큐베이터와 유아용 침대에서 마저 형성되었지만, 대다수 부분은 세상에 나오기 몇 주 전에 이미 만들어졌다. 이는 세포의 작품이다. 팔다리와 눈, 코, 입의 윤곽이 잡힌 머리 등 아기를 알아볼 수 있는 모든 요소가 갖추어지는 임신 8주 이전에 이미 신체 구조 대부분이 계획되어 있다. 이 단계부터 태아라는 단어가 사용된다. 이런 변화가 발생하기 전에 배아의 세포는 장기와 조직의 씨앗인 작은 집단을 이루어 공간을 확보하고 기능에 필요한 연결 고리를 만들기 위해 바쁘게 움직인다. 다른 동물과 마찬가지로 장배 형성 과정에서 이런 조직 과정이 이루어지지만, 그보다 훨씬 전에 또 다른 핵심 단계가 이루어진다. 접합체에서 처음 생성된 세포 백여 개가 배아를 생성하거나 배아를 지원하는 두 가지 임무 중 하나를 맡게 된다. 포유류인 우리는 먹이와 보호를 제공할 어미와의 연결 관계를 형성해야 한다. 여기에는 몇 가지 방식이 있는데, 모두 발달 초기 단계에 이루어진다.

포유류: 숨겨진 알

동물은 저마다 고유한 형성 방식을 가지고 있다. 그러나 칼 폰 린네Carl von Linné의 시대부터 우리는 유기체를 여러 등급으로 분류해왔고, 같은 등급에 속한 동물들은 세포의 몸체 조직 전략이 동일하다. 앞 장에서 살펴보았듯이 물고기와 개구리 배아는 어미 몸 밖에서 수정된 반투명한 알에서 빠르게 발달한다. 물고기나 개구리의 탄생은 정자와 난자의 초기 융합부터 세포들의 춤으로 몸체 구성이 이루어지는 장배 형성 과정에 이르기까지 별 어려움 없이 관찰할 수 있다. 그래서 이런 과정의 전개에 관해서는 잘 알려져 있다. 조류도 마찬가지다. 달걀 껍데기에 작은 창을 내면 접합체에서 닭의 탄생까지 매일 관찰하는 현대판 아리스토텔레스가 될

당신의 지문은 DNA를 말하지 않는다

수 있다.

하지만 포유류의 경우는 다르다. 지구상에 존재하는 850만 종의 동물 가운데, 포유류는 6000여 종에 불과하다. 모든 포유류는 다소 특이하게 어미 안에서 성장하며 발달한다. 그래서 포유류의 수정과 발달은 엄마의 자궁 깊숙한 곳에서 이루어지므로 눈에 보이지 않는다. 이런 발달 방식의 증거인 배꼽은 우리가 어머니와 연결되어 있던 시기를 보여주는 흔적이다. 아리스토텔레스는 배꼽을 배의 '뿌리'라고 칭하기도 했다.

탯줄의 잔재인 배꼽은 발달 초기에 형성된다. 배꼽은 배아를 자궁에 고정하고 영양분을 전달하며 노폐물을 처리하는 세포 체제를 만드는 보조 기관인 태반에 연결된다. 진화 과정에서 포유류의 이런 구조와 연결이 나타난 시기에 난자의 크기가 줄어들었다. 과학자들이 개구리 복제에서 양 복제로 옮겨 가는 과정에서 어려움을 겪은 사례에서 살펴보았듯이 포유류의 알인 난자는 다른 동물의 알보다 훨씬 작다. 따라서 발달 초기 몇 주간 영양을 공급하는 난황 같은 영양소가 있기는 하지만, 포유류의 발달 과정이 완료될 때까지 지속될 만큼 큰 영양 저장 공간이 없다. 오리너구리처럼 알을 낳는 일부 포유류는 알의 크기가 훨씬 크다 해도 이는 드문 예외다. 포유류를 만들기 위해 세포는 어미에게서 영양분을 얻을 방법을 찾아야 했다.

과학의 역사에서 비교적 최근에야 인간은 이 과정이 어떻게 작동하는지 파악했다. 사실 포유류의 알(난)은 대부분 아주 작다. 그래서 역사의 기록 대부분에서 포유류는 알에서 태어나지 않았을 것으로 추정한 것을 볼 수 있다. 적어도 아리스토텔레스 시대부터 17세기까지는 신체 조직의 형성 원리에 관한 격렬한 논쟁이 있었지만, 여성의 자궁이라는 비옥한 '흙'에 정액이 심어지면 아기가 생긴다고 여겨졌다. 5장에서 살펴본 것처럼 물고기, 개구리, 새는 모두 알에서 나온 것이 분명하므로 왕의 주치의였던 윌리엄 하비William Harvey는 포유류도 알에서 나온다는 아주 합리적인 이론을 주장했다. 하지만 포유류의 알을 찾기는 쉽지 않았다. 그러던 중 1827년, 초기 배아 표본에 라벨을 붙이는 것을 잊어버려 배아들을 구별할 수 없게 된 카를 에른스트 폰 베어는 발정기에 접어든 개의 난소를 해부했다.

작은 주머니에서 조그마한 노란색 반점을 발견한 후 다른 여러 곳에서도 같은 반점을 찾아냈는데, 대부분 주머니에 언제나 작은 반점 하나만 있었다. 그게 무엇인지 정말 궁금했다. 나는 이 주머니 중 하나를 열고 그 반점을 칼로 조심스럽게 들어 올려 물을 채운 시계접시에 올리고 현미경으로 관찰했다. 그 순간 나는 벼락에 맞은 듯 움찔했다. 아주 작고 완전히 발달한 난황이 선명하게 보였기 때문이다. …… 포유류 난자 안의 내용물이 새 알의 난황과 그렇게도 비슷한 모습일 거라고는 생각하지 못했다.

포유류에도 알이 있다는 증거가 마침내 발견된 것이었다. 포유류의 알인 난자는 너무도 작았다.

인간의 난자는 인체에서 가장 큰 세포이긴 하지만 지름이 머리카락 한 가닥과 거의 같고 달걀보다 500배나 작은 1~2밀리미터에 불과하다. 이론상으로는 맨눈으로 볼 수 있는 크기이지만, 폰 베어가 뒤늦게 깨달았듯이 어디를 봐야 하는지 알아야만 볼 수 있다. 이 사실을 발견한 폰 베어는 과거에 임신한 시체를 부검할 수 있었던 드문 기회에 포유류의 알이 "이토록 작다는 사실"을 몰랐기에 난자를 발견할 기회를 놓쳤었다며 한탄했다.

인간의 난자는 작기만 한 것이 아니라 연약하고 덧없는 존재다. 난소에서 방출된 난자는 12~24시간만 생존하며, 나팔관을 따라 자궁으로 이동하다가 정자와 수정되지 않으면 분해된다. 난자와 정자가 융합하여 접합체가 된 후에도 그 결과물인 세포를 찾기가 쉽지 않다. 이 단일 세포는 자궁 내에서 자유롭게 다니면서 분열하고 증식하다가 7일 정도 지나면 그 결과로 생긴 세포 덩어리가 자궁벽에 붙는다.

이때부터 인간의 형성 과정이 확실하게 진행된다. 세포가 그다음으로 하는 활동, 특히 장배 형성과 관련된 세부적인 일들은 태어날 아기에게 엄청난 영향을 미친다. 하지만 윤리적 이유로 이 단계부터는 형성되는 태아를 연구하기 위해 과학자들이 할 수 있는 일이 많지 않다. 그래서 과학자들은 이런 세포 덩어리가 임신

으로 새로운 보금자리에 자리 잡은 후 신체의 구조를 구축해가는
과정을 다른 포유류를 통해 연구해야만 했다.

쥐와 인간의 도구

인간의 배아를 대상으로 한 실험이 금지되어 있으므로 과학자
들이 인간의 장배 형성의 세부 내용을 알아내는 데는 한계가 있
다. 따라서 최근까지 인간 발달에 관해 밝혀진 지식 대부분은 다
른 포유류의 세포 활동을 관찰하여 얻은 결과다. 토끼, 돼지, 양이
이런 연구에 아주 유용하다고 입증되었지만, 실험실에서 가장 많
이 사용되는 동물은 단연 쥐다.

왜 쥐일까? 앞서 살펴본 바와 같이 쥐는 몸집이 작고, 번식과
발육이 빨라서 돌연변이를 찾는 데 적합한 데다, DNA가 인간과
97퍼센트 같기 때문이다. 게다가 인간 유전체에서 단백질을 암호
화하는 2퍼센트 이하의 유전자, 즉 유전체 도구 상자의 경우 쥐
는 인간과 무려 85퍼센트 같으며, 쥐 유전체의 긴 가닥들에 배치
된 유전자의 순서와 개수는 인간과 같거나 놀랍도록 유사하게 정
렬되어 있다. 이런 이유로 쥐는 1장에서 말했듯이 인간 생물학의
다양한 면을 이해하고 발달에 영향을 미치는 특정 유전적 돌연변
이를 찾는 데 핵심 역할을 해왔다. 또한 포유류 발달의 초기 몇 주
와 관련한 요소들을 이해하는 데도 특히 중요한 역할을 해온 동물
이다.

과학자들은 쥐의 배아가 자궁에 이식되기 전까지 자궁 밖 배양 환경에서 2, 3일간 쥐 접합체를 성공적으로 키울 수 있다. 이 과정을 통해 포유류 접합체가 수정 후 다른 동물의 접합체에 비해 아주 느리게 분열한다는 사실이 밝혀졌다. 초파리 접합체는 2시간 만에 세포 6000여 개를 생성하고 이 시점에서 약 1시간 동안 장배 형성이 진행되는 반면, 쥐 접합체는 하루에 두세 번만 분열하여 4일 후 착상할 시점에는 세포가 240개 정도 생성된다.

한편 생성되는 세포의 수와 시기는 다양하지만, 초기 분열 과정에서 발생하는 나머지 과정은 모든 포유류에서 동일하다. 접합체가 서너 번 분열한 후에 산딸기처럼 생긴 '상실배morula'라는 세포들이 빽빽하게 모인 집합체의 형태를 취한다. 상실배의 세포 중 일부는 덩어리 안쪽에, 다른 일부는 바깥쪽에 위치한다. 특정 시점까지는 이 세포들이 개별적으로 전체 유기체를 만들 수 있다. 과학자들은 이 초기 단계에서 떼어낸 세포는 접합체처럼 분열하고 증식하는 능력을 유지한다는 사실을 발견했다. 이 세포 집단을 2~4개로 나누면 작아진 세포 집합이 원래 상실배가 같은 수의 세포로 구성되었을 때와 마찬가지로 분열과 증식을 재개할 수 있다. 일란성쌍둥이는 세포가 두 개인 단계에서 접합체가 분할되거나 상실배가 집합체 두 개로 분할되면서 생겨날 가능성이 크다. 같은 방식으로 세포나 세포 덩어리 하나를 추가하면 상실배가 이를 수용하여 분열과 성장 과정을 더 발전시킨 것처럼 진행한다. 이처럼 여러 집합체가 융합하면 키메라가 발생하는 것으로 보인다.

이제 해당 포유류 내 세포들의 운명이 차후 결정될 것이다. 그러나 상실배가 더 발달하여 자궁벽에 고정되기 전에, 배아 형성을 위해 정해진 역할을 맡는 첫 단계는 세포가 자궁 내에 고정될 배아를 위한 둥지 생성에 집중할 때 이루어진다. 상실배의 가장 바깥쪽에 있는 세포는 자체의 모양과 기능을 바꾸는 활동을 시작하여 세포의 '벽'을 만든다. 세포 하나 너비의 두께인 이 세포벽은 태반의 전구체이며, 이 세포 집단은 모체가 배아에 영양을 제공하는 구조라는 의미에서 '영양외배엽trophectoderm'이라고 부른다. 상실배 내부의 세포는 역할이 정해지지 않은 상태로 한동안 유지된다.

배아 세포는 유전체의 도구 상자를 사용하여 발달한다. 이를 위해 영양외배엽의 세포는 세포막의 구조를 제어하고 그 안에 펌프 여러 개를 배치하는 CDX2라는 단백질을 사용한다. 이 펌프들은 상실배로의 액체 유입 여부를 제어한다. 펌프가 작동하면 액체가 유입되면서 상실배 내부 세포 사이 공간에 균열이 생긴다. 이는 물과 화학물질을 분사하여 암석을 깨뜨리고 액체를 통과시키는 수압파쇄법과 유사한 생물학적 과정이다.[1] 이 펌프가 임무를 수행하고 나면 영양외배엽이 세포벽의 한 부분에 세포 100~150개가 모인 상태로서 액체로 채워진 공간을 둘러싸는 구조를 형성한다.

놀랍게도 이런 생물학적 수압파쇄 공정이 완료되기 전에 상실배 내부에 있는 세포를 외부로 옮기면 재배치된 세포가 새로운 위치를 인식하고 CDX2 생산을 시작하여 펌핑 공정에 참여하면서 액체로 채워진 공간을 생성하는 데 기여한다. 한편 상실배 바깥쪽에 있는 세포를 안쪽으로 이동시키면 CDX2 생산이 중단된다. 세포가 자체의 위치가 상실배의 외부인지 내부인지 능동적으로 평가하고 그에 따라 유전자 활동을 제어한다는 의미다.

액체로 채워진 공간이 형성되면 영양외배엽 벽 내부의 세포 질량이 변하기 시작한다. 이 단계에서 세포의 임무가 결정되지만, 아직 배아는 생성되지 않을 수도 있다. 이제 위치뿐 아니라 정확한 비율도 중요해진다. 내부 세포에서는 이 단계에서 또 하나의 과정이 이루어진다. 세포 한 무리가 모체가 배아와 연결될 때까지 배아에 영양분을 공급할 세포 집단인 '원시 내배엽primitive endoderm' 또는 '원시 창자primitive gut'가 된다. 이 구조가 난황주머니를 생성해 태반이 형성될 때까지 배아에 영양분을 제공하고, 나머지 부분은 배아가 된다.

이 조합을 '배반포blastocyst'라고 한다. 이제 이 포유류 세포 집합이 자궁에 착상하여 장배 형성의 춤을 추기 위한 모든 준비가 완료된 것이다.

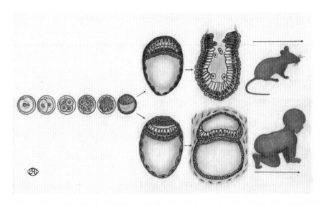

그림 25. 쥐와 인간의 초기 발달은 처음에는 아주 비슷하다. 수정 후 세포는 분열하며 증식하여 배아 외 조직을 분리하는데, 이를 배반포에서 뚜렷하게 관찰할 수 있다. 바깥쪽의 영양외배엽과 배아 세포의 공간 벽을 감싸는 원시 내배엽이 두 세포 유형 사이에 자리하고 있다. 배아가 자궁에 착상할 준비가 되면 배아가 장배 형성을 준비하면서 쥐와 인간 사이의 차이점들이 나타난다. 쥐의 세포는 컵 모양으로 조직화되고, 인간 세포는 납작한 구조를 형성한다.

세포 내에서 발생하는 현상에 관한 이런 식의 묘사는 유전학자들이 사용하는 언어와 크게 다르다. 유전학자들의 관점에서는 언제 어디서 어떤 일이 발생하는지를 결정하는 주체가 유전자다. 하지만 앞서 살펴보았듯이 주변 신호를 계산 및 해독하고 집단 내 자체 위치를 인식하면서 서로 주고받는 화학적 신호는 물론 집단 내와 전반에 걸친 기하학의 원리와 장력, 압력, 스트레스까지 감지하는 주체는 바로 세포다. 또한 세포는 자체의 위치와 주변 환경에 따라 유전체에 도달하여 조직 형성에 필요한 도구의 활성화 여부를 결정한다. 세포가 배반포 내에서 위치를 바꾸거나 세포 집단이 둘로 나뉘는 경우 서로 역할을 바꿀 수 있다는 점에서 세포

당신의 지문은 DNA를 말하지 않는다

에게 주도권이 있다는 사실을 알 수 있다.

이런 초기 단계들에서 배반포를 만드는 세포 집단은 서로에게 신호를 전달하기 위해 앞서 언급한 FGF, Wnt, Nodal과 더불어, 세포의 위치 및 수에 관한 정보와 힘을 전달하는 '히포Hippo'라는 신호 체계를 사용한다. 도구를 제공하는 것은 유전체이지만, 임무를 수행하는 것은 세포다.

모체로의 연결

포유류의 배아 발달은 이런 초기 단계들을 통해 비슷한 방식으로 진행되지만, 배반포가 착상하는 순간부터 차이가 생긴다. 대부분 포유류의 배반포는 영양외배엽을 사용하여 자궁 내부를 감싸는 점막인 자궁 내막 위에 붙어서 자리 잡는다. 소나 말 같은 일부 포유류는 배반포가 장배 형성 과정 후에 자리 잡기도 한다. 하지만 영장류를 포함한 일부 포유류의 배반포는 장배 형성 전 초반부터 자궁벽 주름 안에 안착하여 안정적으로 자리 잡는다. 형태의 경우 쥐 같은 설치류의 배반포는 컵 모양을 만드는 반면, 인간과 다른 모든 포유류의 배반포는 납작한 원반 모양을 형성한다. 영양외배엽이 배아 세포를 아래로 누르면 컵 모양이, 펼치면 원반 모양이 되는 것이다. 영양외배엽의 세포는 세포 수를 늘리거나 줄이는 것이 아니라 세포 내부와 세포 사이의 장력을 바꾸어 이런 기능을 수행한다.

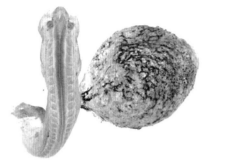

그림 26. 난황주머니가 달린 28일차 인간 배아의 후면(왼쪽) 및 전면(오른쪽) 모습. 뒷모습에서는 척수 양쪽의 체절을 볼 수 있다. 앞모습에서는 머리에서 눈의 원기原基를 구분할 수 있으며, 그 아래에 원시 심장이 자리 잡고 있다.

　나의 어머니 세대가 유년기를 보낸 불과 몇 세대 전에 비해 오늘날에는 인간 발달의 많은 부분들이 잘 알려져 있다. 여기에는 초음파와 체외수정in vitro fertilization, IVF 같은 기술의 역할이 크다. 또한 1965년 〈라이프〉에 멋진 사진집을 게재한 스웨덴 사진작가 레나트 닐슨Lennart Nilsson에게도 공을 돌릴 수 있다. 《출생 전 생명의 드라마The Drama of Life Before Birth》라는 제목의 이 사진집은 세포 집합체가 인간으로 변모하는 과정, 즉 배아에 눈과 팔다리가 처음 생겨나는 모습부터 양수 속 태아가 엄지손가락을 빨며 젖을 빠는 방법을 익히는 모습에 이르는 일련의 과정을 최초로 대중에게 공개했다. 그 결과 모든 사람이 인간 배아를 볼 수 있게 되었고, 배아가 아주 초기 단계부터 인간의 모습이라는 놀라운 사실을 알게 되었다.

　인류 역사의 대부분에서 사람들은 임신이라는 과정을 배아의 관점에서 생각하지 못했다. 실제로 1827년 폰 베어가 난자의 존재를 확인하기 전까지 포유류의 난자는 그저 가설에 불과했다. 종교 및 법률에서는 대부분 자궁 안에서 아기가 움직이는 느낌인 소위 '태동quickening'을 여성이 처음 느낀 시점을 배아에서 인간이 되는 순간으로 정의했다. 일반적으로 태동은 임신 18~20주차부터 생기는데, 배아가 태아로 발달한 한참 후이자 임신 징후가 나타나는 때다. 19세기 초에 통과된 최초의 임신 중절 금지법이 태동 전 중절을 불법으로 규정한 이유이기도 하다.

닐슨이 촬영한 배아와 태아 대부분은 유산이나 임신 중절의 결과물이었는데, 마치 아직 살아 있는 것처럼 연출되었다. 발달 중인 배아와 태아가 우주비행사처럼 혼자 우주를 떠다니는 모습으로 제시되거나, 폭신한 거즈로 감싸인 모습으로 연출돼 자궁의 편안하고 안전한 느낌을 연상시키기도 했다. 사진에는 탯줄이 나오기도 하지만, 생명 유지를 위한 태반 및 모체와의 필수적 연결 고리라는 탯줄의 목적은 거의 암시되지 않았다. 태아를 독립적인 생명체에 가깝게 묘사하는 이런 접근 방식이 인간 발달에 대한 오늘날 묘사의 표준이 되면서 임산부용 앱에서도 이런 식의 묘사를 볼 수 있다. 안타깝게도 임신 중절 반대론자들은 이런 개념을 이용해 인간이 자궁 속 발달 초기 단계부터 스스로 생존할 능력이 있는 고유하고 완전한 존재라고 주장해왔다. 하지만 이는 사실이 아니다.[2]

근본적으로 인간은 자궁 속에 있는 동안 모체에 의존한다. 따라서 태아를 별개의 인격체로 묘사하려는 노력은 의미가 없다. 모체와 태아의 관계는 아주 밀접하다는 사실은 탯줄을 통해서도 알 수 있다. 탯줄은 배아나 태아에게 영양분과 산소를 공급하는 것은 물론, 모체와 태아 사이에서 양방향으로 혈액이 오가는 통로이기도 하다. 혈액을 통해 이동하는 모든 세포는 모체에서 태아로 또는 태아에서 모체로 이동할 수 있으므로, 결국 배아와 모체는 일부 세포들을 주고받게 된다.

임신 초기에 모체로 전달되는 배아 세포는 아직 특정 장기나 조직이 되는 경로가 정해지지 않은 '다분화성multipotent'일 가능성이 있다. 즉 모든 세포 유형은 아니지만 다양한 세포 유형을 생성할 수 있는 것이다. 또한 세포의 임무, 형태, 기능이 아직 정해지지 않았기에 신체 내 손상된 조직을 재건하거나 고치는 작업에 동원될 수 있다. 이는 모체에도 적용된다. 쥐를 대상으로 한 실험에서 배아 세포가 모체 내 손상된 조직을 복구할 수 있다는 결과가 나왔으며, 이 원리가 인간에게도 적용될 수 있다는 증거도 있다.[3] 모체에 있던 조직에서 남성 배아의 세포가 발견되는 사례가 있는데, 이 경우 모체가 유전자가 아닌 배아 세포의 키메라가 되므로 이 현상을 '태아 세포 미세 키메라fetal cell microchimerism'라고 부른다. 세포끼리 협력하는 특성으로 인해 배아가 모체를 지원하는 사례로 볼 수 있다.

자연을 모방하다

폰 베어가 포유류에 난자가 있다는 사실을 확인한 이후, 인간이 형성되려면 난자와 정자가 결합하여 새로 발생한 세포가 자궁에 안착해 영양분을 얻어야 한다는 것이 분명해졌다. 이는 사실 포유류 대부분이 형성되는 원리이기도 하며 로버트 에드워즈Robert Edwards, 진 퍼디Jean Purdy, 패트릭 스텝토Patrick Steptoe가 인간 체외수정IVF 기술을 처음 개발했을 때 수행한 과정과 본질적으로 같다. 이들은 실험실에서 접합체를 만들고 그 결과물인 세포 집합체를 모체에 이식하는 데 성공했고, 그 결과 1978년 여름 영국 올드햄에서 루이스 조이 브라운Louise Joy Brown이라는 건강한 여아가 태어났다.

인간 체외수정 기술은 수십 년 동안 사용되었지만, 사람의 난자를 배양 환경에서 수정시킬 수 있다는 개념은 지금도 아주 실험적이다. 체외수정 시도 중 약 35퍼센트만 성공한다. 의사와 과학자들이 자궁 밖에서 포유류를 만들려고 시도하고 실패한 역사를 통해 우리는 주변 환경이 인간을 만드는 세포에 얼마나 큰 영향을 미치는지 더 잘 알 수 있게 되었다.

1944년, 미리엄 멘킨Miriam Menkin은 자신이 엄청난 무언가를 이루려 하고 있다는 걸 감지했다. 그로부터 6년 전 하버드대학의 생물학자 그레고리 핀커스Gregory Pincus와 함께 '아비 없는' 토끼를 만드는 연구에 참여하던 멘킨은 당시 불임 부부가 아기를 가질 수 있는 방법을 찾고 있던 보스턴 소재 여성 자선병원의 존 록_{John Rock}을 돕기 위해 고용된 상태였다. 멘킨의 멘토였던 핀커스는 토끼 난자를 배양 환경에서 수정시킨 적이 있는 듯했고, 1935년 자기 실험실에서 태어난 토끼가 체외수정된 난자의 결과물이라고 주장하기도 했다. 그렇다면 인간에게 이 기술을 적용할 수 있지 않을까?

그래서 존 록은 병원에서 특정 질환으로 자궁 적출술을 받는 여성들에게 배란기 직전에 수술을 받아볼 의향이 있는지 문의했다. 난소를 제거했을 때 그 안의 난자 중 일부가 수정될 준비를 마친 상태이기 때문이다. 수술은 이루어졌고 멘킨이 난소에서 난자를 추출하여 정자와 함께 배양접시에 넣고 30분간 관찰했다. 하지만 몇 주가 지나도 아무 일이 생기지 않았다. 멘킨은 배양 환경을 바꾸고 정자의 차이를 감안해보아도 결과는 마찬가지였다.

그러던 어느 날, 멘킨은 자녀를 돌보느라 시간 가는 것을 잊고 난자와 정자를 평소보다 오래 함께 두었다. 멘킨이 실험실로 돌아가자 접합체가 형성되어 있었고, 그 결과 생성된 세포가 발달을 시작하여 세포 두 개, 그다음엔 세 개로 분열한 뒤 활동을 멈췄다. 인간의 난자가 자궁 밖에서 수정된 것으로 보이는 최초의 발견이었다. 이는 인간 세포가 고유의 일정에 따라 작동한다는 것을 시사했다. 하지만 그녀의 체외수정 관찰은 의심을 받았다. 심지어 핀커스의 1935년 시험관 토끼 사례도 자연 임신에 의한 것일 가능성이 있었다. 그렇다 해도 그녀의 발견은 체외수정이라는 목표에 추진력이 되었다.

그러던 중 1959년, 핀커스의 동료인 우스터 실험생물학재단 Worcester Foundation of Experimental Biology 소속 민 추어흐 창Min Chueh Chang이 놀라운 돌파구를 마련했다. 창은 검은토끼의 난자와 다른 검은토끼의 정자를 배양 환경에서 수정시킨 다음, 그 결과물인 세포 집합체를 흰토끼에 이식했다. 이 흰토끼가 검은토끼를 출산하면서 체외수정 출산의 결정적인 증거가 마련되었다. 검은 털은 토끼의 열성 형질이므로 대리모인 흰토끼가 어미일 가능성이 없었다. 배양 환경에서 생성된 접합체가 자궁의 자연적 환경에 놓이면 완전한 기능을 갖춘 유기체로 발달 및 성장할 수 있다는 이 명확한 증거를 통해 인간 체외수정 임신을 위한 실용적인 기반이 마련되었다.

우선 과학자들은 난자의 기능에 관해 훨씬 더 많은 것을 알아내야 했다. 이 분야의 선구적 인물인 로버트 에드워즈는 영국 요크셔의 노동자 계층 출신으로, 영국 군대에서 복무한 후 뱅거대학, 노스웨일즈대학에서 생물학을 공부했다.[4] 에드워즈는 에든버러대학에서 그 유명한 콘래드 와딩턴의 지도 아래 동물유전학 및 발생학 박사학위를 취득했고, 염색체의 이상이 쥐의 발달에 미치는 영향에 초점을 맞춰 연구했다. 난자가 어떻게 성숙하는지, 수정란이 어떻게 수정될 준비를 하는지, 난자가 정자와 어떻게 상호작용하여 접합체를 생성하는지, 난자가 유기체 발달에서 어떤 역할을 하는지 등 난자의 원리를 알아내는 데 집중했다. 이 과정에서 에드워즈는 과배란을 유도하는 방법을 개발하여 포유류가 생산하는 난자 수의 한계를 극복했다. 이 방법은 이후로도 유용하게 쓰인다.

1963년 에드워즈는 난자와 정자의 초기 발달 단계 연구를 위한 대상을 쥐에서 인간으로 전환했다. 케임브리지대학 생리학과 교수로 부임한 에드워즈는 조직 거부 반응 관련 연구를 수행하던 간호사 출신 진 퍼디를 연구팀의 일원으로 고용했다. 존 록과 미리엄 멘킨이 그랬듯이 에드워즈도 난자 기증자가 필요했지만 기증자를 찾기란 거의 불가능했다. 에드워즈는 주로 런던의 병원을 찾아다니며 난자를 수집할 수 있는 자궁 내막 표본을 얻으려 했다. 이런 과정에서 표본 몇 개를 확보했지만 연구에는 충분하지 않았다.

연구가 심각할 정도로 진척을 보이지 않던 중, 에드워즈는 맨체스터 인근 올덤 종합병원의 산부인과 의사인 패트릭 스텝토를 만났다. 그는 불임 시술에 사용되는 키홀keyhole 수술 기법의 창시자였다. 에드워즈는 난자 기증 의향은 있지만 자궁 적출을 원치 않는 여성을 대상으로 이 수술 기술을 사용하는 데 스텝토가 관심 있기를 기대했다. 그런데 스텝토의 반응은 기대 이상이었다. 산부인과 의사로서 불임 부부의 고통을 줄이고자 했던 스텝토는 에드

당신의 지문은 DNA를 말하지 않는다

워즈와 퍼디의 연구에서 체외수정을 실현할 가능성을 보고 연구팀에 합류했다.

에드워즈, 퍼디, 스텝토는 1968년에 시험관 아기 수정을 위한 협업을 시작했다. 그리고 1969년에는 1944년 멘킨이 우연히 접합체를 발견한 이래 최초로 체외에서 인간 난자를 수정하는 데 성공했다고 발표했다. 그 후 1년에 걸쳐 연구진은 접합체가 세포 16개로 분열 및 증식하게 했고, 다시 1년 후에는 영양외배엽의 세포벽, 액체로 채워진 공간, 위치에 기반해 분화되는 세포의 집합으로 구성된 배반포 두 개를 생성했다. 이제 이 배반포를 자궁에 이식하여 세포가 스스로 발달을 이어가도록 하는 단계만 남았다.

체외수정의 이 마지막 단계로 넘어가려면 자금이 필요했다. 그런데 자금 마련에는 정치가 연관되기 마련이었다. 연구팀은 실험실 연구와 진료를 겸하기 위해 케임브리지 인근에 진료소 설립 허가까지 받았지만, 영국 의학연구위원회 Medical Research Council, MRC는 자금 지원을 거부했다.[5] 위원회의 자문단과 관계자들은 실험실에서 만든 배반포를 여성의 자궁에 이식하면 어떤 배아가 탄생하든 이상 요소가 발생할 수 있다는 우려를 표명했다. 이런 연구에 세금을 들인다면 대중의 반응이 어떨지 염려되었던 것이다.

연구팀은 다급하게 민간 자금을 확보했고, 스텝토의 진료소를 연구실로 삼았다. 올덤에서 난자를 채취해 포장하여 케임브리지로 옮긴 후 다양한 조건의 정자와 함께 배양 환경에 놓고 접합체를 만들었다. 수정란이 분열에 성공하여 세포 덩어리들이 충분히 형성되면 표본을 올덤으로 다시 운반하고 모체에 착상시켰다. 차로 왕복 12시간의 거리를 오가며 귀중한 결과물을 옮기는 여정이었다.

MRC 자문단의 우려가 기우가 아닐 가능성도 있었다. 당시에는 배아의 정상 발달을 확인할 수 있는 정교한 초음파 스캔이 없었기 때문이다. 오늘날에 이 실험을 시도했다면 자금 지원 거부는 물론 허가도 못 받을 가능성이 크다. 하지만 282쌍 부부가 495회 시술을 받은 끝에 1978년 7월 25일, 루이스 조이 브라운이 태어났다. 오늘날 체외수정 부문은 수백만 달러 규모의 산업으로 성장했고 많은 이들에게 기쁨과 희망을 선사하고 있다.

과학자들이 체외에서 난자를 수정하고 접합체를 세포 집단으로 발달시켜 체내에 이식할 수 있게 되면서, 인류는 배아의 형성 원리와 더불어 인간과 포유류의 발달 차이에 관한 중대한 통찰력을 얻게 되었다. 쥐가 발달 전반의 일반적 원리를 이해하는 데 훌륭한 참고 대상이긴 하지만 인간에게만 해당하는 요소들이 있으며, 특히 발달 초기에는 이런 요소들이 핵심 역할을 한다. 쥐와 인간은 배반포 형성 시간(쥐 배아는 4일, 인간 배아는 7일)뿐 아니라 세포의 상호 소통 방식도 서로 다르다. 또한 쥐와 인간은 유전체 도구 목록이 본질적으로 같지만, 세포가 이런 도구를 사용하는 방법에서 미묘하지만 중요한 차이점이 있다. 예를 들어, 쥐의 경우 FGF 신호

는 원시 내배엽을 지정하는 데 필수적이지만, 인간의 경우는 그렇지 않다.[6]

특히 초기 단계에서는 세부 사항이 중요하다. 임신 중 소실이 대부분 수정 후 첫 주에 일어난다는 점을 고려하면, 이 기간 내 세포의 향방은 유기체 존재의 기본이 되는 것이 분명하다.

선을 긋다

인간은 세상을 개별적 관점에서 보는 경향이 있다. 특히 자손과 관련된 경우 더욱 그렇다. 태아의 생존 가능성이 어느 정도 확보되기도 훨씬 전에 이름을 짓고 성별을 생각하며 미래의 특징까지 상상하는 예비 부모가 많다. 하지만 과학은 우리의 문화적 기대에 부응하지 않는다.

자연적인 체내 임신은 대부분 도중에 소실되며, 앞서 살펴보았듯이 체외수정 임신의 성공률은 35퍼센트 정도다. 체외수정 시술을 받는 여성에게 과배란을 유발하는 호르몬 혼합제를 투여하면, 배란 기간에 수정 준비가 된 난자가 하나가 아닌 두세 개가 배출된다. 이 난자들을 채취하여 성숙한 상태에서 수정시키면 접합체가 생성되어 개별적으로 분열과 증식을 시작한다. 접합체가 배반포 단계에 도달하여 추가 발달 준비가 되었다고 판단되면 한두 개는 이식하고 나머지는 향후 임신 시도에 필요할 경우를 대비하여 냉동 보관한다.

한편 이런 세포 집단 냉동에는 여러 의문이 제기된다. 냉동된 배반포는 어떤 법적 지위를 가질까? 배반포의 소유자가 있는가? 그렇다면 난자와 정자 기증자인가, 아니면 접합체를 만든 과학팀인가? 체외수정에 성공한다면, 나머지 세포들의 체외수정 외 사용이 윤리적으로 허용될까? 세포 덩어리가 인간이 되는 시기는 배반포 단계인가, 이후인가? 배반포가 인체라면 인간의 권리도 가질까? 이 마지막 질문이 특히 중요하다. 배반포가 인체라는 점에는 의심의 여지가 없지만 세포의 집합체가 인간으로 정의되는 정확한 시점에 대해서는 아직 합의가 이루어지지 않았다. 이처럼 체외수정의 발명으로 우리는 오래된 질문에 직면하게 되었다. 영혼이 존재한다면 이는 언제 우리 몸에 들어오는 것일까?

1982년 영국에서는 철학자 메리 워녹Mary Warnock의 주도로 이런 질문들에 대한 고찰이 이루어졌다(영혼에 관한 질문은 제외). 그때 향후 인간 배아 세포 연구를 다루는 방식에 관한 권고안을 제시하는 위원회가 설립되었다. 철학, 법학, 종교학, 의학을 대표하는 위원 21명 중 과학자는 발달생물학자 앤 맥라렌Anne McLaren이 유일했다. 위원들은 2년에 걸쳐 증거를 검토하고 기술 개발로 발생할 수 있는 문제들을 토론했다. '생명은 언제 시작되는가?'라는 근본적 질문은 '과학뿐 아니라 신념의 문제'라는 데 동의하고 일단 제쳐두었다. 그 대신 배아와 인간의 관점에서 각 경우에 '어느 정도의 보호'가 있어야 하는지를 고려하기로 했다. 그런데 이 역시 간단한

당신의 지문은 DNA를 말하지 않는다

문제가 아니었다. 우리가 상실배, 배반포(포유류 배반엽의 이름), 배아 세포, 배아 또는 장배 형성 배아라고 부르는 요소들이 언제 인간이 되는지에 관한 문제도 아주 복잡했기 때문이다.

위원들은 다양한 종교적 전통과 사회적, 인권적 관점을 가진 300개 이상의 단체로부터 의견을 수렴했다. 대중에게도 요청해 700명 가까운 사람들에게 서신을 받았다. 가톨릭 신자들은 수정 자체를 인간이 창조되는 순간으로 주장했고, 유대교와 이슬람교 전문가들은 임신 기간 중 배아에서 태아로 전환되는 시점인 40일 경에 배아가 인간이 된다고 말했다.

일부 과학자들은 신경계가 처음 생겨나는 순간부터 유기체가 감지하고 느끼고 생각하기 시작하므로 이 시점이 전환점이라고 제안했다. 심장이 뛰기 시작하는 순간부터 인간이라고 주장하는 이들도 있었지만, 심장이 생겨나는 시점을 정의하는 것도 간단한 문제가 아니다. 심장 조직이 될 세포 집단이 심장 형성 전부터 동요하듯이, 세포는 어떻게 분화되거나 조직될지 명확해지기 전부터 서로에게 전기 신호를 보내기 때문이다. 인간 발달의 이 단계에서는 명확한 구분이 어렵다.

위원회의 유일한 생물학자인 앤 맥라렌이 최종 결정에서 주도적인 역할을 했다. 발달 중인 쥐 배아를 자궁 밖으로 옮겼다가 다시 자궁으로 되돌리는 실험과 더불어 포유류 발생학에 대한 해박한 지식으로 유명한 맥라렌은 초기 인간 발달의 복잡성을 다른 위원들에게 명확히 설명했다. 특히 배아로 성장하면서 세포 집단이 어떻게 이동하고 분화되는지를 장배 형성 과정을 중심으로 설명했다. 맥라렌은 의학 자료로 보관되어 있던 희귀한 초기 인간 배아의 조직이 다른 종의 초기 배아 관찰을 통해 생물학자들이 알아낸 사항들과 어떻게 연관되어 있는지를 보여주었다. 그리고 그녀는 인간이 형성되는 지점에 관해 쓴 자신의 논문에서 그랬듯이, 생물학자로서 자신의 견해를 분명히 밝혀야 했다. 이 논문의 제목은 〈선을 어디에 그을 것인가?Where to Draw the Line?〉였으며, 내용 중 일부가 위원회 토론에 사용되었다.[7]

맥라렌은 "특정 (발달) 단계를 선택하여 '내가 나로 되기 시작한 시점'으로 정해야 한다면" 장배 형성이 시작되는 순간인 "14일 차"라고 생각한다고 썼다.[8] 그리고 이날 전후로 인간 배아 발달의 기준선이 정해진다. 바로 몸체의 앞뒤축을 형성하는 세포 집단 내에 생성되는 고랑인 원시선이 나타나는 시점이다. 임의로 정해지긴 했지만 신중한 결정이었다.

맥라렌은 왜 이 순간을 선택했을까? 장배 형성 과정을 거치는 닭 배아에서 발생하는 마법의 춤으로 돌아가 보자. 앞서 살펴보았듯이 닭의 배반포는 인간의 배반포와 마찬가지로 수정 후 일련의 세포 분열을 거쳐 원반 모양을 형성한다. 닭의 경우 이 원반에 같은 세포 수천 개가 들어 있다. 그런 다음 특정 시점에 세포의 춤이 시작되며 원시선이 생겨난다. 이 단계에 이르기 전에 원반 형태의 세포 집단을 반으로 나누면 양쪽 세포 집단에서 각각 원시선이 만들어지면서 배아 두 개가 생겨난다. 원반을 네 등분하면 원시선 네 개와 배아 네 개가 만들어진다. 원시선이 몸체 구조의 전반적 표지인 셈이다.

맥라렌은 인간 배반포도 원반 형태이지만 닭에 비해 세포 수가 훨씬 적고 조직이 다르다는 사실을 알고 있었다. 한편 인간 발달의 초기 단계를 엿볼 수 있었던 드문 사례에서 과학자들이 새의 원시선과 비슷한 고랑이자 선을 관찰한 경우가 있었다. 그 시기는 인간 배아에서 장배 형성이 시작되는 발달 14~15일 차였다. 물론 장배 형성 과정 중에도 문제가 발생할 수 있다. 결합 쌍둥이의 경우 대부분 원시선 두 개가 생겨나 융합하거나 원시선 하나가 두 개로 분리되기 때문에 발생한다고 알려져 있으며, 이런 해석은 닭 배아를 이용한 실험을 통해 뒷받침되었다. 따라서 워녹 위원회는 맥라렌의 지침에 따라 세포 집단이 둘로 나뉘어 두 개체가 탄생하는 마지막 순간인 수정 14일차, 즉 원시선이 생겨나는 시점에 인간으로서의 존재가 시작된다고 제안했다.

1984년, 위원회는 인간 배아 실험의 외부 제한 시간인 '14일 규칙'을 설정한 「워녹 보고서」를 발표했다. 이 규정은 1990년에 영국 법률로 제정되었고, 여러 국가가 영국의 선례를 따랐다.

체외에서 난자를 수정하고 이식 전까지 자라게 하는 기술 덕분에 인간이 접합체로부터 어떻게 발달하는지를 이해하는 새로운 돌파구가 열렸고, 지난 10년간의 기술 발전으로 실험실에서 인간 배아를 최대 14일차까지 배양할 수 있게 되었다. 이전 연구에서 인간 세포가 다른 포유류와 아주 비슷한 방식으로 증식 및 분열하면서 스스로 움직인다는 사실이 밝혀지면서, 이를 통해 세포 분열 단계마다 걸리는 시간을 관찰하여 인간의 초기 세포 타이머 특유의 리듬을 알아낼 수 있었다. 배반포의 형태와 모습을 통해 출산까지의 생존 가능성을 가늠하는 방법도 알아냈다. 또한 최근 실험에 따르면 이전에는 자궁 내 착상에만 연관되었던 배아 일부의 변화가 배양 환경 내에서 이루어질 수 있다고 제기되었다.

이 발견의 의미를 평가하기는 어렵다. 해당 배아들은 전반적으로 건강하지 않았기에, 법적으로 파괴할 필요가 없었다 해도 더 오래 살아 있지는 못했을 것이다.

또한 접합체의 절반 이상이 장배 형성 단계까지 도달하지 못한다는 점을 고려하면, 관찰되는 배아의 결함이 실험 조건 때문인지, 아니면 자연적 과정의 일부인지는 알기 쉽지 않다. 하지만 과학자들이 더 높은 배아 생존율로 이어지는 조건을 찾는 것은 시간문제일 뿐이며, 그렇게 된다면 14일 규칙이 아무런 조건 없이 그대로 유지될지는 알 수 없었다.

어쨌든 우리가 인체 내 장배 형성 과정을 관찰할 수는 없더라도 장배 형성의 춤에 인간 발달의 비밀이 많이 숨어 있다는 것은 분명하다. 워녹 위원회는 접합체라는 개체의 권리를 정의하기 위해 인간 형성의 가장 중요한 순간인 장배 형성이라는 개념을 다시 어두운 구석에 제쳐두었다. 이런 정보의 블랙홀에서 새로운 단서를 찾아내려면 창의력이 필요하지만, 과학사의 연표를 살펴보면 우리가 무엇을 놓치고 있으며 무엇을 기준점으로 삼아야 하는지에 관한 단서를 얻을 수 있다.

인간 배아

정자가 난자를 뚫고 들어간 지 일주일이 지나면 우리가 배아 발달 과정을 보지 못하는 순간이 생길 수밖에 없다. 인간을 형성할 세포 집합체를 나중에 태반이 될 세포층인 영양외배엽이 감싸는 시점이다. 이때 체외수정 임신이 자궁 안으로 옮겨지면서 난소 수정 후 6~7일째에 인간 배반포가 자궁벽을 파고들기 시작하는 자연적인 과정을 거친다. 배반포가 자궁벽에 자리 잡고 장배 형성이 시작되면 특별한 문제가 생기지 않는 한 발달을 관찰하기 위해 배아를 추출하는 것은 불가능해진다. 그래서 수 세기 동안 인간 발달에 관한 지식은 유산이나 낙태로 중단된 임신의 표본을 수집하는 데서 비롯되었다. 런던 왕립외과학회의 헌터리언 박물관이나 파리 식물원의 르 그랑 캐비닛 드 큐리오시티 Le Grand Cabinet de Curiosités 같은 컬렉션에서 지금도 이런 표본 중 일부를 볼 수 있다. 이 장소들을 방문한다면 충격적인 것들을 보게 될 것이다.

전시된 태아와 배아는 대부분 '비정상'으로 발달한 모습인데,

당시에는 드문 일이 아니었다. 쪼개진 머리뼈 사이로 기형인 뇌가 보이고, 등이 갈라져 부러진 척수가 드러나고, 두 다리가 인어처럼 붙어 있고, 눈이 하나인 태아와 결합 쌍둥이도 볼 수 있다. 다양한 문화권에서 초기 낙태로 발생한 표본이 인간이 아닌 하등동물, 일시적인 영혼, 또는 살덩어리로 간주된 것은 놀라운 일이 아니다. 그래도 이런 표본들은 사람들에게 충격을 주었고, 여성이 보기에는 부적절하다고 여겨졌다. 19세기 후반 런던에서 열린 한 전시회 포스터에는 이런 문구가 쓰여 있었다. "가장 작은 생명체에서 완벽한 형태의 태아에 이르는 발생학, 또는 인류의 기원. 신사만 입장 가능."

수집가와 유랑단의 쇼맨 중에는 당대 과학자들과 마찬가지로 초기 인간 발달을 재구성하는 데 관심을 둔 이들이 있었다. 과학자인 스위스 출신 해부학자 빌헬름 히스Wilhelm His는 기형 배아와 태아를 구경거리로 보는 데 맞서 '정상적인' 인간 발달을 정의하고자 나섰다. 먼저 발달의 타임라인을 최대한 채울 수 있도록 표본을 충분히 확보해야 했다. 히스는 발달의 초기 2개월에 초점을 맞추었고 의사와 조산사, 과학자들에게 접촉하여 실패한 임신에서 자궁 조직을 구해달라고 요청했다. 인체 발달 표본이 드물고 사람들이 선뜻 주려고 하지 않는다는 것을 알던 히스는 자신에게 정상적인 배아의 모습을 구별할 수 있는 능력이 있다고 주장하며 비정상적 요소들을 해석해주겠다고 약속하는 등 교묘한 방법으로

당신의 지문은 DNA를 말하지 않는다

표본을 확보했다. 더 나아가 산모는 제외한 채 산부인과 의사, 조산사를 표본을 제공한 전문가로서 표본명에 그들의 이름을 넣어주겠다며 유인했다. 히스의 이런 방식으로 인해 배아나 태아를 낳은 여성이 의학사의 기록에서 제외되는 전통이 20세기가 되고도 한참 동안 유지되었다.

빌헬름 히스는 결국 임신 3주에서 8.5주 사이의 정상 배아 25개를 수집했고, 1885년 인체 발달에 관한 최초의 체계적인 설명을 발표했다.[9] 히스가 수집한 표본들은 인간과 다른 동물의 연관성을 강화하는 동시에, 인간이 자궁 내에서 다른 동물의 형태를 거쳐 인간이 된다는 에른스트 헤켈의 이론이 틀렸음을 증명했다. 히스는 우리가 접합체 이후로 계속 고유한 인간으로서 유지된다는 사실을 보여주었다.

히스의 제자인 프랭클린 P. 몰Franklin P. Mall은 미국 볼티모어의 존스홉킨스대학에 과학 기업을 설립하고, 배아와 태아 수집을 확대하며 히스의 연구를 계승했다. 몰은 그의 출신인 독일에서 '라움신Raumsinn(공간지각능력)'이라고 부르는 예리한 관찰 감각을 가진 것으로 유명했다. 몰이 인체 발달을 이해하기 위해 정상 표본과 비정상 표본을 꼼꼼히 비교하는 연구의 가치를 헤아렸던 것도 이런 탁월한 감각 때문이었을 것이다. 몰은 1913년에는 표본 800개를, 1917년에는 표본 2000개를 확보했다. 오늘날에 와서는 카네기 과학 연구소의 인간 배아 컬렉션이 약 1만 개에 달하며 인체 발달 연구의 표준이 되고 있다. 몰은 히스가 그랬듯이 표본들의 이름에 표본을 제공한 의사와 과학자의 이름을 넣어 경의를 표했다.

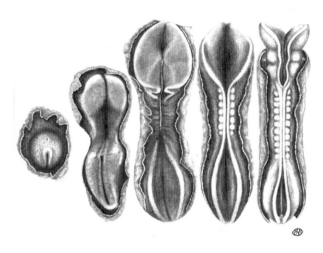

그림 27. 약 14일(왼쪽)에서 28일(오른쪽)에 이르는 초기 발달 단계의 인간 배아. 병아리에서와 마찬가지로, 원시선(맨 왼쪽 배아의 가는 틈)의 출현은 배아의 가장 뒤쪽이자 앞뒤축의 생성을 예고한다. 뇌를 생성할 세포(커다란 엽 구조)를 통해 앞쪽 구조를 구분할 수 있다. 양측으로 늘어선 낭포는 체절이다. 카네기 과학 연구소가 소장한 배아 사진에서 발췌한 이미지.

카네기 연구소 컬렉션의 초기 배아에서 얻을 수 있는 정보는 여러 면에서 놀랍다. 배아 길이가 1~3밀리미터 사이인 시기, 즉 장배 형성이 시작되고 원시선이 고랑을 만들기 시작하는 시기의 다양한 사례들이 이 컬렉션에 포함되어 있다. 이 표본들을 보면 장배 형성이 시작될 무렵의 배아는 아주 작으며 껍질 안 호두처럼

당신의 지문은 DNA를 말하지 않는다

보호막으로 이루어진 둥지 안에 묻혀 있다는 점을 알 수 있다. 프랭클린 P. 몰이 이런 배아들을 수집할 수 있었다는 사실도 놀랍다. 당시 여성들 다수가 임신 7~8주가 되어서야 임신 사실을 알게 되었고, 이 시기에 유산을 했다면 대부분 생리가 늦어지는 정도로 인식되곤 했기 때문이다. 1910년대에 몰과 배아 공급자들이 2~4주차의 온전한 배아를 확보했다는 사실이 놀랍지만, 그것을 가능하게 한 방식의 이면에서 볼 수 있는 윤리 의식은 오늘날의 사람들이 눈살을 찌푸리게 할 가능성이 크다.

대부분의 표본은 사고 또는 유산이나 임신 중절을 통해 채취되었다. 물론 부인과 수술에서 얻은 표본이 가장 상태가 좋았다. 이 모든 표본은 사전 동의 없이 수집되었다. 그로부터 수십 년 후, 산부인과 의사 존 록은 보스턴 소재 여성 자선병원에서 윤리적 경계를 넘나드는 프로그램을 운영하기도 했다. 그는 자발적으로 자궁 적출술을 받으려는 여성에게 수술 전에 남편과 특정 시간에 성관계를 하도록 요청했다. 배아를 주문한 것이나 다름없었다. 이런 방식으로 록은 배아의 나이를 정확히 알아낼 수 있었겠지만, 오늘날에 연구자가 그런 방법을 시도했다가는 약탈적인 시술로 간주돼 기소될 것이다.

이처럼 수집 과정의 윤리 의식이 불투명하긴 했지만, 카네기 연구소 컬렉션의 표본으로 14일 규칙으로 베일에 싸였던 사실들이 다수 밝혀졌다. 당시 연구자들은 수집한 배아들의 연속 촬영, 절개, 재구성을 통해 신체 구조도와 내부 장기의 출현, 성장 및 조직에 관한 정보를 얻었다. 카네기 연구소 컬렉션을 통해 지금 우리는 심장을 포함한 근육들은 중배엽, 폐와 장은 내배엽, 뇌는 외배엽으로부터 생성된다는 것을 알게 되었다. 이 컬렉션의 표본을 기반으로 발달 과정을 재구성한 결과, 수정 후 4주가 지나면 세포가 무정형 덩어리에서 식별 가능한 인체로 윤곽을 갖춘다는 사실을 직감할 수 있었다. 또한 인간으로서의 우리를 정의한다고 널리 여겨지는 신체 요소인 뇌의 출현까지 추적할 수 있게 되었다.

본질적 차이

우리의 개성, 희망, 꿈을 만들어내는 경이로운 장기인 뇌에는 뉴런 약 850억 개가 있다. 이 뉴런들은 모두 장배 형성 과정 동안 전구 세포 수천 개로부터 생겨난다. 이런 초기 세포를 증식하는 데는 엄청난 양의 배아 활동이 필요한데, 활동이 최고조에 달할 때는 분당 뉴런 1만 개가 생성된다. 이렇게 세포 분열이 발생할 때마다 개별 세포 내부의 기제는 인간 유전체에 있는 뉴클레오티드 60억 개를 정확한 순서로 하나씩 복제하여 다음 세대의 세포들이 자체 복제본을 갖추도록 해야 한다. 그러다 보니 실수가 발생하기도 한다. 유전체의 복제 및 재복제 과정에서 오류가 생기면 돌연변이가 발생하고, 이는 세포의 혼란을 초래할 수 있다.

우리가 유전적 돌연변이와 가장 흔히 연관 짓는 요소는 자외선이나 담배 연기의 독소처럼 환경과 관련된 발암 현상이지만, 발달 중인 배아에서도 잘못되는 일이 많다. 하버드대학 신경생물학자이자 의사인 크리스토퍼 월시Christopher Walsh는 신경 질환의 기원과 분자적 근원을 연구하던 중 국소적으로 비대해진 뇌 부분이 심각한 간질을 유발하는 선천성 질환인 편측거대뇌증hemimegalencephaly, HMG에 관심을 갖게 되었다. HMG 환자는 태어날 때부터 이 질환을 가지고 있기에, 월시는 여기서 유전자 돌연변이를 찾아보기로 했다.

월시의 연구팀은 HMG 환자에게 세포 성장 단백질을 암호화하는 유전자 AKT3의 돌연변이가 있다는 사실을 발견했다. 연구팀은 HMG 환자의 경우 이 도구가 뉴런 집단에서 과잉 활성화되어서 뇌의 일부 영역만 비대해질 수 있다는 사실을 발견했다. 그런 다음 HMG 환자의 DNA를 조사한 결과 흥미로운 사실이 드러났다. 병에 걸린 뇌세포에는 돌연변이가 존재하지만 다른 뇌세포나 혈액 같은 다른 조직의 세포에는 돌연변이가 존재하지 않았다. 유기체 전체에 영향을 미쳐야 할 유전 질환이 어떻게 일부 세포에서만 나타날 수 있을까? HMG 환자들이 서로 다른 유전체와 접합체에서 나온 세포들이 혼합된 키메라일 수 있다는 주장이 있었으나, 후속 연구를 통해 키메라와는 전혀 관련 없다고 밝혀졌다. 그것은 '유전적 모자이크genetic mosaic'였다.[10]

신체 일부의 피부색이 다른 부분과 다르거나, 머리카락 일부가 자연적으로 색이 다른 사람을 본 적이 있을 것이다. 이들은 유전적 모자이크 사례일 가능성이 크다. 특정 발달 시점에 세포가 분열하고 증식하는 과정에서 세포가 유전체를 복제하는 동안 돌연변이가 발생한 것이다. 돌연변이는 발달 과정에서 너무 많은 것을 너무 빠르게 복제해야 하다 보니 생기는 세포의 직업병과도 같다. HMG 환자의 경우, 이런 복제 오류는 발달 과정에서 발생한 후 해당 세포의 모든 후손 세포에 전달되었지만 개인의 나머지 세포는 전반적으로 영향을 받지 않았을 것이다. 이런 세포 중 일부는 뇌에 남는다.

그런 오류는 비교적 일정한 비율로 늘 발생한다. 이 관찰 결과를 시작으로 월시의 연구팀은 더 놀라운 사실을 발견했다. 분열하지 않는 세포에서도 오류가 발생하여 시간이 지나면서 추가 돌연변이가 축적된다는 것이다. 월시는 성인 인간의 뇌에 있는 모든 뉴런마다 1500개가 넘는 돌연변이가 있다고 추정했다.

발달 과정과 관련 없는 돌연변이도 있다. 우리가 사는 동안 일부 돌연변이는 세포 노화의 결과로 발생하며, 세포가 복구할 수 없는 손상을 입었을 때 발생하는 돌연변이도 있다. 손상 요인별로 DNA에 고유의 표식을 남기는데, 예를 들어 흡연은 뉴클레오티드 CG 쌍을 AT로 바꾸고, 햇빛 노출은 CC 쌍을 TT로 바꾼다. 한편 노화 세포에서 나타나는 표식의 경우는 이와 다르다. XC가 TG로 바뀌는데, 여기서 X는 뉴클레오티드 C, G, A, T 중 어떤 것이든 될 수 있다. 세포 노화로 인한 돌연변이는 집합체가 최초로 세포 두 개로 분열할 때 시작되는 내부 시계에 따라 모든 성인 세포에서 1년에 20~50회 정도 자연적으로 발생한다. 대부분의 돌연변이는 세포의 작동 방식에 영향을 미치지 않는데, 이는 앞서 살펴보았듯이 유전체에서 2퍼센트에 불과한 극히 일부만이 도구를 위한 암호를 가지고 있기 때문이다. 그러나 가끔 우연의 일치로 단백질 암호화 염기서열에 돌연변이가 발생하여 해당 DNA 부분의 유전적 기능이 변할 수 있다. 이 경우 갑자기 도구가 없어지거나 변경되거나 망가지는 등 세포의 도구 상자에 변화가 생긴다. 이것이 바로 HMG 환자의 *AKT3* 유전자에 일어난 일이다.

세포 노화로 인한 돌연변이가 인간 뇌의 기능과 특히 관련된 이유는 출생 후 새로운 뉴런이 거의 생성되지 않기 때문이다. 월시의 연구팀은 뇌 질환뿐 아니라 노화와 관련된 일부 인지 장애도 이처럼 돌연변이가 누적된 결과일 수 있다는 가설을 제시했다.[11]

앞서 다양한 유전자 돌연변이를 질병과 연관시킨 과학자들의 방식을 논할 때, 나는 유전자 내 돌연변이를 통해 정상적인 발달에 관해 알 수 있는 사항이 많지 않다고 언급했다. 유기체가 부모로부터 물려받는 돌연변이인 난자 및 정자 내 돌연변이의 경우에 그렇다. 하지만 노화로 인해 발생하는 누적 돌연변이의 경우에는 혈통의 후손 세포가 그 안의 돌연변이에 의해 사실상 '바코드화' 되기 때문에 이를 통해 발달에 관한 정보를 얻을 수 있다.

단순한 유전자 중심 가설은 정자 하나와 난자 하나의 수정으로부터 유전되는 단일 유전자의 존재를 암시하는 듯하지만, 유전적 모자이크는 이 암호가 항상 변화할 수 있다는 것을 보여준다. 최초의 세포 분열부터 돌연변이가 발생하여 첫 번째 접합체의 두 자손은 각 5~6개의 고유한 돌연변이를 갖게 된다. 그 결과 둘의 유전체가 달라진다. 그런 다음 이 두 세포가 분열할 때 오류가 계속 발생하고 자손 세포는 부모의 돌연변이와 더불어 자체의 고유한 돌연변이를 보유하게 된다. 이런 과정이 세포의 세대를 거쳐 계속 이어진다. 배아가 생성되는 동안 돌연변이는 성인 세포에서보다 훨씬 더 빠르게 증가한다. 게다가 이런 현상은 세포가 신체 구조도에서 자체의 임무를 찾고 형태와 기능 면에서 전문화되는 시점에 발생한다. 가장 중요한 것은 이런 돌연변이와 그 계통을 통해 과학자들이 시간을 되돌려 초기 발달 과정을 재구성할 수 있는 새로운 방법을 찾을 수 있다는 점이다.[12]

이제는 돌연변이 바코드를 통해 장기와 조직의 시간을 거슬러 공통 조상 세포까지 추적하면 그 기원에 대한 단서를 얻을 수 있다. 세포별로 부모에게 물려받은 돌연변이에 새로운 돌연변이를 추가하므로, 이 바코드를 사용하면 신체 내 모든 세포의 생애사를 기록하고 장배 형성은 물론 최초로 생겨난 두 세포 중 하나까지 거슬러 올라가 알아낼 수 있다. 월시가 한 말처럼 아인슈타인의 뇌 조각 하나만 있으면 그가 배아였을 때의 모습까지 알 수 있다.

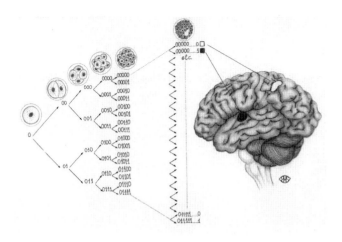

그림 28. 인간 뇌의 세포 바코드 예시. 첫 세포 분열부터 모든 세포에서 돌연변이가 발생한다. 돌연변이는 무작위적이고 다양하므로 발달 과정에서 세포에 '유전적 바코드'가 생겨나며, 이러한 바코드에 의한 복제본도 생성된다. 그림을 보면, 단일 세포에서 각기 파생된 복제본 두 개(흰색과 검은색 영역)의 세포들에 서로 다른 돌연변이들이 누적되었다. 이로 인해 질병이 유발되기도 한다.

실제로 장배 형성 시작 단계에서는 배아의 모든 세포가 이미 유전적으로 서로 다르다. 바코드 내 돌연변이 계보를 추적하면 다양한 장기 및 조직의 세포에 같은 돌연변이가 있다는 점과 함께, 국소적 HMG를 가진 사람의 경우처럼 같은 조직이나 장기 내 세포에 항상 같은 돌연변이가 있지는 않다는 점을 알 수 있다.

무엇보다 이런 사실은 세포가 유전자보다 우세하다는 추가 증거가 된다. 개별 세포 내 DNA의 돌연변이가 세포의 기원을 알려주긴 하지만, 유전체로는 미래가 아닌 과거에 관한 정보만 알 수 있다. 장배 형성의 춤이 시작되면 세포의 정체성과 위치, 조직과 장기에 대한 기여도까지 모든 것이 뒤섞인다. 그러는 동안 세포의 DNA는 꾸준히 돌연변이를 일으키며 변화한다. 세포는 미리 정해진 암호를 통해서가 아니라, 배아 발생 과정에서 세포 집단 내 자체 위치를 해석하여 특정 조직이나 장기 내에서 고유의 임무를 수행하는 능력을 통해 지금의 우리를 만든다. 이런 과정으로 인해 모든 세포가 각기 고유하며, 이런 고유성이 바로 우리 개개인의 특징을 형성한다.

우리 몸의 DNA 염기서열은 하나가 아니라 수십억 개다. 사실 세포가 분열할 때마다 돌연변이 하나가 생긴다고 가정하면 우리 몸의 돌연변이 수는 세포 수만큼 많거나 그 이상일 수 있다. '나의 DNA'란 소위 '평균'을 기준으로 한 개념이다. 하지만 채취한 세포 표본에 기반한 평균일 뿐 세포 수십억 개로 짜인 우리 몸과 뇌를 대표하기에는 턱없이 부족하다.

이 모든 것을 고려한다면, 우리는 개인으로서 인간의 존재가 시작되는 시점을 알아내는 데 조금이라도 가까워졌다고 할 수 있을까? 신체 구조도 구축은 장배 형성의 첫 단계에서 시작될 수 있다. 그리고 이 계획이 개인의 특징을 규정하는 결정적 요소라고 전제한다면 원시선의 출현이 우리 존재의 이정표라는 결론에 도달할 수 있다. 하지만 배아와 유전적 모자이크 현상에서 다룬 바를 적용하면 또 다른 혼란스러운 결론이 나온다. 세포가 우리를 새로운 무언가로 만드는 활동을 멈추는 순간이 평생 단 한 번도 없다는 사실이다.

우리 인간은 실로 대단한 작품이다. 최초의 세포에서 마지막 숨을 거둘 때까지 세포라는 방대한 세포 공동체가 우리를 끊임없이 창조한다. 지금까지 세포의 작동 방식, 상호작용, 그리고 새로운 세포뿐 아니라 새로운 존재를 만들어내는 방식에 관해서도 많은 것을 살펴보았다. 또한 우리는 이런 지식 중 일부를 모아 놀라운 구조물인 인간을 모방하는 데 실용적으로 사용하고 있다. 하지만 이를 수행하는 방식은 알 속에 잠자고 있는 도화선에 불을 붙인 다음 세포가 유기체를 만드는 고유의 역할을 하도록 내버려두는 것이 전부다. 이런 시작 단계에서 더 나아가 세포를 이용해 인간 신체의 각 부분을 따로따로 재창조하고, 인체가 시간을 거스르기까지 할 수 있을지 궁금해지기도 한다. 실제로 동물 복제 실험에서 이런 가능성이 시사되기도 한다. SF에나 나올 법한 이야기처럼 들릴지 모르지만, 지난 몇 년간 세포에 관한 이해가 진전되면서 이것이 완전히 터무니없는 소리는 아니라는 것이 밝혀졌다. 이제 우리는 놀라운 방법으로 세포를 연구하여 장기와 조직을 더 충실하게 복제할 수 있다. 그리고 언젠가는 이런 기술을 손상되거나 노화된 신체를 복구하는 데 사용할 수 있을 것이다. 또한 이러한 연구가 진행되면서 우리 자신의 복제 가능성도 높아지고 있다. 그리고 우리의 존재에 대한 생각에도 변화가 생기고 있다.

3부

세포와 인간

인간이 태어나기 전 9개월 동안의 역사에는 아마도 탄생 이후의 인생 70년보다 더 흥미롭고 위대한 순간들이 담겨 있을 것이다.

- 새뮤얼 테일러 콜리지Samuel Taylor Coleridge,
"Notes on Sir Thomas Browne's 'Religio Medici,' 1802"

원시선이 생기는 단계는 개인의 시작을 의미하므로 발달에서 아주 중요한 표식이다. 그전에 우리는 세포의 집합체이며, 이는 주로 인간 한 명을 생성한다. …… 하지만 두 명을 생성하거나 아무것도 생성하지 않을 때도 있다. …… 초기 배아 단계에서는 …… 아직 결정되지 않은 상태다.

- 앤 맥라렌, 「선을 어디에 그을 것인가?」

공학은 우리가 완전히 이해하지 못하는 물질을 정확히 분석할 수 없는 형태로 모델링하는 기술이다. 대중이 우리의 무지를 의심하지 않을 이유가 없다.

- A. R. 다이크스 박사Dr. A. R. Dykes(추정), 1976

7장

재생

우리는 영원히 살 수 없다. 하지만 영원에 가깝게는 살 수 있다고 믿는 사람들이 있다. 어떤 묘약이나 마법의 식단 조합, 물리적 훈련을 통해 세포가 원래 수명보다 훨씬 오래 유지되어 일반적인 노화의 생물학을 거스를 수 있다고 주장하는 이들도 있다.

한편 이런 묘약이 유전자 안에 존재한다고 믿는 사람도 있다. 불멸의 삶을 주창하는 이들 중 한 명인 아마존의 창립자 제프 베이조스 Jeff Bezos는 최근 알토스 랩스 Altos Labs라는 기업을 설립하여 성체 세포를 복제할 때와 마찬가지로 세포가 무한정 젊어지도록 유기체의 세포를 재프로그래밍하는 방법을 찾는 데 전념하고 있다. 실제로 베이조스와 소수의 비즈니스 파트너들은 향후 몇 년 내에 영원한 젊음을 사람들에게 선사하려는 목적으로 미국 국립 암 연구소의 전 소장인 리처드 클라우스너 Richard Klausner를 포함한 과학계 최고의 인재들을 끌어모으고 있다. 노화를 생물의 본질이 아닌 질병으로 간주하고 치료법을 개발한다는 것은 거대한 사업이다. 그리고 이미 수십억 달러가 들어갔음을 고려하면 알토스 랩스가 많은 이들이 성공하지 못한 분야에서 성공을 거둘 가능성도 있다.

하지만 세포는 영원히 살도록 설계되지 않았다. 구글이 지원하는 칼리코Calico 사는 10년 넘게 이 마법의 공식을 연구해왔지만 아직 이렇다 할 결과물을 내놓지 못하고 있다. 하지만 미래는 언제나 단정할 수 없는 법이다. 베이조스의 프로젝트는 유명한 인물들과 막대한 투자금을 끌어모았지만, 아직 과학적인 진전은 거의 없다. 그저 희망을 가지고 도박을 하는 셈이다. 그래서 알토스 랩스의 연구팀은 야심 차게 표방하던 말들을 바꾼 것 같다. 그들은 이제 "영생"이나 "영원한 젊음"이란 말 대신 "더 건강하고 오래 사는 삶"을 말한다. 클라우스너는 "오래 살다 젊게 죽는다Live long, die young"는 반어적인 말을 하기도 했다.

불멸에 대한 갈망은 오래전부터 있어왔다. 알토스 랩스의 야심 찬 연구는 일부 세포가 불멸, 정확히는 불멸에 가까울 수 있다는 가능성을 제시한 일련의 실험에서 비롯되었다. 이 특별한 세포의 비밀을 알아낼 수 있다면 우리 몸의 세포를 불멸의 상태로 만들 열쇠를 최초로 찾을지도 모른다. 하지만 이 세포를 살펴보기 전에 그 한계부터 알 필요가 있다.

생명의 계대배양

20세기 초, 미국의 발생학자 로스 해리슨Ross Harrison은 신경세포를 단독으로 그리고 다른 세포 유형과 함께 분석할 수 있는 환경에서 신경세포의 조직과 활동을 연구하고자 했다. 그는 신경세포가 자체적으로 발달하는지, 그리고 통제된 조건에서 다른 세포와 어떤 상호작용을 거쳐 기능적 구조와 연결망을 형성하는지에 관심이 있었다. 1907년 개구리 배아에서 채취한 조직으로 작업하던 해리슨은 배양 환경에서 신경세포의 생명과 기능을 유지하는 방법을 알아냈다. 그리고 이를 통해 신경섬유의 성장 및 상호작용 방식에 관한 세부 사항을 관찰할 수 있었다.

이 연구는 과학자가 체외에서 세포를 배양한 최초 사례였다. 다른 여러 과학자에게 영감을 제공한 해리슨의 연구는 당시 뉴욕 시 록펠러 연구소(현 록펠러대학)에서 연구원으로 일하던 프랑스인 외과 의사 알렉시 카렐Alexis Carrel의 상상력에 불을 지폈다. 1912년 1월 17일, 카렐은 해리슨의 기술을 사용하여 닭 혈장으로 만든 배양액에 배아기의 심장세포 집단을 배치했다. 세포는 이런 배양액 안에 있으면 증식하는 경향이 있으며, 모든 것이 순조롭게 진행되면 계속 성장해 며칠 만에 배양 환경 내 모든 공간을 채운다. 그러면 이제 세포를 '계대배양passage'해야 한다. 즉 기존 배양액의 세포 일부를 새로운 배양액으로 옮겨서 세포가 자유롭게 계속 성장할 수 있게 하는 것이다. 빵의 종균이 자라도록 영양분을 주며 돌보는 것과 비슷하고 할 수 있다. 카렐은 세포가 계대배양을 거치면서 얼마나 오래 살아남을 수 있는지 확인하고자 했다. 장기적으로 세포의 계대배양을 충분히 지속할 수 있다면 결국 세포를 신체에 이식할 수 있을 때까지 성장시키고 이것으로 망가진 장기를 대체할 수 있다고 생각했다. 오늘날의 '재생의학regenerative medicine'이 시작된 셈이었다.

카렐은 세포를 배양액에서 배양액으로 한 달, 두 달, 그리고 1년이 넘는 기간에 걸쳐 계대배양하는 데 성공했다. 그로부터 10년 후에는 배양된 세포가 계대배양을 1860회 거치고도 여전히 살아 있었다. 〈뉴욕 월드〉 신문은 닭 한 마리에서 그만큼의 세포가 자랐다면 "대서양을 한 걸음에 건널 만큼 커졌을 것"이라고 보도했다. 1939년 카렐이 프랑스로 돌아오고, 그의 동료 알버트 에벨링 Albert Ebeling이 세포를 여러 번 더 계대배양하는 작업을 계속했다. 카렐이 사망한 지 2년 후인 1946년에야 그는 이 실험을 끝내고 다음으로 넘어갈 준비가 되었다. 1942년의 한 기사에서 에벨링은 세포의 성장과 관련된 사례들을 언급하며 "카렐 박사의 죽지 않는 병아리 심장"이라고 불렀다. 30년에 걸친 이 실험에서 도출된 매혹적인 메시지, 즉 세포를 관리하는 방법만 안다면 불멸의 존재를 만들 수 있다는 사실은 엄청난 반향을 일으켰다.

적절한 조건에서 세포가 영원히 살 수 있다는 전제하에 의사와 과학자의 다음 목표는 조직과 장기를 '키우는' 것이었다. 조직과 장기를 배양할 수 있다면 차후의 이식이나 다른 외과적 수술에 사용하기 위해 영구적으로 확보할 수 있었다. 또한 실용적이나 윤리적인 이유로 살아 있는 생명체에서 할 수 없는 실험에 배양된 조직과 장기를 활용하는 것도 가능할 것이었다. 카렐의 배양 세포는 이미 약물 독성 테스트에 사용되었으며, 기술적 문제를 해결할 수 있다면 훨씬 다양한 가능성도 기다렸다.

그러나 실험에 대한 근본적인 물음이 커지고 있었다. 과학은 평판이 아니라 재현을 통해 구축된다. 카렐이 수술 기법 관련 연구로 1912년 노벨상을 받은 덕분에 카렐의 연구 자체는 신뢰도가 높았지만, 연구자와 의사들이 카렐의 연구 결과를 재현하기는 불가능했다. 카렐의 장기간 계대배양을 재현하려고 아무리 열심히 노력해도 어느 순간 세포가 배양 도중 죽어버렸다. 특정 연구자가 생물학적 체제에서 놀라운 결과를 보고했는데 다른 사람들이 이를 재현할 수 없을 때가 있다. 그때 그 연구자는 그런 실험을 할 수 있는 천재성과 기술은 자신에게만 있다고 주장하며 허영심을 드러내곤 한다. 쥐를 복제했다고 거짓 주장했던 칼 일멘세와 자신들의 뛰어난 현미경으로 난자나 정자 속의 작은 인간을 관찰할 수 있다고 주장했던 일부 전성론자들이 그랬다. 이와 같은 맥락에서 카렐은 자신과 에벨링만이 세포를 반복해서 계대배양하는 데 필요한 까다로운 기술에 숙달했고 다른 사람들은 제대로 하지 못한다고 주장하곤 했다. 이 주장은 수년 동안 계속되었고, 세포의 불멸성은 두 세대에 걸쳐 과학자들의 도그마로 남았다.

1961년 미국 세포생물학자 레너드 헤이플릭 Leonard Hayflick이 공개적으로 이 주장에 반박했고, 마침내 카렐의 주장은 무너졌다. 헤이플릭은 비슷한 실험을 여러 차례 수행한 결과, 배양 중인 세포는 불멸이 아니며 수명이 분명하게 제한되어 있다는 사실을 발견했다. 세포가 50회만 분열한 후 '노화'를 뜻하는 라틴어 유래 생물학 용어인 '노쇠senescence' 단계에 도달해 죽은 것이었다.

헤이플릭이 자신의 연구 결과를 〈실험 의학 저널Journal of Experimental Medicine〉에 발표하려 했을 때, 라우스 육종 바이러스 발견으로 노벨상을 받은 페이튼 라우스Peyton Rous 편집인은 "본질적으로 증식할 수 있는 세포는 적절한 환경만 제공되면 체외에서 무한히 증식할 수 있다는 것이 지난 50년간 조직 배양을 통해 밝혀진 가장 중요한 사실"이라며 헤이플릭의 논문 게재를 거부했다. 다행히 이런 상태가 오래 지속되지는 않았다. 노벨상 수상자를 포함한 다수의 연구자가 세포 노쇠의 필연성을 관찰하게 되면서 헤이플릭의 연구는 마침내 〈실험 연구Experimental Research〉에 게재되었다.[1] 오늘날에는 배양 중인 세포가 최대로 분열할 수 있는 횟수를 헤이플릭의 이름을 따서 '헤이플릭 한계Hayflick limit'로 부른다.

카렐이 배양한 세포에 대해서는 여러 가설이 있다. 너그럽게 해석하려는 사람들은 카렐이 배아 세포를 새로 옮겨 기존 세포에서 추출한 세포에 '영양분을 공급'하는 과정에서 실수가 생겨 계대배양이 진행될 때마다 배양 환경이 새로운 세포로 오염되었다고 예측한다. 한편 그런 일이 우연히 생길 리는 없다고 주장하는 이들도 있다. 진실이 무엇이든 간에 어쨌든 오늘날 우리는 세포가 영원히 살 수 없다는 것을 알고 있다. 적어도 정상 세포의 경우에는 말이다.

세포는 생활 주기를 따르는데, 그 이유가 항상 명확하지는 않다. 배양접시를 포함한 환경에서 일반적인 생활을 하는 동안 세포는 태양 방사선, 섭취한 양분과 물에 포함된 무기질이나 독소 등 예측 가능한 일상적 위해에 노출되면서 세포 DNA에 돌연변이가 발생한다. 이런 돌연변이는 세포가 자체를 유지하고 복구하는 데 필요한 도구나 물질의 효율이 떨어지게 하거나 사용할 수 없게 만든다. 한동안은 세포가 기능적 중복성, 즉 대체 도구를 사용하여 다양한 기제로 대응한다. 하지만 유전체 도구들에 점점 결함이 많아지면서 내부 조직이 손상된 단백질로 가득 차고 세포의 기능이 악화하여 결국 죽음에 이른다. 이런 현상은 앞의 위해 요소들로 인해 세포핵의 DNA뿐 아니라 박테리아에서 유래한 진핵세포 발전소인 미토콘드리아의 DNA에도 돌연변이가 생겨나 세포로의 동력 공급이 줄어들기 때문에 발생한다.

돌연변이를 제외하면 분자 자체로서 DNA는 생명력이 아주 강하다. 사람이 죽어도 개별 세포마다 DNA가 여전히 존재하며, 적절한 조건에서 온전하게 유지되면 수천 년간 생존할 수 있다. DNA는 단지 살아남는 것이 아니라 단기적으로 활성 상태를 유지하기도 한다. 예를 들어 쥐와 제브라피시는 죽은 후에도 길게는 이틀 동안 전사 과정이 지속된다. 이때 발현되는 특정 유전자 그룹은 살아 있는 세포의 활동이나 응답이 없으면 작동하는 '죽음의 신호'를 구성한다.[2] 결국 전사 과정은 중단되고 DNA는 일종의 휴면 상태에 들어가 서서히 부패한다.

우리의 DNA가 특정 상태에서 사망 후까지도 생존한다 해도, 결국 신체의 노화는 세포의 노화로 일어난다. 세포 기능의 쇠퇴와 붕괴가 계속 진행되어 우리의 마지막 순간까지 이어지는 것이다.

합의를 깨다

나는 세포가 영원히 살 수 없다고 언급할 때 '정상 세포'라고 한정했다. 적절한 조건이 갖추어지면 불멸할 수 있는 세포 유형이 하나 있다. 바로 암세포다.

앞서 동물 세포와 유전체 간의 파우스트식 합의를 살펴본 바 있다. 세포가 생식세포인 난자와 정자를 통해 유전체를 다음 세대에 온전하게 전달하는 한, 세포는 유기체를 만들고 유지하기 위해 유전체의 도구를 사용할 수 있다. 생식세포가 일상생활의 위해 요소로부터 유전체를 보호하는 벙커 역할을 하며, 유전체는 세포가 발달하고 우리 몸이 기능하는 동안 세포가 유전체를 사용하도록 허용한다는 합의다. 하지만 유전체가 끊임없이 세포를 통제하려 하기 때문에 이 합의는 자칫 깨질 수 있다. 결국 유전체가 세포 통제권을 확보하는 데 성공하면 이제 암이 신체를 장악한다.

과학자들이 유전체의 세포 장악에 관한 자세한 내용을 처음 알게 된 것은 아프리카계 미국인 여성 헨리에타 랙스Henrietta Lacks의 세포 표본을 통해서였다. 과학 작가 레베카 스클루트Rebecca Skloot는 위대한 인류애를 담은 헨리에타 랙스의 이야기를 저술하기도 했다. 1951년, 랙스는 병이 나서 미국 볼티모어의 존스홉킨스병원에 입원했고 자궁 경부암 진단을 받았다. 치료를 했지만 랙스는 결국 목숨을 잃었다. 그 치료 과정에서 랙스의 자궁 경부 조직이 채취되어 분석을 위해 실험실로 보내졌다. 당시 사내 암 연구원 조지 게이George Gey는 자궁 경부암 진단을 받은 병원 내 모든 환자에서 그랬듯이 랙스의 표본에서 일부 세포를 채취했다. 그때는 카렐의 세포 계대배양이 여전히 유효하다고 여겨지던 때였고, 게이는 같은 방식으로 인간 세포를 계대배양하고자 했다. 세포가 오래 살아 있을수록 더 오래 연구할 수 있고, 악성 종양의 기원과 작동 원리의 단서를 찾을 가능성이 있었다. 게이는 특히 종양 세포 배양에 관심이 많았다.

당시 카렐의 실험을 재현한 과학자는 아무도 없었다. 게이의 실험실 조교 메리 쿠비체크Mary Kubicek는 헨리에타 랙스의 세포 표본에서 자궁 경부의 정상 세포와 종양 세포를 분리해보았다. 쿠비체크는 세포를 시험관 배양액에 넣고 헨리에타 랙스의 이름 약자 '헬라HeLa'를 써 라벨을 붙인 다음, 세포가 2~3일만 살아 있을 것으로 예상하고 실험실을 떠났다. 며칠 후 헬라 배양액을 다시 확인한 쿠비체크는 종양에서 채취한 세포가 죽지 않고 놀라운 증식 속도로 매일 두 배로 증가하는 것을 보고 놀랐다.

몇 번이고 계대배양을 반복했고, 안전하게 보관한 헬라 세포는 이제 불멸의 세포처럼 보였다. 이후 헬라 세포는 정상 세포와 암세포의 수명을 연구하는 데 큰 도움을 주는 생의학 연구의 필수 요소로 자리 잡았다. 헬라 세포의 후손은 백신을 시험하고 제조하는 데 사용되어 제약회사에 큰 수익을 주었으며, 지금도 실험에 계속 사용되고 있다.

헬라 세포는 그 기원과 정체성 그리고 불멸성에 관한 두 가지 이야기로 이어진다. 첫 번째로, 냉동 배반포가 인간이 되는 시기와 그 소유권의 소재를 특정하기 어렵다는 사실을 과학자와 윤리학자들이 발견했듯이 헬라 세포도 같은 문제를 제기한다. 헨리에타 랙스의 가족과 친척은 헬라 세포가 랙스의 몸에서 동의 없이 채취한 표본에서 유래했으므로 여전히 랙스의 소유이자 더 나아가 자신들의 소유라고 강력히 주장해왔다. 한편 오늘날 전 세계 실험실에서 사용되는 헬라 세포는 랙스의 신체 일부가 아니며, 실제로는 원래 조직 표본에서 시작해 수 세대를 거치면서 달라진 세포다. 랙스의 세포와 유일하게 같을 가능성이 있는 것은 DNA인데, 이 경우에도 랙스의 가족 및 친척이 보유한 유전체와는 다르다. 변질되어 랙스의 몸을 공격하고 죽음에 이르게 한 돌연변이 버전이다. 인간 세포를 특정 개인의 일부로 규정하는 방식 및 시기와 더불어 인간 세포를 연구에 사용하는 방식에 관한 해답은 DNA 너머에 존재하는 듯하다.

두 번째는 헬라 세포를 통해 인류가 생물학에 관해 배운 사실들을 망라한다. 세포의 불멸성에 관한 카렐의 주장이 무너지기 불과 몇 년 전에 게이는 배양 연구를 통해 세포 불멸이 결국 가능하다는 것을 증명했다. 카렐과 달리 게이는 자신의 연구실에서 사용하는 방법을 투명하게 공개했고, 헬라 세포를 원하는 연구소에 세포 배양 지침과 함께 배포했다(랙스의 가족은 이 사실을 알고는 특히 문제 삼았다).

그러나 헬라 세포가 진화해온 방식을 보면 이런 불멸성의 실제 의미를 알 수 있다. 헬라 세포는 이동하는 곳에서마다 계속 성장했고, 시간이 지나면서 더 비정상적으로 변했다. 전 세계 연구소에서 헬라 세포를 대상으로 진행 중인 조사들에 따르면 헬라 세포는 단일 유형이 아니라 행동, 발현 유전자, 기본 DNA가 서로 다른 헬라 세포 집단이다. 이 세포들은 더 이상 랙스의 몸에 있던 세포가 아니다. 다른 사람들과 마찬가지로 랙스의 세포에는 염색체 23쌍이 있었지만, 오늘날 헬라 세포의 염색체 수는 대체로 35쌍에서 45쌍까지 다양하며, 과학자들이 모든 계통의 조상을 추적할 수 있을 정도로 유전체가 복잡하고 다양한 방식으로 뒤섞여 있다. 이런 변화를 볼 때 헬라 유전체가 사실상 더는 인간의 유전체가 아니라고 말하는 과학자들이 많다. 유전체의 도구들이 수리할 수 없을 정도로 망가져 있기에 이 세포들로부터 헨리에타 랙스를 복제하는 것은 불가능하다.

한편 이 극단적인 돌연변이 세포들은 암의 작동 원리를 보여준다. 세포의 증식과 일탈 과정은 랙스의 자궁 경부에서 유전체가 세포와의 파우스트식 협상을 위반하면서 시작되었다. 돌연변이의 출현으로 발생한 일련의 현상들이 랙스의 신체를 망가뜨렸을 것이다. 결국 돌연변이로 인해 세포가 스스로를 복구하는 능력과 주변 세포와 유익한 방식으로 상호작용하는 능력이 사라졌고, 손상되어 변형된 도구와 설비를 갖춘 암세포가 빠르게 증식했다. 암세포는 주변 영역을 침범하여 조직과 장기를 파괴했다.

하지만 종양도 자신의 성장을 위해 신체로부터 영양분을 공급받아야 한다. 따라서 생물학적 규칙의 제약을 받을 수밖에 없다. 종양이 신체를 모두 파괴하면 결국 종양 자체도 사라진다. 그래서 암세포는 자신의 이기적인 목적을 위해 주변 세포를 이용한다. 주변의 정상 세포에 신호를 보내 '혈관 형성angiogenesis'을 촉진하는 일련의 신호를 보내게 한다. 종양이 증식하려면 혈관이 많이 필요하기 때문이다.

그런데 몸 밖에서는 이런 제약이 적용되지 않았다. 따라서 쿠비체크가 영양분이 계속 공급되는 배양 환경에 랙스의 세포를 배치했을 때, 살아 있는 유기체에 존재하려고 수행했던 의무가 필요 없어졌다. 그러니 세포가 유전체를 전혀 통제할 수 없게 된 것이다. 이에 따라 리처드 도킨스가 언급한 가장 순수한 의미에서, 헬라 세포는 유전체를 위한 단순 매개체가 되었다. 세포가 증식하면서 유전자가 뒤섞였고, 다른 세포와 상호작용하는 데 필요한 도구와 설비를 사용하지 못해 죽었어야 할 세포들이 살아남았다. 헬라 세포는 불멸성을 얻은 대신 자체 복제 말고는 아무 쓸모가 없는 유전자 집합이 되는 엄청난 대가를 치른 것이다.

헬라 세포가 분리된 이후 수십 년 동안 다른 불멸의 세포주들이 실험실에서 확보되었다. 이런 세포 분주分株는 대개 종양에서 유래하며, 연이은 돌연변이 발생과 이기적 DNA라는 종양과 비슷한 패턴이 특징이다. 사실 정상 세포를 불멸의 세포로 만들려면 종양 세포와 융합하기만 하면 된다. 그리고 영화 〈에이리언〉에 등장하는 생명체처럼, 정상 세포를 먹이를 찾기 위한 파트너로 사용한 후 암세포는 결국 숙주를 파괴한다.

암세포의 비정상적인 행동은 세포의 자체 관리에 핵심적인 도구와 관련된 암호가 있는 여러 유전자의 돌연변이로 인해 발생하는 것으로 보인다. 여기에는 세포가 증식 및 분열하고 이 과정에서 소통하는 데 사용하는 도구와 전사 및 해독의 오류를 확인하고 복구하는 데 사용되는 도구가 포함된다. 헬라 세포의 경우 이런 돌연변이는 계통마다 다르다. 그러나 모든 불멸 세포주에 해당하는 공통점 하나는 과학 용어로 '텔로미어telomere'라고 하는 염색체의 끝부분이다.

텔로미어는 '끝'을 뜻하는 그리스어 '텔로스telos'에서 유래했으며, 개별 염색체 끝에 있는 DNA를 지칭한다. 텔로미어는 뉴클레오티드의 특정 염기서열 반복이 특징이며, 단백질 암호화는 하지 않는다. 텔로미어는 마치 깨지기 쉬운 꽃병을 감싸는 완충재처럼 염색체의 주요 유전자 암호화 부분의 손상을 방지하는 역할을 한다. 하지만 텔로미어도 다른 DNA와 마찬가지로 일상적인 위해에 노출된다. 결국 텔로미어의 길이는 세포의 나이를 반영하게 된다. 세포가 오래될수록 텔로미어의 길이가 짧아지는 것이다. 한편 이 과정을 거스르게 해주는 도구인 '텔로머라제telomerase'라는 효소도 존재한다.

헬라 세포 그리고 다른 불멸 세포주의 텔로미어는 정상 세포의 것보다 훨씬 길다. 이런 세포들에는 텔로머라제가 정상보다 더 많이 존재하기 때문이다. 실제로 모든 암세포는 텔로머라제의 수치가 높다. 이 세포들의 유전체는 기회가 생겨 세포를 잠식할 때도 자신을 우선시하는 것이다.

배양 중인 정상 세포에 텔로머라제를 투여하면 세포가 계대배양을 통해 분열과 증식을 계속하며 헤이플릭 한계를 돌파할 수 있다. 그렇다고 세포가 더 젊어진다는 의미는 아니다. 세포는 끊임없이 성장할 수 있지만 노화도 함께 진행된다. 그리스 신화에 나오는 티토누스와 새벽의 여신 에오스의 이야기와 비슷하다. 에오스는 트로이 왕의 아들인 티토누스와 사랑에 빠졌고, 티토누스에게 영생을 주라고 제우스에게 부탁했다. 이에 제우스는 영생을 허

락했지만 영원한 젊음은 주지 않았기에 에오스는 티토누스를 영원히 돌봐야 했고, 이후 이 신화의 다른 버전에서는 티토누스가 매미가 되었다. 이 그리스 신화에서 알 수 있듯이 장수와 건강을 모두 갖기는 어렵다. 알토스 랩스는 이를 명심해야 할 것이다.

헬라 세포는 전적으로 자기 유전체의 명령에 복종하므로 사람의 회춘을 위한 로드맵을 제시하지는 못한다. 그러나 우리 몸에는 불멸을 추구하는 또 다른 유형의 세포가 있다. 이 세포는 파우스트식 합의를 재구성하여 유기체의 이익에 맞게 수정한다.

새로운 신체

이 글을 읽는 지금도 여러분의 내장에서는 격렬한 전투가 벌어지고 있다. 한쪽에는 가장 최근에 먹은 음식의 부산물이, 다른 한쪽에는 장 세포와 장내 세균 군집, 즉 우리 몸과 상호 유익한 관계를 맺고 장에 서식하며 영양분 분해를 돕는 박테리아 집단이 있다. 장에 있는 세포가 전투에서 이기는 경우가 대부분이지만, 이런 승리에는 대가가 따른다. 10억 개가 넘는 장 내벽 세포가 매일 주기적으로 사멸한다. 신체에 심각한 질병이 없는 한 우리는 이런 세포의 손실을 느끼지 못한다. 장 내벽 안에 있는 특수 세포들이 끊임없이 새로운 세포를 생성하여 거의 매주 완전히 새로운 장 내벽이 만들어지기 때문이다.

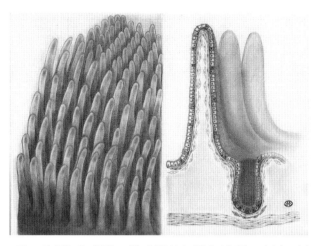

그림 29. 장에서는 융모(왼쪽)로 접힌 커다란 상피 내벽이 카펫처럼 조직되어 표면적을 넓히고 음식물의 영양분 흡수를 촉진한다. 주변 세포의 틈새에 장 줄기세포가 위치한 내벽 안 장샘을 보여주는 융모의 단면도(오른쪽). 장 줄기세포가 컨베이어벨트처럼 아래에서 위로 움직이며 세포를 생성한다. 이 세포들은 제 역할을 한 후 장 내벽에서 사멸한다. 세포의 종류에 따라 다른 음영이 적용되었다.

이런 특수 세포는 세포 성장 및 분화도에서 줄기나 뿌리에 위치하기 때문에 '줄기세포stem cell'라는 이름이 붙었다. 줄기세포는 몇 가지 특별한 능력을 보유하고 있다. 우선 특정 조직의 세포 유형이 담긴 보고로서 음식물 처리에 사용되는 다양한 세포 유형을 만드는 등 세포 유형을 하나 이상 생성할 수 있다. 이는 줄기세포가 분화할 때 특화된 세포를 만드는 대신 자체 복제본을 생성하여 기능하는 세포를 형성할 잠재력을 유지하기 때문이다. 줄기세포 중 다수는 불멸이거나 적어도 신체가 살아 있는 동안은 유지된다. 줄기세포는 내장뿐 아니라 신체 다른 부위에도 존재한다. 피부의 경우 새로운 세포를 만들어 일상적인 마모로 벗겨지거나 손상되는 표피층을 채워 넣는 줄기세포 덕분에 매달 완전히 새로운 피부가 생성된다. 가장 놀라운 점은 골수에 있는 혈액 줄기세포가 매초 세포 수백만 개를 생성한다는 사실이다. 매일 체내 산소 운반 과정에서 죽는 적혈구를 대체하기 위해 새로 생성되는 적혈구 20억 개도 줄기세포의 산물이다.

줄기세포는 노화하지만 그 속도가 아주 느리다. 자체의 증식과 생명 주기를 조절하여 텔로미어와 미토콘드리아를 젊게 유지하는 것으로 보인다. 또한 줄기세포는 신체가 지속적으로 받는 손상을 방어하는 역할도 한다. 신체의 조직과 장기의 세포는 독소, 방사선, 감염, 부상 등의 위해 요소로 인해 계속 손상된다. 그렇다 해도 조직과 장기는 대부분 작동을 멈추지 않는다. 줄기세포는 이렇게 죽어가는 세포를 새로운 세포로 끊임없이 교체하는 고마운 역할을 한다.

몇 가지 분명한 예외를 제외하면 신체 조직 및 장기에는 대부분 '성체줄기세포adult stem cell'가 있다(성인 신체의 일부라는 점에서 이렇게 부른다). 예외 중 하나는 성인의 심장이다. 한편 뇌에도 성체줄기세포가 없다고 오랫동안 여겨져왔다. 20세기의 대부분 동안 과학자들은 뇌 세포 수가 출생 직후부터 일정하게 유지된다고 주장하며 평생 신경세포가 하나라도 파괴되면 뇌는 해당 세포 없이 작동하거나 인지기능 결함이 있는 채 유지된다고 주장했다. 그러나 1960년대의 선구적 연구에 이어 1990년대에 과학자들은 이 개념에 반하는 증거를 발견하고 있다. 쥐의 경우 냄새를 처리하는 데 사용되는 '후구嗅球, olfactory bulb'라는 뇌 부위에서 새로운 뉴런이 자주 생성된다. 쥐가 예민한 후각과 기억에 생존을 의존하는 종이라는 점에서 이런 과정은 당연해 보였다. 그렇다면 인간의 뇌에서도 비슷한 과정이 발생하여 우리의 생존을 도울까?

실험용 동물의 뇌나 다른 장기 내 줄기세포를 검사하기는 어렵지 않다. 개별 세포 DNA에 유기 염료나 분자로 색을 입히는 간단한 방법을 사용하면 된다. 세포가 분열하지 않으면 색 표식이 해당 세포 내에 남게 되고, 세포가 분열하면 그때마다 표식이 절반으로 나뉘므로 시작점을 기준으로 세포 내 표식이 있는 DNA의 양을 통해 세포의 상대적 나이를 측정할 수 있다. 이 기법은 여러 동물을 대상으로 '세포 회전율cell turnover', 즉 조직이나 장기가 오래된 세포를 제거하고 새로운 세포를 보충하는 속도를 파악할 때 사용된다. 하지만 인간을 대상으로 이런 실험을 하는 것은 다른 모든 실험과 마찬가지로 윤리적으로 불가능하거나 적어도 바람직하지 않다. 한편 이런 실험을 할 기회가 가끔 생기기도 한다. 프레드 게이지Fred Gage와 동료들은 치료상의 이유로 암 환자에게 DNA에 통합될 물질을 투여하게 되면서 이런 기회를 얻었다. 암 환자가 사망한 후 그 뇌를 검사한 결과 뇌의 일부 영역, 특히 학습과 기억에 중추적 역할을 하는 해마 영역인 '치아이랑dentate gyrus'에서 세

포 분열이 발생했다는 것을 발견했다.[3]

이는 흥미로운 결과지만 건강한 사람도 그럴까? 스웨덴 스톡홀름의 카롤린스카 연구소Karolinska Institutet 소속 커스티 스폴딩 Kirsty Spalding과 요나스 프리센Jonas Frisén은 그 해답을 찾기 위해 2005년부터 2015년까지 창의적인 연구를 진행했다.[4]

암 환자에게 그랬듯이 인간의 뇌세포에 색을 입히는 방식은 너무 위험하다. 하지만 스폴딩과 프리센은 1955년에서 1963년 사이에 자연적으로 이루어진 실험에서 이미 그런 작업이 이루어졌다는 사실을 깨달았다. 냉전이 한창이던 당시 미국과 소련이 지상에서 핵무기를 실험할 때 폭탄이 터지면서 동위원소인 탄소-14라는 특이한 형태의 탄소가 대기를 가득 채웠다. 사람들이 공기를 마시면서 이 동위원소가 세포로 유입되었고, 그 후로도 체내에 계속 남아서 폭발 당시 인근에 있었다는 표식이 되었다. 핵무기 실험은 1963년에 중단되었고, 실험 기간에 태어난 사람들은 이 특이한 동위원소에 노출당한 셈이었다. 이런 개인의 조직과 장기에서 탄소-14의 양을 추적하면 세포의 수명에 대한 정보를 얻을 수 있을 것이다. 이런 과정은 분자의 특성에 따라 수행된다.

지구상에 존재하는 탄소는 대부분 양성자 6개와 중성자 6개를 포함하고 있다. 탄소-14는 이와 달리 양성자 6개와 중성자 8개가 있어 불안정한 구조다. 시간이 지나면서 탄소-14는 양성자 7개와 중성자 7개로 구성된 질소로 서서히 변거나 붕괴하는데, 정확

당신의 지문은 DNA를 말하지 않는다

히 5730년마다 물체에 있는 탄소-14의 양이 절반으로 줄어든다. 이 붕괴 속도는 아주 규칙적이어서 고고학자들은 탄소-14 연대측정법을 개발하여 고대 유기 유물의 연대를 오차범위 2년의 정확도로 알아낼 수 있다. 스폴딩과 프리센은 동일한 탄소-14 연대측정법을 사용하여 뇌를 포함한 신체 조직과 장기의 세포 회전율을 추정했다.

연구진은 사망 전에 실험에 참여하기로 동의한 120명의 시신에서 조직 표본을 채취하여 정기적으로 교체된다고 알려진 세포들에 탄소-14 연대측정법을 적용했다. 예상대로 지상 핵 실험이 진행되던 시기에 태어난 사람들의 장세포와 피부세포가 나머지 세포보다 훨씬 젊다는 사실이 밝혀졌다. 줄기세포가 제 역할을 했던 것이다. 지각 및 인식과 관련된 대뇌피질(접히고 융기된 회백질 층)에서 채취한 표본에서는 뉴런이 순수한 탄소-14로 가득 차 있었으며, 이 세포들은 분열하지 않은 상태였다. 그러나 해마 깊숙한 곳에서는 프레드 게이지가 보고한 사례처럼 치아이랑이라는 영역에서 탄소-14가 희석된 흔적이 발견되었다. 설치류의 후각과 마찬가지로 인간의 세포 재생이 학습과 기억의 중심지인 뇌 영역에서 발생하고 세포 회전율이 그 기능을 수행한다는 것으로 이해되었다. 이를 통해 스폴딩과 프리센은 성인기 동안 매일 치아이랑에서 뉴런 수백 개가 생겨난다고 추정했다.

이 도발적이고 흥미로운 결과에 반박하는 움직임도 없지 않았다. 최근 일부 연구에서는 유아기 후에는 뇌에 세포가 전혀 추가되지 않거나 추가된다 해도 극소수라고 재차 주장했다. 앞으로 이러한 과정에 대해 밝혀내야 할 사항들이 많지만, 신비한 영역인 치아이랑에서는 분명 무언가가 발생하고 있다.

또한 스폴딩과 프리센은 탄소-14 연대측정법을 통해 인체의 다른 모든 조직과 장기의 나이도 조사할 수 있었다. 그 결과 놀라운 사실을 발견했다. 대체로 우리 몸은 우리가 생각하는 것보다 젊다. 내장, 피부, 혈액이 정기적으로 보충될 뿐 아니라 우리 몸은 10년마다 새로운 골격을 만들어낸다. 심지어 지방세포도 계속 유지되지 않고 8년 정도마다 재생된다. 연구진은 또한 망막의 수정체와 심장세포를 포함하여 출생 후 재생되지 않는 조직이 많다는 것도 증명했다.

이런 연구 결과는 인간의 신체가 태어날 때부터 서서히 쇠퇴하는 정적인 구조가 아니라는 점을 강조한다. 유전체가 여러 개일 수 있을 뿐 아니라 부위에 따라 나이가 다양할 수도 있는 것이다. 개별 조직과 장기에는 고유한 운율과 존재 이유가 있으며, 그 줄기세포는 DNA가 거의 같다는 사실에도 불구하고 자체 시계에 따라 작동한다. 이런 숫자와 차이의 기원은 아직 명확하지 않지만 한 가지 분명한 사실은 매년 신체 구조도의 대부분을 구성하는 세포들이 변한다는 것이다. 매해 그리고 매일 우리는 어제의 우리와 다른 인간이며, 우리를 구성하는 세포와 유전체도 매 순간 달라진다.

당신의 지문은 DNA를 말하지 않는다

프레타포르테

줄기세포는 경이롭지만 관찰하기는 어려울 수 있다. 배양 환경에서 활발하게 증식하는 종양세포와 달리 줄기세포는 수줍음이 많아 해당 조직 깊숙한 곳의 세포 환경인 '적소niche'에 끼어 있는 상태를 선호하는데, 이런 환경은 아직 실험실에서 재현할 수 없다.

줄기세포는 자연적인 삶터 밖에서는 빠르게 고유의 기능을 잃고 특정 세포로 전환되며, 결국 탈진하여 죽는다. 이런 이유로 오랫동안 연구자들은 실험을 통해 줄기세포의 기능을 유추하는 방법을 통해서만 그 존재에 관해 알고 있었다. 줄기세포의 존재가 처음으로 명확하게 드러난 것은 1960년대로, 당시 토론토대학의 생물학자 어니스트 맥컬럭Ernest McCulloch과 물리학자 제임스 틸James Till은 혈액세포의 수명이 제한적임에도 신체가 어떻게 생명을 유지하기에 충분한 혈액을 공급할 수 있는지를 알아내고자 했다. 틸은 대조군 쥐에 방사선을 투사하여 혈액세포를 소멸시켰고, 이 쥐들은 결국 죽음에 이르렀다. 방사선을 투사한 다른 쥐 집단에는 건강한 쥐에게서 채취한 골수세포를 주입했다. 두 번째 쥐 집단이 생존하여 건강하게 오래 생존하자 틸과 맥컬럭은 여러 가지 결론을 내렸다.[5] 무엇보다 이 실험을 통해 골수의 일부 세포가 다른 신체에 정착할 수 있으며, 유전체가 다르더라도 새로운 신체에 혈액세포를 공급하는 능력이 있다는 사실이 드러났다. 이 연구를 기반으로 골수에서 비정상적 백혈구가 대량으로 생성되는 백혈병을 치료하기 위한 골수 이식법이 개발되었다. 그러나 아직 누구도 혈액 줄기세포를 배양하여 유지하는 데 성공하지 못했기에 골수 내 혈액 줄기세포의 존재와 성질은 가설로만 남아 있다.

한편 최근 연구자들은 실험실 내 연구를 위해 다른 줄기세포를 확보하는 방법을 알아내려는 노력을 시작했고 가치 있는 결과를 내고 있다. 2000년대 초, 당시 네덜란드 위트레흐트대학의 한스 클레버스Hans Clevers가 이끄는 연구팀은 내장의 재생 능력, 특히 장내 줄기세포가 사용하는 유전체 도구를 연구했다. 연구진은 쥐의 줄기세포 표면에 있는 단백질을 통해 줄기세포를 식별할 수 있다는 사실을 발견했다. 다음 과제는 줄기세포를 분리하여 배양하는 것이었다.

연구팀의 위장병 전문의인 사토 토시로Sato Toshiro는 이 과제에 도전하기 위해 줄기세포 관련 표식을 사용하고 배양 조건을 조정하여 장 내벽의 적소를 재현하려 했다. 사토가 줄기세포를 분리하자 놀라운 일이 벌어졌다. 며칠 후 줄기세포는 생존하고 증식했을 뿐 아니라 일반 장세포의 리본들에서 뾰족하고 속이 빈 세포 구체들을 만들었고, 그 바닥에 줄기세포 몇 개가 일정한 간격으로 배치되어 있었다. 배양된 줄기세포는 장 일부의 3차원 복제본인 '미니 장minigut'을 생성했다.[6]

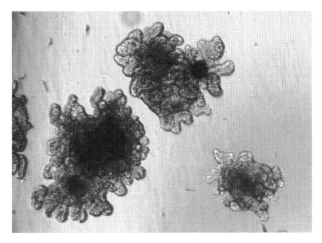

그림 30. 성인 장 줄기세포에서 생성된 인간 장 유사체 또는 미니 장.

며칠이 더 지나자 이 미니 장은 배양 환경 규모 대비 너무 커져서 나누어 배양해야 했다. 정원사가 새로운 식물을 키우기 위해 표본 하나에서 조각들을 잘라내듯이 연구팀은 미니 장의 조각들을 새로운 배양의 씨앗으로 사용했고, 배양접시마다 미니 장이 더 많이 생성되었다. 원칙적으로 이런 과정은 무한정 계속될 수 있다. 세포가 악성으로 변하는 것이 아니라 새롭게 거듭남으로써 배양 환경에서 불멸의 존재가 되는 것이다.

여기서 '재생했다'가 아닌 '거듭났다'고 표현한 이유는 이 미니 장이 실제로 기능하는 장은 아니기 때문이다. 미니 장은 장기의 단순화된 축소형인 '장기 유사체organoid'로, 실제 장기와 달리 영원히 지속될 수 있다. 미니 장에는 혈관이 자라지 않기 때문에 조직과 기능에 한계가 있다. 예를 들면 면역세포가 발달하지 않아 배양 환경이 오염되면 죽을 확률이 아주 높다. 또한 다른 조직이나 장기와 연결되어 있지 않으므로 신체 기관의 일반적인 활동 및 기능을 수행하지 않는다. 하지만 체외에서 연구할 수 있기 때문에 미니 장을 통해 세포의 장기 및 조직 형성 방식에 관해 많은 것을 알아낼 수 있다.

장기 유사체의 비밀은 사토 토시로가 줄기세포의 자연적인 적소를 모방하는 데 사용한 화학 신호들의 조합에 있다. 사토가 사용한 재료 중 하나는 장배 형성의 춤에서 중요한 역할을 하는 신호 단백질 Wnt로, 앞서 5장에서 살펴보았다. 또 다른 재료는 종양세포에서 추출한 '매트리겔Matrigel'이라는 끈적한 분비물로, 화합물 1500여 가지로 구성되어 있다. 매트리겔이 없으면 아무 일도 발생하지 않았다. 매트리겔의 역할은 줄기세포의 상피 구조를 유지하는 것으로 보이며, 이는 줄기세포의 정체성에 필수 요소다. 그러나 Wnt와 매트리겔을 같이 사용했을 때도 매번 실험이 성공한 것은 아니다.

중요한 건 사토가 세포 한 개로 배양을 시작하는 대신 줄기세포 한 개와 줄기세포의 장내 주변 세포 같은 정상 장세포 한 개를 조합해 세포 두 개로 배양을 시작했을 때 줄기세포가 더 잘 성장하여 미니 장을 생성할 가능성이 컸다는 사실이다. 세포 두 개가 소통하게 하는 것이 세포 한 개에만 의존하는 것보다 신체 부위를 만드는 데 더 효율적이었다. 사실 줄기세포 하나만 있으면 가장 먼저 자체 복제본을 만들고 다음 단계로 장세포를 만든다. 그런 다음 이 두 세포가 함께 미니 장을 만든다. 이처럼 장 유사체를 만들려면 세포 두 개가 협력해야 한다.

이런 세포 간 협력은 단순한 화학 반응 이상이다. 세포는 성장하는 조직의 기하학적 정보와 세포 덩어리가 서로 밀어내면서 생성되는 힘도 사용한다. 내 동료이자 현재 제약사 로슈에 근무하는 마티아스 루톨프Matthias Lutolf는 미세 가공 및 공학 기술을 사용하여 미니 장의 성장을 장의 성장과 비슷하게 만들었고, 이에 따라 줄기세포가 자연적으로 생성한 주머니가 세로 구조로 바뀌면서 줄기세포가 담긴 장샘이 체내 내장의 모습을 닮게 되었다. 이렇게 탄생한 새로운 미니 장 덕분에 해당 적용 분야가 확대될 것이며, 특히 임상에서의 가능성이 보이고 있다.

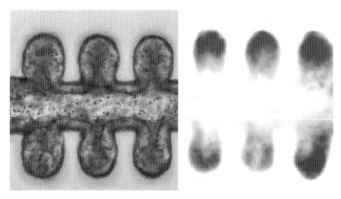

그림 31. 줄기세포에서 유래해 원래 구조와 유사한 관 형태가 되도록 만들어진 쥐의 장 유사체. 장샘 바닥의 줄기세포 위치 확인을 위해 염색된 부분(오른쪽).

성체줄기세포의 미니 장은 이제 질병과 감염을 모델링하고 동물 대상 시험 시 비용이 많이 드는 경우나 불가능한 방식으로 약물을 시험하는 데 사용되고 있다. 런던 암 연구소의 니콜라 발레리Nicola Valeri와 동료들은 2018년에 이와 관련된 놀라운 실험 하나를 보고했다. 암 환자에게서 채취한 줄기세포에서 미니 장 세포를 배양한 다음, 미니 장과 환자의 장에서 항암 약물의 효과를 모니터링했다. 그 결과 미니 장과 실제 장은 약물에 대해 비슷한 반응을 보였다.[7] 이는 환자의 건강을 위협하지 않으면서 어떤 약물이 환자에게 가장 유익하거나 가장 해롭지 않은지 시험하고 선별하는 데 장기 유사체가 성공적으로 사용될 수 있음을 시사한다. 이 개념을 증명한 더 놀라운 실험에서는 쥐들에게 이식한 쥐의 미니 장이 원래의 장과 통합되어, 언젠가 인간 장기 유사체가 손상된 조직과 장기 복구에 사용될 가능성을 열었다.[8]

장의 줄기세포로 미니 장을 만들 수 있고 조직과 장기 대부분에 줄기세포가 있다면, 우리 몸 대부분 부위의 장기 유사체를 배양할 수도 있을 것이다. 실제로 지난 몇 년 동안 미니 간, 미니 폐, 미니 췌장, 피부 유사체 등 다양한 장기 유사체가 배양됐다. 이런 연구들은 대부분 쥐의 줄기세포를 사용했지만, 인간 줄기세포를 사용하는 사례가 점점 늘고 있다. 모든 경우에서 Wnt 신호와 매트리겔은 세포가 체내에서 발생하는 일을 모방하는 구조를 만들게 하기 위한 핵심 요소인 듯하다. 흥미롭게도 혈액 줄기세포가 혈액을 생산하게 하는 방법은 아직 아무도 찾지 못했다. 혈액 줄기세포가 자리 잡은 골수 깊은 곳의 적소의 비밀을 아직 아무도 밝혀내지 못했기 때문이다.

다양한 종류의 성체줄기세포는 자체가 속한 장기나 조직을 지원하는 고유한 역할을 하지만, 이와는 다른 특징이 있는 줄기세포 종류도 있다. 장 줄기세포는 장세포를 만들고, 혈액 줄기세포는 혈액을 만들고, 피부 줄기세포는 피부를 만드는 반면, 이 특별한 종류의 줄기세포에는 개별 장기를 유지하는 줄기세포를 포함해 우리 몸의 모든 세포를 만들어내는 능력이 있다. 이 특수 세포를 '배아줄기세포embryonic stem cell'라고 한다. 우연히 발견된 배아줄기세포는 세포의 젊음을 되찾는 마법의 묘약을 찾는 사람들에게 한 줄기 희망의 빛을 선사한다.

영원한 젊음의 섬

1950년대 당시 갓 박사학위를 받고 미국 메인 주 바하버Bar Harbor에 위치한 잭슨 연구소Jackson Laboratory에서 연구하던 리로이 스티븐스Leroy Stevens는 담배를 마는 종이가 폐암 및 다른 흡연 관련 암을 유발하는지 알아봐 달라는 요청을 받았다. 스티븐스는 여느 때와 마찬가지로 쥐를 대상으로 연구를 진행했으며, 당시 '129'라고 부르던 품종을 사용했다. 그는 어느 날 쥐 한 마리의 음낭이 크게 부어 있는 것을 발견했고 그 고환을 절개해보니 이빨, 털, 근육 등 다양한 종류의 세포가 한 덩어리로 뒤섞여 있었다. 얼핏 봐서는 정체를 알 수 없는 세포도 있었다. '괴물'을 뜻하는 그리스어 테라토스teratos에서 유래한 '기형종teratoma이라는 이름이 붙은 이 종양은 수 세기 동안 의사들을 사로잡은 연구 대상이다.

기형종은 일반적으로 고환이나 난소에서 자라는 양성 종양이었지만 스티븐스는 기형종의 성장 가능성에 흥미를 느꼈다. 그는 이 세포를 다른 쥐의 피하에 주입하여 기형종이 생성되는지 확인하고자 했고, 일부 성체 쥐의 복부에도 주입했다. 그 결과 기형종 세포는 모든 복부 장기에 윤활유 역할을 하는 혈장인 복막액에서 번성하며 이상한 혹들을 생성했는데, 전문가의 눈에 이 혹은 장배 형성 과정을 거치기 전 발달하는 세포 덩어리와 놀라울 만큼 비슷해 보였다.

이런 유사성에 흥미를 느낀 스티븐스는 초기 배아의 세포를 129 품종 쥐의 고환에 주입해도 종양이 생기는지 궁금했다. 실험 결과 종양이 생겼고, 스티븐스는 그 후로 20년간 기형종에서 채취한 세포의 활동과 구조를 관찰하며 이를 '배아 암종 세포embryo carcinoma cell'라고 불렀다. 스티븐스는 자신의 인내심과 세심한 관찰을 통해 배아줄기세포라는 젊음의 샘으로 향하는 길을 닦아가고 있었다.

스티븐스의 배아 암종 세포는 특히 배아와의 유사성 때문에 과학자들의 관심을 끌었다. 어떻게 종양세포가 배아 단계로 되돌아갈 수 있을까? 이런 물음을 가진 과학자 중 필라델피아 폭스 체이스 암 센터Fox Chase Cancer Center의 발생학자 베아트리체 민츠Beatrice Mintz는 1960년대에 각각 세포 8개로 구성된 검은쥐 배반포 하나와 흰쥐 배반포 하나에서 추출한 세포를 결합하여 키메라 쥐를 만드는 기술을 개발했다. 1975년, 민츠는 검은쥐의 129 품종 배아 암종 세포를 흰쥐의 배반포에 주입하자 피부에 흰색과 검은색 반점이 있는 성체가 생성된다고 보고했다. 종양세포에서 건강한 키메라가 만들어진 것이다. 심층적인 분석 결과, 129 품종 세포는 (난자와 정자가 갖춰지지 않은) 생식 계열을 제외한 성체 쥐의 모든 조직에 통합된 것으로 나타났다. 배아 암종 세포가 생식세포 종양에서 유래했다는 점을 고려할 때, 이는 세포가 정상적으로 성장하고 정상적인 발달에 참여한다는 의미에서 발달이 종양을 역전시킬 수 있다는 점을 시사하는 흥미로운 결과였다. 놀랍게도 이와 관련된 연구는 아직 진행되지 않고 있다.

배아 암종 세포의 활동은 쥐의 발달에 참여하는 비슷한 능력을 갖춘 세포가 정상 동물에도 존재하는지에 관한 의문을 제기한다. 당시 영국 케임브리지대학의 맷 코프먼Matt Kaufman과 마틴 J. 에반스Martin J. Evans 그리고 미국 캘리포니아대학 샌프란시스코 캠퍼스의 게일 마틴Gail Martin이 1981년에 처음으로 관련 업적을 남겼다. 쥐의 발달 초기 단계, 특히 자궁 착상 전 배반포에서 세포를 채취하여 성장에 유리한 조건에 놓자 배아 암종 세포와 비슷하게 행동하는 작은 세포 군집이 생겨났다. 연구진이 이 세포를 배반포에 주입하자 민츠의 실험에서와 마찬가지로 키메라 성체가 태어났다. 하지만 배아 암종 세포에서 생겨난 키메라와 달리 이 쥐에게는 생식 능력이 있었다. 마틴은 이 세포가 발달 중인 동물에서 추출되었고 다른 줄기세포처럼 자신의 세포가 아닌 다른 유형의 세포를 생성할 잠재력이 있어 보인다는 점에서 '배아줄기세포'라는 이름을 붙였다.

쥐에게 배아줄기세포가 있다면 인간에게도 있을 것이 분명했다. 쥐와 인간의 배반포는 아주 비슷하며 세포가 사용하는 도구도 같기 때문이다. 하지만 이 마법 같은 배아줄기세포를 인간에게서 발견하는 데는 1998년까지 거의 20년이 걸렸다. 체외수정에서 배양된 배반포를 사용하여 인간 배아줄기세포를 발견한 미국 과학자 존 기어하트John Gearhart와 제임스 톰슨James Thomson은 쥐의 배아줄기세포와 특성이 많이 겹치는 세포를 배양하는 데 성공했지만, 한 가지 문제가 있었다. 배아의 세 가지 배엽인 외배엽, 중배엽, 내배엽을 생성하는 능력인 전능성이 이 세포들에 있다는 사실을 어떻게 증명할 수 있을까? 이 세포들이 진정한 배아줄기세포라는 것을 어떻게 증명할 수 있을까?

세포의 전능성을 시험하는 표준적인 방법은 초기 배아의 세포와 조합하여 키메라를 만드는 것이지만, 뇌 줄기세포의 경우에서와 마찬가지로 배아줄기세포로 추정되는 세포를 인간 배반포에 주입하여 그 기능을 확인하는 실험은 할 수 없다. 그래서 연구진은 면역력이 저하된 쥐에 인간 배아줄기세포로 추정되는 세포를 주입하는 우회적인 방법을 택했다. 배아줄기세포가 맞는다면 세포가 성장할 것이었고, 전능성이 있다면 쥐의 배아 암종 세포 및 배아줄기세포처럼 모든 종류의 세포 유형을 나타내는 종양이 생겨날 것이었다. 실험 결과 인간 배아줄기세포로 추정되는 세포는 이런 역할을 모두 수행했고, 이 분석법은 현재도 인간 배아줄기세포의 전능성을 시험하는 데 사용되고 있다.

인간 배아줄기세포의 발견은 의료 혁신의 새 시대를 열었다. 연구자들이 배아줄기세포가 조직을 생성하도록 유도하는 방법을 알아낼 수 있다면, 배아줄기세포를 통해 신경세포를 생성하여 손상된 척수를 복구하여 마비된 사람이 다시 팔다리를 사용하게 하거나, 심장세포를 생성한 다음 심장마비로 손상된 조직에 주입하여 심장 치유를 도울 수도 있다. 파킨슨병 증상을 유발하는 소수의 기능장애 세포를 대체할 수 있는 뇌세포를 만들게 할 수도 있다. 이처럼 응용할 수 있는 부문은 무궁무진하다. 속담에 나오는 젊음의 샘이 실제로 존재한다면, 모든 세포 유형으로 분화할 능력이 있는 미분화 세포의 발달 초기 단계에 있을지도 모른다.

배아줄기세포 관련 연구는 아직 초기 단계에 있지만 그 작동 원리는 밝혀지기 시작했다. 우선 배아줄기세포가 단백질 세 가지와 전사 인자 네 가지로 구성된 아주 작은 도구 상자를 사용하여 젊

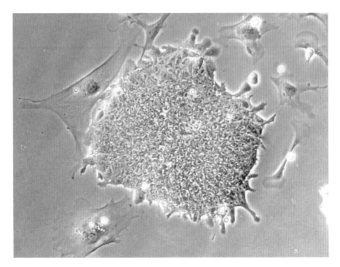

그림 32. 배아줄기세포 군집. 가장자리에 분화 중인 세포가 보인다.

은 상태를 유지한다는 사실이 드러났다. 특히 이 중 한 요소의 역할이 아주 중요하다. 스코틀랜드 에든버러의 이안 챔버스Ian Chambers와 오스틴 스미스Austin Smith, 일본 교토의 야마나카 신야Yamanaka Shinya가 발견한 이 단백질의 이름은 '나노그Nanog'로, 켈틱 신화에 등장하는 영원한 젊음의 섬인 '티르 너 노그Tir na nÓg'에서 유래했다. 본질적으로는 분자 도구인 나노그는 배아줄기세포가 사용하는 전사 인자 도구들인 Sox2, Oct4, Klf4, Esrrb의 활동을 구현하는 데 사용된다. 나노그가 없으면 세포 내 이런 전사 인자들의 전능성이 빠르게 사라지는 것으로 추정된다.

젊음을 유지하는 또 다른 중요한 측면에서 배아줄기세포는 세

당신의 지문은 DNA를 말하지 않는다

포가 신체 구조도 내 최종 위치에 안착하기 위해 시작하는 장배 형성 과정에서 언급된 신호들인 FGF, Nodal, Wnt의 조합에 집중한다. 이런 신호들은 발달 중인 동물에서는 일시적으로 나타나지만, 배양 환경에서는 지속적으로 공급되어 세포의 전능성을 유지하게 한다. 과학자들이 외부에서 화학물질로 이런 신호의 수준을 조절할 수 있는 한편 배아줄기세포는 자체적으로 이 신호들을 생성하는데, 이는 장배 형성과 완전한 배아 발달이 가능한 환경이 아니라는 것을 배아줄기세포가 감지하기 때문인 듯하다.

앞서 계속 언급했듯이 세포는 신호, 즉 세포 간 상호작용과 대화를 통해 자체의 운명과 정체성을 결정한다. 세포를 와딩턴 풍경의 산꼭대기에 유지하거나 앞에 펼쳐진 언덕과 계곡으로 내려가도록 유도하기 위해 미리 정해진 회로를 작동시키는 것도 이런 신호들이다. 그렇다면 이 지식을 사용해 세포들을 종착지인 계곡에서 산꼭대기로 끌어올리는 것도 가능할지 모른다.

미래로의 회귀

전사 인자가 배아 세포에 미치는 영향을 관찰한 야마나카 신야는 이 과정을 직접 수행할 수 있을지도 모른다는 대담한 아이디어를 떠올렸다. 분자를 적절히 조합하면 성체 세포를 배아줄기세포로 만들 수 있을지도 모르는 일이었다. 존 거든의 복제 실험과 복제양 돌리 실험 등의 선례에서 이런 가능성이 보이기는 했지만,

사실상 도박과도 같은 실험이었다.

야마나카는 쥐에서 유래한 전능적 세포에서 발현되는 모든 유전자의 이름을 수집하기 시작했다. 특히 발달 초기 단계에만 발현되는 유전자에 중점을 둔 결과 결국 유전자 24개로 구성된 목록을 만들었다. 그런 다음 야마나카의 연구진은 신체 복구에 사용되는 세포인 '섬유아세포fibroblast'에 이 유전자를 모두 넣었고, 그 결과 세포가 평소에는 존재하지 않던 단백질을 생성하게 하는 화학적 환경이 생성되었다. 며칠 후 소수의 섬유아세포가 전능적 세포로 변했다. 유전자 24개 중 하나 이상에 파일 복구 프로그램 '타임머신'과 같은 역할을 하는 암호가 포함되어 있어 세포를 분화 이전 발달 초기 단계인 와딩턴 풍경의 산꼭대기로 되돌려 놓은 것이었다.[9]

이런 변화가 가능하다는 것을 증명했으니, 이제 세포의 시간 여행을 수행하는 데 필요한 최소한의 유전자를 알아내기 위해 조합의 범위를 좁혀야 했다. 결국 최종 조합은 유전자 네 개인 *Sox2*, *Klf4*, *Oct4*, *Myc*로 밝혀졌다. 유전자 네 개 모두 전사 인자를 암호화하며, 이 중 세 개는 전능성 유지에 핵심적인 역할을 한다. 놀랍게도 나노그는 이 단백질 조합에 포함되지 않는다. 하지만 나노그는 결국 유전자 네 개가 암호화한 인자들의 활동으로 인해 활성화되며, 나노그의 활성화는 세포가 목적지에 도착했다는 신호다.

야마나카는 이 단백질 네 개를 사용하여 쥐 세포를 재프로그래밍한 다음, 생성된 전능 세포를 초기 쥐 배아에 넣었다. 이 세포가 배아에 통합되면서 건강하고 생식력을 가진 쥐가 탄생했다. 이 쥐는 이후 건강하고 생식력을 가진 자손을 낳았다. 이 과정을 통해 네 가지 인자가 세포를 발달 초기 상태로 재설정하여 모든 장기나 조직을 생성할 수 있다는 사실이 입증되었다. 야마나카는 재프로그래밍된 세포를 '유도만능줄기세포induced pluripotent stem cell'라고 불렀다. 이후 야마나카의 연구팀은 인간 섬유아세포를 대상으로 실험을 반복하며 인간 유전자를 제거한 후 같은 단백질 조합을 얻었다.[10]

복제양 돌리나 존 거든의 개구리 사례처럼 경로는 다르지만 결과는 동일했다. 야마나카의 연구 결과는 세포를 위한 젊음의 샘을 찾는 여정이라는 점에서 흥미롭지만, 야마나카의 인자와 난모세포에서 성체 세포를 재프로그래밍하는 인자 사이의 정확한 관계는 아직 명확하지 않다. 게다가 야마나카의 절차는 그다지 효율적이지 않았다. 세포 수만 개가 유전자 네 개를 받지만 실제로 이 과정을 통해 재프로그래밍되는 세포는 천 개 중 하나에 불과하다. 야마나카 인자가 실제로 적용되는지는 세포의 상태에 따라 달라지는 것으로 보인다.

그럼에도 세포 재프로그래밍은 텔로미어를 연장하고 미토콘드리아 발전소의 효율성을 개선하는 데 도움이 된다. 세포가 더 젊어 '보이는' 걸 보면, 야마나카의 실험 과정으로 세포와 유전체 사이의 파우스트식 합의가 재협상되는 것으로 보인다. 이런 발견에 내재한 잠재력이 알토스 랩스의 설립으로 이어졌고, 이곳의 연구원들은 야마나카 조합을 다양하게 변형해 시험하며 언젠가 인간 내부에서 재프로그래밍 기술을 수행할 수 있는지 알아보고 있다.

앞으로 두고 볼 일이다. 재프로그래밍이 진행되는 동안 세포에서 흥미로운 일이 일어나고 있다는 사실만큼은 분명하다. 게다가 과학자 다수가 야마나카 조합이 조절하는 유전자들에 초점을 맞추고 있지만 가장 중요한 작용은 전체적 개체로서의 세포들 내에서 발생하고 있는 것이 분명하다. 이 유전자 조합의 요소들이 DNA로 무엇을 하든, 그것들은 세포의 다른 단백질을 방해하고 세포 활동의 조절 중추인 mTOR 같은 요소를 활성화할 수도 있다. 이 분야 연구에서 돌파구가 나오기까지는 앞으로 수년이 더 걸릴 것이며, 그 과정에서 놀라운 일들이 생길 것이다.

어쨌든 유도만능줄기세포와 장기 유사체는 세포가 유전자를 사용하여 조직, 장기, 유기체를 만드는 방식을 알아볼 수 있는 창을 제공했다. 중요한 것은 유도만능줄기세포와 장기 유사체가 재생 의학을 위한 도구라는 점이다. 유도만능줄기세포(약어로 iPSC)는 배아줄기세포와 같으므로 장기 및 조직 공학에 사용될 수 있다. 배반포에서 유래하지 않았기 때문에 배아 사용과 관련된 윤리적 문제를 우회할 수 있다는 점이 장점이며, 이런 관점에서 볼 때 잠재적 가치가 엄청난 분야다.

조각들로 구성되다

다양한 유형의 세포를 만들 수 있는 배아줄기세포의 능력에 관한 연구가 이어지면서 놀라운 결과들이 이어서 나왔다. 신경계 발달에 관심이 많았던 뛰어난 과학자 사사이 요시키Sasai Yoshiki는 2012년에 포유류 뇌의 발달 방식을 알아내기 위해 쥐의 배아줄기세포에 손을 대기 시작했다. 어느 날 사사이는 동료 한 명이 수행 중인 실험에서 세포를 확인하던 중 배아 눈이라고 불리는 눈술잔optic cup, 眼杯이 뇌의 일부와 함께 배양접시 안에 생겨난 놀라운 광경을 목격했다.[11] 눈은 다양한 종류의 세포가 특정 기하학적 구조와 밀도로 배열된 복잡한 구조의 장기다. 따라서 배양접시에서 눈이 생겨났다는 사실은 꽤 충격적이었다. 이에 사사이가 일부 인간 배아줄기세포를 사용해 같은 조건으로 배양을 시도하자 역시 눈과 비슷한 구조와 관련 뇌 조직이 생겨났는데, 이번에는 훨씬 더 크고 입체적인 구조였다.[12] 세포가 자체의 종을 알고 그에 따라 구조를 조정하는 듯했다!

이전 과학자들이 미니 장을 발견했다면, 이번에는 새로운 연구자들이 미니 뇌를 찾아냈다. 사사이가 발견한 지 1년 후, 오스트리아 빈 소재 분자생명공학 연구소의 연구원 매들린 랭커스터Madeline Lancaster와 위르겐 크노블리히Jürgen Knoblich가 최초의 대뇌 유사체를 공개했다.[13] 신경 줄기세포, 뉴런, 기타 뇌세포의 조합으로 층을 이룬 이 작은 세포 집합체는 유도만능줄기세포에서 배양되었고, 인간 뇌 피질의 주름 및 능선과 기묘하게 닮아 있었다. 하지만 신체와 연결되어 있지 않아서 우리가 일반적으로 인식하는 뇌의 작동 방식을 보이지는 않았다. 반응하고 학습할 정보를 제공하는 감각기관이 없고, 호르몬 분비를 조절하는 심장이나 폐로부터의 순환 고리가 없으며, 근육을 제어할 수도 없었기에 사실 뇌라고 할 수는 없었다. 하지만 이 미니 뇌는 질병이 인간 뇌에 미치는 영향을 연구할 수단이 될 수 있다는 점에서 매력적인 연구 대상이었다.

2015년 이후 소두증(머리가 작고 뇌 조직이 많이 손실된 상태)을 가지고 태어나는 아기들이 비정상적으로 많아지면서 대뇌 유사체 모델이 중요한 시험대에 올랐다. 소두증 사례 대부분은 임산부와 태아가 모기를 통해 인간에게 전염되는 지카 바이러스에 감염된 것이 원인으로 밝혀졌다. 보건 당국이 신속하게 대응하여 바이러스 확산을 통제했지만 지카 바이러스는 근절되지 않았고, 치료법도 존재하지 않는다. 임신 중 지카 바이러스에 감염된 여성에게서 태어난 아기 중 일부의 뇌가 제대로 발달하지 못하는 이유를 이해할 수 있다면 지카 바이러스가 다시 발생할 때 도움이 될 것이다.

인간의 뇌를 대상으로 하는 실험은 일반적으로 윤리적, 현실적 문제로 인해 불가능하다. 당연히 살아 있는 사람의 뇌에 지카 바이러스 감염 실험을 한다면 지극히 비도덕적인 행위다. 게다가 뇌의 경우 다른 장기나 조직과 달리 다른 동물을 사용하여 실험할

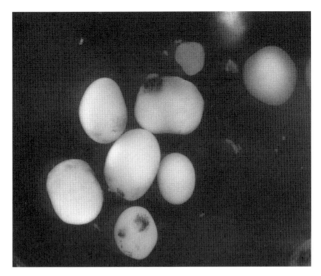

그림 33. 인간 배아줄기세포로부터 배양된 미니 뇌 집단. 어두운 반점은 눈과 비슷한 구조의 색소 상피와 관련 있다.

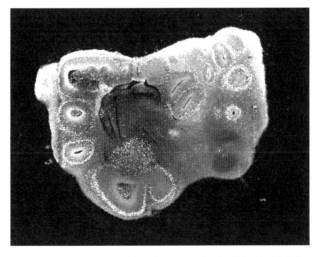

그림 34. 뇌 피질의 조직과 유사한 뉴런의 층상 구조를 보여주는 인간 미니 뇌의 단면도.

수도 없다. 다른 동물과 다르게 인간 뇌의 피질은 뇌의 다른 부분보다 상대적으로 더 크기 때문이다. 인간 뇌의 뉴런과 신경 회로가 정보를 처리하는 방식도 다른 동물과 달리 고유한데, 발달 초기에 분화되기 전에 뇌세포가 되는 전구 세포 수가 엄청나게 늘어나는 것이 그 예다. 이런 숫자와 회로의 조합을 통해 인간 뇌는 다른 어떤 종과도 비교할 수 없는 인지 능력을 갖추게 되며, 이에 따라 과학적 목적으로 사용할 수 있는 비교 대상이 없다. 인간 뇌의 발달 방식과 더불어 정상적인 발달 및 작동의 방해 요인을 연구하려면 인간의 조직, 아니면 적어도 영장류의 조직을 사용해야 한다. 다행히 미니 뇌를 통해 처음으로 윤리적 문제없이 이런 실험을 수행할 수 있게 되었다.

당시 존스홉킨스대학 소속이던 궈리 밍Guo-li Ming과 송홍준은 배양 과정에서 미니 뇌의 성장 단계에 따라 지카 바이러스를 감염시키는 실험을 통해 바이러스가 뇌의 전구 세포를 공격하는 경향이 크다는 사실을 증명했다. 전구 세포가 이 바이러스에 감염되면 세포의 확장이 줄며, 전구 세포가 생성한 자손 세포도 죽는 경우가 많다. 그 결과 지카 바이러스에 감염된 미니 뇌는 비슷한 씨앗 세포에서 자라 감염되지 않은 미니 뇌보다 크기가 훨씬 작아졌다.[14] 이런 결과는 소두증의 치료법은 아니지만 그 원인을 이해하기 위한 단계 중 하나다.

또한 미니 뇌의 연구는 알츠하이머병과 자폐증을 포함한 다른 뇌 관련 질환의 기원과 기제, 그리고 잠재적인 치료법에 관한 단서로 이어질 가능성도 있다. 두 질환 모두 지난 10년 동안 유전자와의 연관성과 관련한 연구가 많이 이루어졌지만, 알츠하이머병 환자의 20퍼센트가 넘는 사례에서 유전자의 역할이 크지 않은 것으로 나타났다. 유전자가 알츠하이머병의 직접적인 원인이 된 것으로 알려진 사람은 전 세계적으로 수백 명에 불과하며, 알츠하이머병에 대한 취약성을 높이는 *APOE* 유전자를 가진 사람은 알츠하이머병에 걸린 사람의 절반도 되지 않는다. 마찬가지로 자폐증이 유전적 요인이라는 연구 사례들을 자세히 살펴보면 수많은 유전자가 자폐증 발병 위험과 관련 있을 수 있다는 것을 알 수 있다. 이처럼 모든 뇌세포가 같은 방식으로 유전자를 사용하는 것은 아니다. 분명 다른 요소가 있을 것이며, 미니 뇌는 세포 중심 관점에서 더 많은 것을 알아낼 수 있는 수단이다.

과학자들은 배아줄기세포로 생성된 장기 유사체와 야마나카의 재프로그래밍 기술을 결합하여 이론상 특정 조직이나 장기를 위한 세포 구조를 생성할 수 있는 맞춤형 배아 세포 복제본을 만들 수 있게 되었다. 신경학적 장애가 있는 사람의 세포를 채취하여 유도만능줄기세포가 되게 유도하는 조합에 넣은 다음, 미니 뇌를 만들도록 유도하는 조합에 넣으면 된다. 그러고 나면 이 맞춤형 장기 유사체를 사용해 마음껏 실험할 수 있는데, 먼저 개인의 질병 원인과 결과를 조사하고, 두 번째로 어떤 약물이 질병을 개선하는 데 가장 효과적인지 시험해볼 수 있다.

아직 갈 길이 멀지만 과학자들은 장기 유사체를 사용하여 세포 기능 장애의 기원을 밝혀내는 다양한 프로그램을 수행하고 있다. 유도만능줄기세포는 맞춤형 뇌 같은 구조와 더불어 근육, 췌장, 장을 생성할 수 있다. 이런 연구 분야들을 통해 특정 개인의 몸에서 채취한 세포로 그 사람의 전체적인 대체 장기를 만들 수 있는 진정한 재생의학의 흥미로운 가능성을 엿볼 수 있다.

하지만 세포가 어떻게 상호작용하는지는 아직 충분히 밝혀지지 않았다. 이런 식으로 배양 환경에서 분리된 구조들이 개별 조각으로 생겨난다는 사실에 뭔가 묘한 기분이 들 수 있다. 우리는 전체적으로 통합된 존재라기보다 그저 장기와 조직의 연합에 불과한 것일까?

나는 수년간 초파리를 연구하면서 유전자, 세포, 조직 간의 관계를 다양한 각도에서 이해하려고 노력했고, 관련 구조의 형성 방식에서 비슷하게 묘한 기분을 느끼곤 했다. 나는 파리 배아의 발달 초기에 장배 형성 과정이 진행될 무렵 '성충판imaginal disc'이라는 작은 세포 집단이 배아의 특정 영역에 따라 분리되어 있다는 것을 알았다. 성충판은 유충이 알에서 부화하면서 자라기 시작하며, 유충이 주변 환경을 돌아다니며 먹이를 먹고 성장하는 동안 활성 세포와 함께 영양분을 공급받는다. 유충은 성장 후 특정 시점에 번데기를 형성하여 고치나 둥지 같은 덮개 안에 둘러싸인 상태가 된다. 번데기 안에서는 아주 놀라운 일이 일어난다. 유충 세포가 죽고, 장배 형성 시기에 따라 따로 보관되어 성장한 세포 덩어리들이 모여서 마치 레고 조각이 맞추어지듯이 성충을 조립한다. 자세히 관찰하면 개별 세포 집단마다 다리 한 짝, 눈 하나, 날개 한 쪽 등 몸체의 특정 부위의 특징이 뚜렷이 나타난다. 배양접시에서 생겨난 미니 뇌나 미니 간과 비슷하게, 성체의 각 구성 요소는 서로 독립적으로 발달했지만 모두 함께 맞물려 있다. 유일한 차이는 미니 장기의 경우 개별 요소들이 하나로 모이는 것이 아니라 배아에서 동시에 발달한다는 점이다.

이런 몸체 구성 방식이 특이해 보일 수 있지만, 장기 유사체가 존재한다는 사실만 보더라도 인간 또한 비슷한 방식으로 조립된다는 것을 암시한다. 내장과 뇌, 간을 배양접시에 하나씩 따로 놓고 보면 인간은 파리와 크게 다르지 않을 수도 있으며, 다양한 부위가 결합하는 과정이 생각보다 단순할 수 있다.

유도만능줄기세포에서 장기, 특히 미니 뇌를 생성할 수 있게 되면서 복제 같은 실험에 유도만능줄기세포를 사용할 수 있을 것이라는 의견이 대두되었다. 피부세포 중 하나를 가져다가 유도만능줄기세포로 만든 다음 미니 뇌, 미니 장, 미니 간, 미니 췌장을 만든다면 파리의 경우처럼 이 모든 요소를 몸체 하나로 조립하여 축소형 버전의 인간을 만들 수 있다는 논리다.

그러나 우리 몸의 모든 세포는 서로 다르고 고유하며, 이는 특정 DNA 구성의 경우도 마찬가지다. 세포는 야마나카의 재프로그래밍 과정을 거치면서 원래 상태와 달라진다. 결국 복제된 고양이 CC가 공여자인 레인보우와 다른 존재였던 것처럼 미니 뇌도 해당 개인의 뇌와 다를 것이다. 전 세계 언론의 머리기사를 장식한 미니 뇌 사례들은 예외적인 표본들로, 신체 내의 뇌와는 전혀 다른 방식으로 작동한다. 신체의 뇌는 해당 개인의 평생에 걸쳐 연결 구조를 형성하는데, 실험실에서 배양된 구조들에는 이런 요소가 빠져 있다.

생명체의 허상

스위스를 방문한다면 호숫가 마을인 뇌샤텔Neuchâtel로 여행을 떠나볼 만하다. 이곳에 있는 예술 및 역사 박물관 내 작은 원형극장 무대에는 18세기 의상을 입고 키가 약 2피트 정도인 작고 어린 아이 같은 자동인형 세 개(음악가, 화가, 필경사)가 등장하는데, 모두 시계 장인 피에르 자케 드로Pierre Jaquet-Droz의 손길로 만들어진 작품이다. 매월 첫 번째 일요일에 방문하면 이 인형들이 움직이는 모습을 직접 볼 수 있다.

음악가 인형은 작은 손가락으로 조그만 건반을 눌러 미니어처 하프시코드를 섬세하게 연주하며 공연한다. 그다음으로 화가 인형이 연필을 들고 루이 15세, 귀족 부부, 개, 마차를 모는 큐피드 중 하나를 스케치하며 작업하다가 도중에 연필 가루를 불어 없애기도 한다. 필경사 인형이 특히 인상적인데, 먼저 실제 잉크로 채워진 잉크통에 깃펜을 담그고 책상 위에 놓인 종이에 잉크를 질펀하게 흘려 글을 쓴다. 글자를 최대 40자까지 쓰도록 프로그래밍할 수 있으며, 글자를 쓸 때마다 눈이 해당 글자를 따라 움직인다. 프로그래밍이 가능한 첫 컴퓨터로 간주되기도 하는 이 필경사 인형은 부품 6000개가 조화롭게 조립되어 함께 작동하며, 등에 달린 기어들에 작성할 글자들이 설정되어 있다.

자케 드로가 '오토마타automata'라는 이런 장치를 만들던 1770년 무렵에는 유기체를 구성하는 요소에 관한 논쟁이 활발하게 진행 중이었다. 당시는 행성물리학의 역사가 한 세기에 불과했고, '오러리orrery'라는 태양계 천문 모형이 주목받고 있었다. 톱니바퀴를 사용하여 개별 행성의 자전과 궤도를 모방하여 행성들이 서로를 맴돌며 끊임없이 움직이도록 만든 기계 장치였다. 우주가 시계처럼 움직인다면 생명체도 마찬가지가 아닐까? 이런 개념의 연장선에 있는 자케 드로의 오토마타는 톱니바퀴, 판, 와이어를 이용해 생명체 혹은 생명체의 허상을 만들려는 시도의 결과물이다. 하지만 아무리 훌륭한 오토마타라도 유기체와 기계를 구분하는 기본 특성 두 가지가 빠져 있다. 바로 번식 능력과 치유 능력이다.

만약 자케 드로가 오늘날 오토마타를 만든다면 금속이 아닌 세포를 사용했을 것이다. 오토마타의 톱니바퀴, 판, 와이어를 대체할 생명체 모조품인 장기 유사체는 세포로 만들어졌다. 하지만 오토마타의 경우 자케 드로가 모든 부분을 제어하고 언제 어떻게 움직일지 프로그래밍했던 반면, 장기 유사체에서는 지휘권이 세포에 있다. 장기 유사체를 만들 때 우리는 세포를 다양한 조건에 놓고 세포의 활동을 지켜보는 것만 할 수 있다. 세포 집단을 한 영역에서 다른 영역으로 옮겨 적절한 신호와 배양 조건을 찾아내면, 해당 세포 집단이 물리학 법칙에 따라 미니 장, 미니 간, 미니 뇌를 생성할 것이다. 이런 제조 방식들을 칭하는 '프로토콜' 중 일부 사례에서는 세포의 활동에 운의 요소도 작용한다. 장기 유사체의 모습은 실로 놀랍지만, 아직 이 세포들의 작동 방식은 밝혀지지 않았다.

게다가 과학자들은 배아줄기세포로 특정 장기 유사체를 만들 때 항상 지름길을 택한다. 세포를 특정 방향으로 유도하는 것은 모든 장기 및 조직이 배아에서 생겨나고 그 씨앗 세포들이 서로 신호를 교환하며 발달에 영향을 미친다는 사실을 무시하는 것과 같다. 심장이 제대로 발달하려면 내배엽이 필요하고 장이 제대로 발달하려면 중배엽이 필요하다. 특정 세포 유형 한 가지로만 구성된 집단을 만들어낼 수는 있지만, 그렇게 하면 필요한 과정이 제대로 진행되지 않는다. 그 결과 생성된 장기는 불완전하고 태아 상태에 머물러 있어 성인의 신체 내에서 본래 기능을 수행할 수 없다. 장기 유사체에는 배아처럼 풍부하고 다양한 세포 연합이 존재하지 않는다.

당신의 지문은 DNA를 말하지 않는다

2003년에 내가 15년간 연구한 초파리에서 배아줄기세포로 관심을 돌리게 된 계기는 이런 생각 때문이다. 장기 유사체가 흥미롭긴 하지만, 다양한 조직과 장기의 씨앗들이 상호작용하는 완전한 축소형 초기 배아를 배아줄기세포로부터 만들어낼 수 있을까? 배양접시 내에서 세포 상호작용이 어디까지 발생할 수 있을까?

당시에는 배양 환경에서 축소형 배아를 만든다는 것이 불가능한 얘기처럼 들렸다. 하지만 쥐 배아줄기세포를 다른 쥐의 배반포에 넣으면 줄기세포가 장배 형성을 통해 원래 접합체의 후손과 함께 배아를 만들 수 있다는 실험 결과가 나왔다. 배아줄기세포가 새로운 주변 환경에 동화되는 것이 가능하다면, 배양 과정에서 배아줄기세포가 편안한 상태로 춤을 추게 할 수 있는 방법이 분명 있을 것이다.

8장

배아의 귀환

저명한 물리학자 리처드 파인만Richard Feynman의 캘리포니아 공과대학 사무실에 걸려 있던 칠판은 과학자의 칠판답게 분필 메모로 뒤덮여 있었다. 메모의 대부분은 방정식이었고, 과제가 적혀 있기도 했다. 파인만과 학생들의 연구에 지침 역할을 하는 격언들도 쓰여 있었는데, 이 중에는 파인만이 사망할 당시에 적혀 있어서 과학자들 사이에서 전설적인 지위를 얻은 격언이 있다. 그 내용은 이렇다. "만들지 못한다면 이해하지 못한 것이다What I cannot create, I do not understand."

파인만은 자연의 힘을 연구했지만, 나는 이 분필 격언이 오늘날 생물학계로의 비범한 지적 도전을 제시한다고 생각한다. 유전자가 세포 하나에서 인간으로 발달하는 과정의 지침서인 '생명의 책'이 맞는다면, 지금쯤 인류는 유전자를 사용하여 인간의 생물학적 체제를 만들 수 있어야 한다. 지난 20여 년간 유전자 기반 회로설계 관련 산업 부문이 생겨났으며, 주로 크리스퍼처럼 박테리아의 유전자를 이용하거나 인슐린처럼 상업적, 생의학적 가치가 있는 단백질을 생산하는 기술이 개발되었다. 하지만 앞서 살펴본 바와 같이, 조직과 장기를 만들어내려면 유전체만으로는 부족하므로 적절한 종류의 세포가 적절한 조건에 있어야 하며, 이런 조건이 충족되더라도 실마리를 찾지 못하는 경우가 대부분이다. 생물학이 파인만의 격언을 "만들 수는 있지만 이해하지는 못한다"로 뒤틀어놓은 셈이다.

우리의 정체성과 기원을 이해하려면 세포가 우리를 만드는 방식을 알아야 한다. 지금까지 수많은 사실을 밝혀냈음에도 여전히 세포가 배아를 만들도록 유도할 수 없다면, 우리가 진정으로 이해한 것은 과연 무엇일까?

퍼즐의 조각

파리가 인간보다 단순하다고 말하는 사람은 생물학에 관해 잘 모르는 사람이다. 토머스 헌트 모건과 수많은 연구자가 유전자 연구에 사용하는 초파리는 당연히 오페라 음악을 작곡하거나 아이폰을 발명하지는 못하지만 평범한 인간 대부분처럼 잠을 자고, 혼자 있으면 우울해지며, 노래와 춤으로 서로에게 구애하고, 심지어 수를 세기도 한다.[1] 게다가 인간의 질병과 비슷한 질병에 걸리기도 한다. 인간 질병과 관련된 유전자의 약 75퍼센트가 파리에도 존재하므로 돌연변이를 이용해 특정 인간 질병을 복제하고 그 질병이 파리에게 어떤 영향을 주는지 확인할 수 있다. 예를 들어 인간의 파킨슨병을 유발하는 돌연변이가 초파리 유전자에 주입되면 그 초파리의 신경근이 위축되면서 떨리는 현상이 발생하는데, 이는 파킨슨병 환자가 겪는 증상이기도 하다. 이런 이유로 초파리는 유전적 기능 장애와 세포 기능 장애 사이의 관계를 연구하는 데 유용한 대상이다.

이런 연구는 세포가 유전자를 사용하여 신체를 만들고 유지하는 방법에 초점을 맞출 때 유용하다. 파리와 다른 곤충들은 언뜻 보기에 척추동물 형성 방식과는 다른 놀라운 방식으로 만들어진다. 7장에서 다루었듯이 파리 몸의 각 부분은 성충판으로서 다른 부분과 별개로 발달한다. 우리가 특정 장기 유사체를 개별적으로 배양할 수 있다는 사실은 어떻게 보면 장기가 정교한 성충판이나 마찬가지라는 것을 시사한다. 이처럼 파리와 인간은 비슷한 요소들이 많지만 그것들을 사용하는 전략이 다르다. 따라서 이를 밝혀 내는 것이 관건이다.

1990년대에 영국 케임브리지대학의 우리 연구팀은 초파리 세포가 파리를 만드는 원리를 연구했다. 특히 세포가 개별 성충판에 적절한 수의 세포를 배정 및 패턴화하여 세포 덩어리를 날개나 다리로 변형하듯이 파리의 특정 부위를 만드는 과정에서 세포가 서로 소통하는 방식에 관심이 많았다. 우리는 파리 세포가 Wnt와 Notch 신호 경로를 사용하면서 어떻게 서로 달라지며, 어떤 방식으로 배아에서 시작해 날개 등을 조직하는지 밝혀내려고 많은 시간을 들였다. 그 결과 이런 의문들의 답을 찾지는 못했지만 관련 분야의 발전에 일조했다. 당시는 유전학이 많이 주목받던 시기였기에 우리 연구팀은 유전자와 기능, 즉 돌연변이 유전자와 그 기능 간의 연관성을 찾는 데 집중했다. 1장에서 설명한 역사적 이유로 초파리를 연구 대상으로 삼았지만, 초파리는 발달이 빠르게 진행되어 몇 분, 몇 시간 만에 몸체 부위가 만들어지는 등 모든 일이 빠르게 진행되는 유기체이다 보니 세포의 활동 방식을 파악하기가 어려웠다. 그래서 특정 유전자를 제거하거나 돌연변이를 일으켜 그 결과를 확인하고 해석하는 기본적인 유전학 연구에만 적용할 수 있다.

이런 실험들의 결과를 보면 마치 초파리의 유전자는 유전자가 암호화한 단백질에 내장된 프로그램을 사용하여 발달 과정을 지시하는 것처럼 보였다. 세포와 유전자 간 상호작용이 너무 빠르고 돌연변이로 인한 손상이 너무 심해서 유전자가 중심에 있다고 생각해도 이상할 것이 없을 정도였다. 하지만 나는 마음 한구석에 이것이 빠른 진행 속도 때문에 생겨난 신기루라는 생각이 들었다. 세포가 특정 목적을 위해 유전자를 사용하고 있으며, 특히 발달 과정에서 Wnt와 Notch 신호를 사용하여 어떤 활동을 할 것인지 선택하고 다른 세포와 통신한다는 단서가 있었기 때문이다.

파인만의 격언을 적용하여 우리의 이해도를 시험하기 위해 연구 대상 유기체를 만들기란 불가능했다. 파리에는 줄기세포가 있지만 우리 장에 있는 것과 같은 성체줄기세포일 뿐, 배양하여 마음대로 분화시키고 눈이나 뇌를 만들도록 유도할 수 있는 전능적 세포인 파리 배아줄기세포는 존재하지 않는다. 초파리로는 파인만의 격언을 시험할 수 없다. 초파리의 경우 모든 것이 배아, 구더기 또는 파리의 체내에서 연구되어야 한다.

그러던 중 2000년경 나는 배아줄기세포를 알게 되었고, 그 능력에 관한 정보를 접하면서 생물학의 최대 난제들을 탐구하는 데 이 세포를 어떤 식으로 사용할 수 있을지 생각했다. 나는 4장에서 설명한 한스 드리슈의 실험, 즉 처음 생긴 세포 두 개를 분리하여 쌍둥이 성게 배아를 만드는 실험을 생각했다. 파리의 경우 핵 수천 개가 있는 상태에서 핵이 먼저 분열하고 세포가 나중에 생성되는 특이한 방식 때문에 이 실험을 할 수 없었다. 근본적으로는 배아 내에서 전능적 세포와 결합하여 쥐의 몸체 구조도를 만들 수 있는 배아줄기세포가 왜 배양접시에서는 이런 활동을 하도록 유도될 수 없는지 궁금했다. 원래의 배아를 떠나지 않았다고 배양된 세포에 알려 활동에 다시 임하게 만드는 특정 요소가 빠진 것일까? 또한 배아줄기세포는 세포가 신호를 사용하여 유기체를 만드는 방식을 이해하는 데 유용한 실험적 체제가 될 것 같았다. 파리 배아는 구더기로 성장할 때 한 번 분열한다. 나는 2000년대 초 줄기세포 분야의 선구자인 오스틴 스미스Austin Smith의 도움과 조언을 받아 고심 끝에 파리에서 배아줄기세포로 연구의 초점을 옮겼다.

당시 영국에 이와 비슷한 목적의 연구 집단은 많지 않았지만, 세포가 활동을 선택하고 그 선택을 통해 유기체를 구축하는 방식에 관한 해답을 찾는 데 배아줄기세포가 도움이 되리라는 확신이 들었다.

우리 연구팀은 쥐의 배아줄기세포로 시작했다. 세포가 장배 형성 과정에서 생성되는 중배엽(이후 근육, 뼈, 혈액을 생성)이나 내배엽(이후 장과 폐로 발달) 중 한 층을 만들어야 하는 환경이 조성되었을 때 해당 세포가 배아에서와 같은 단계를 거친다는 놀라운 관찰 결과가 나왔다. 발현되는 유전자는 물론, 유전자 발현의 일정과 프로그램, 시기도 모두 같았다. 이를 통해 내재 회로가 쥐의 와딩턴 지형을 내려가는 프로그램을 실행하고 세포가 배아 외부에서 이를 따른다는 것이 증명되었다. 또한 지금까지 살펴보았듯이 단일 세포 내에서 전사 인자와 유전체 간의 순차적 상호작용으로 시간의 형태인 예정된 순서가 생겨날 수 있다는 사실도 확인했다. 하지만 이런 전사 인자 서열과 운명이 전체 유기체의 맥락 밖에서 나타난다는 점이 이상했고, 어떻게 해도 세포가 배아나 배아와 비슷한 구조로 조립되지 않았기에 답답했다.

우리는 다른 과학자들의 진보에 힘입어 계속 연구에 정진했다. 특히 배아줄기세포가 장 유사체를 형성하도록 유도하는 방법을 찾아낸 사토 토시로와 한스 클레버스의 연구 그리고 배아줄기세포에서 자연적으로 생성된 눈술잔과 유사 뇌 구조를 관찰한 사사이 요시키의 연구 소식에 영감을 받았다. 이 두 실험에서 특히 주목할 점은 두 실험의 시작점이 배양접시에 펼쳐진 세포들이 아니라, 세포 외 공간과 비슷한 신비한 접착 물질인 매트리겔 안에 빽빽하게 결합된 세포 집합체였다는 사실이다. 배양접시에서 생명이 생성되지 않는 것은 평면적인 배아는 존재하지 않기 때문이라는 핵심적인 이유를 일깨운 중요한 발견이었다.

배아는 입체적으로 구축되기 때문에, 우리는 세포 내부의 무언가가 질량의 물리학을 감지하고 다른 세포의 수를 인식한 다음에 전체 유기체 생성 여부를 결정하는 것인지 궁금했다. 또한 세포 간 환경과 세포 외 환경을 적절히 모방할 수 있는 무언가에 세포를 집어넣어야 하는 것 같았다. 그래서 매트리겔이 중요한 역할을 할 것 같았지만, 매트리겔 자체는 단순히 세포에게 편안한 환경을 조성할 뿐 그 이상으로 중요하지는 않았다.

물론 이런 의문은 우리만 제기한 것이 아니었다. 나는 2013년에 전문지 〈디퍼런시에이션 Differentiation〉에서 이 난제의 중요한 단서를 발견했다.[2] 하와이대학의 마리카와 유스케 Marikawa Yusuke와 동료들은 단미증 유전자 발현을 촉발하여 배아의 초기 조직 형성 방식을 조사하던 중 배양된 배아 암종 세포가 초기 개구리 배아를 닮은 콩 모양 구조를 생성하는 것을 관찰했다. 게다가 이 구조에서 단미증은 신체 구조도의 시작 부분인 한쪽 끝에서만 발현되었고, 매트리겔이 필요하지 않았다. 이 결과는 배아줄기세포도 같은

당신의 지문은 DNA를 말하지 않는다

방식으로 유도할 수 있다는 점을 시사했다.

나는 마리카와에게 배아줄기세포로 실험을 시도해본 적이 있는지 문의했고, 실험을 해보았지만 세포가 배아 같은 구조로 조직화되지 않았다는 답변을 받았다. 나는 연구실 소속 과학자인 수잔 반 덴 브링크Susanne van den Brink와 데이비드 터너David Turner에게 더 나은 결과를 얻을 수 있을지 문의했다. 결국 우리 연구팀은 예상 밖의 방식으로 더 나은 결과를 얻었다.

전체의 견본

과학자에게 가장 멋진 경험 중 하나는 예상치 못한 방식으로 실험 결과를 얻는 것이다. 나는 사사이 요시키가 배아줄기세포 배양에서 눈술잔이 생겨나는 것을 처음 보았을 때 느꼈을 경외감과 놀라움, 그리고 사토 토시로와 한스 클레버르스가 며칠 동안 배양한 장 줄기세포에서 장의 축소형 버전인 속이 빈 세포 주머니가 형성되었다는 것을 발견했을 때 느꼈을 기분을 상상해보곤 했다. 우리 연구팀은 '배아'를 만드는 것이 목표였지만, 실험 결과 얻게 된 다른 무언가는 시간이 지나면서 훨씬 더 흥미롭고 놀라운 것으로 드러났다.

2013년 봄, 우리 연구팀은 자체 개발한 배양 환경 내 배아줄기세포 분화 유도 방법을 사용하여 쥐의 배아줄기세포가 마리카와 유스케의 배아 암종 세포에서 관찰된 형태와 비슷한 콩 모양 구조를 형성하게 하는 데 성공했다. 마리카와의 경우처럼 이 구조의 한쪽 끝에서도 배아 뒷부분의 표식인 단미증 발현을 관찰할 수 있었다. 한편 우리 연구팀은 세포의 활동을 촬영하기 시작하면서 마리카와의 실험과 결정적인 차이점을 발견했다. 배아줄기세포들이 장배 형성을 시도하고 있었던 것이다.

이 과정을 시작하기 위해 우리는 세포들이 한데 모여 원형 덩어리를 형성할 수 있도록 쥐 배아줄기세포들을 움푹 들어간 작은 공간에 넣었다. 이 세포 집합체는 이틀 동안 별다른 문제 없이 성장했지만, 가끔 한쪽 극의 세포에서 단미증 발현이 희미한 초승달 모양으로 나타났다. 3일째 되는 날, Wnt 신호를 활성화하는 화학물질을 뿌리자 집합체가 반응하여 타원형이 되었고, 단미증을 발현하는 세포의 성장세가 두드러졌다. 한쪽 끝에서는 세포들이 성장하고 멀리 이동하여 집합체에서 튀어나온 세포의 연장선을 형성했다. 이 연장선 끝에서 세포들이 계속 이동하면서 일부는 계속 바깥쪽으로 뻗어나가고 다른 일부는 집합체 벽을 따라 돌았다. 집합체 내 세포 다수는 모습이 같아 보였지만, 우리는 개별 세포의 발현 유전자를 분석하여 다양한 유형의 세포, 조직 및 장기에 매핑할 수 있었다. 6일 후, 집합체의 한쪽 끝에는 꼬리가 생겼으며 다른 쪽 끝에는 심장세포들이 발달해 가끔 동시에 박동하기도 했다.[3] 배 부분에는 장의 윤곽이 있었고 그 반대편에는 척수가 형성될 기미가 보였으며, 근육과 갈비뼈의 전구체도 있었다. 심지어 몸의 중심선도 있었는데, 그 선을 기준으로 한쪽에 심장 같은 구조가 자리 잡고 있었다. 완벽하지는 않았지만 인식할 수 있는 수준으로 초기 쥐 배아의 엉성한 버전이 우리 눈앞에서 형성되고 있었다.

우리는 이 구조가 몸체 구조도를 만드는 장배 형성의 결과와 비슷하다는 점에서 '장배 유사체gastruloid'라고 불렀다. 장배 유사체는 몸체를 만드는 주체가 세포이며, 세포의 역할에 관한 설계도가 유전체에 존재하지 않는다는 것을 분명하게 보여준다. 만약 설계도가 있다면 배아줄기세포가 장배 유사체처럼 추상화된 버전이 아니라 우리의 의도대로 쥐의 배아를 만들었을 것이다. 또한 장배 유사체는 균형 잡힌 구조를 이룬 유기체가 부분의 합과 유전자 활동을 넘어서는 의미가 있다는 사실을 장기 유사체의 경우보다 더 생생하게 보여주는 증거이기도 하다. 장배 유사체는 모두 크기가 비슷하고 유전자 발현 영역이 서로 정확한 비례를 이룬다. 평면 배양에서는 배아줄기세포가 추가되는 신호에 따라 다른 종류의 세포가 되지만, 장배 유사체에서 관찰되는 종류의 조직을 만들지는 못한다.

이후 수년간 우리 연구팀은 스위스와 네덜란드의 소규모 공동 연구팀과 협력하여 장배 유사체가 어떻게 생겨나는지 탐구하고 배아와 비교 분석하기 시작했다. 배양 환경에 놓인 지 5일이 지나면 길이가 0.5~1.0밀리미터를 넘지 않지만, 장배 유사체는 세포

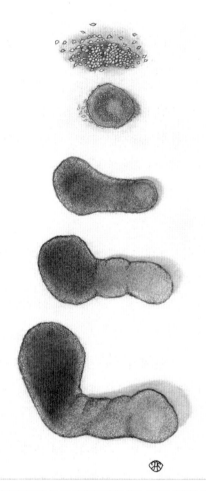

그림 35. 배아줄기세포에서 나온 장배 유사체의 출현. 길쭉한 영역의 끝(오른쪽 아래)이 몸체 뒤쪽 끝에 해당한다. 쥐 세포든 인간 세포든 결과는 비슷하다.

당신의 지문은 DNA를 말하지 않는다

분화 및 전문화와 관련된 다양한 세부 사항을 담고 있다. 레오나르도 베카리Leonardo Beccari는 동물의 보편적 몸체 구조도에 관한 발달 모래시계를 최초로 설명한 혹스 유전자의 대가 데니스 두불과의 공동 연구를 통해 장배 유사체 내 혹스 복합체의 유전자들이 모두 장배 형성 과정의 배아에서 나타나는 시간적, 공간적 순서대로 정확하게 발현된다는 것을 보여주었다. 우리 연구팀은 당시 두불의 동료였던 로잔 연방 공과대학의 마티아스 루톨프Matthias Lutolf와 함께 장배 유사체의 세포가 외부 신호 없이 어떻게 자체 구조를 입체적으로 설계하는지 자세히 탐구했다.[4] 또한 네덜란드 생물물리학자 알렉산더르 판아우데나르던Alexander van Oudenaarden과 함께 유전자 발현의 복잡한 세계를 살펴보면서 세포가 밀리미터 길이의 공간에 유전자 수천 개를 정확한 패턴으로 배치하는 방식과 배아와의 패턴 일치도를 관찰했다.[5]

장배 유사체는 초파리나 쥐의 배아에서처럼 세포가 외부의 지시 없이도 공간에서 자체를 조직하고 좌표계를 만들 수 있다는 사실을 보여준다. 게다가 이런 '자가 조직화' 능력은 세포의 근본적 특성일 수 있으며, 해면이나 히드라를 대상으로 이보다 단순하지만 비슷한 상황을 만들 수도 있다. 세포를 분해하여 무작위로 모이게 하면 유기체를 다시 형성할 것이기 때문이다.

세포 유전자 발현의 조직화 수준에도 불구하고, 장배 유사체는 몸체 구조도를 생성하지만 언뜻 보면 유기체의 특성을 상징하는 원시선이 없다. 또한 뇌도 없는데, 이는 단지 우연의 결과가 아니다. 우리가 세포의 장배 유사체 생성을 유도하는 데 사용하는 신호인 Wnt는 발달 초기에 뇌의 씨앗 세포 형성을 억제하는 역할을 한다. 한편 장배 유사체의 앞부분에서는 머리 부분에 유전자 발현 표식이 있는 세포 집단이 흩어져 있었다. 뇌가 없는 얼굴인 셈이다. 결국 장기 유사체는 실제 장기의 스케치 같은 개념이다. 그런 맥락에서 보면 세포가 뇌 없는 배아 형태를 만들 수 있다는 것은 그리 충격적인 일이 아니다.

수년 동안 과학자들은 배아줄기세포를 '배아체embryoid body'라는 구조로 모아서 그 안에서 세포가 무질서하게 분화되는 과정을 연구해왔다. 그렇다면 세포가 배아와 유사한 방식으로 자체를 조직하도록 유도하는 장배 유사체는 어떨까? 우리는 두 가지 필수 요소가 있다는 사실을 발견했다. 바로 앞서 설명한 신호 체계와 초기 세포 수다.

특히 세포의 수를 맞추는 것이 중요했다. 수잔 반 덴 브링크는 처음에 정해진 수의 소수 세포를 사용했을 때만 장배 유사체가 형성된다는 사실을 발견했다. 반 덴 브링크는 골디락스 원칙에 따라 아주 적은 수의 세포에서 시작했지만 아무 일도 발생하지 않았다. 그리고 너무 많은 세포로 다시 시도하자 불규칙적인 기형 구조가 생겼다. 결국 쥐와 인간에게 '딱 맞는' 수인 세포 400개 정도로 다시 시작하자 장배 유사체가 만들어졌다. 이 세포 수에서 50개 정도를 더 늘리자 결합 쌍둥이가 형성되기도 했다. 400개라는 세포 수가 장배 형성 시기의 세포 수와 크게 다르지 않다는 점이 흥미 롭다. 세포가 유전자를 도구와 장치로 사용하여 목적 달성에 도움 이 되는 공간과 시간을 창조한다는 또 다른 증거인 셈이었다. 세 포들의 유전자는 처음부터 같지만, 충분한 수의 세포가 모여야만 유전체에 도달하여 조직을 구성하고 몸체를 만들기 시작한다.

장배 유사체의 놀랍고도 뚜렷한 특징 중 하나는 체절 생성 과 정을 거친다는 분명한 신호가 나타난다는 사실이다. 몸통을 형성 하는 원시 몸체 마디들인 체절의 출현과 관련된 유전자는 배아에 서와 마찬가지로 장배 유사체 내 뒤쪽 끝에서 앞을 향하는 정확한 순서로 발현된다. 이상하게도, 체절 생성의 표식을 나타내는 세포 가 차지하는 장배 유사체의 전체 체질량 비율이 배아 내에서와 같 은데도 실제로 체절이 생기지는 않는다. 이번에도 유전자 발현만 으로는 충분하지 않다는 것을 알 수 있다. 세포가 도구를 가지고 있었지만 제대로 사용하지 않았다는 건 무언가 빠진 요소가 있다 는 의미다.

이는 유전자가 배아를 만드는 방법과 시기를 세포에 지시하지 않는다는 증거다. 세포는 도구 사용과 작업 수행 여부를 결정할 때 세포 외부로부터 들려오는 기계적, 화학적 단어인 추가 신호에 반응한다. 우리는 3일 후 매트리겔에 장배 유사체를 삽입하여 이 를 시험했고, 세포가 체절 생성 유전자를 발현하자마자 유전자 발현 영역에 세포가 모여 체절을 형성하는 놀라운 광경을 보았다. 독일 베를린의 예세 펜플리트Jesse Veenvliet는 이 실험을 기반으로 유사 척수 구조의 양쪽에 아름다운 체절들을 만들어냈다.

배아줄기세포의 창조적 능력을 탐구하는 또 다른 연구 집단 중 하나는 영국 케임브리지대학의 연구교수인 막달레나 제르니카-괴츠Magdalena Zernicka-Goetz가 이끌고 있다. 발달생물학자인 제르니카-괴츠는 쥐 배아가 기본 구성 요소로부터 어떻게 재구성될 수 있는지 탐구하는 색다른 접근 방식을 택했다.[6] 그녀는 유전자 연구를 통해 잘 알려진, 쥐 배아가 배외 조직 태반에 기여하는 영양외배엽과 배아를 위한 초기 영양 공급 체제인 난황주머니를 생성하는 배체외 내배엽과의 상호작용을 통해 방향을 잡는다는 사실에서 출발했다. 배아줄기세포는 이런 조직의 세포를 생성하는 데는 아주 제한적이다. 이는 장배 유사체에 모체와의 연결을 도울 조직이 부족한 이유이자, 장배 유사체의 능력이 놀라운 또 다른 이유이기도 하다.

제르니카-괴츠의 연구팀은 배아 세포와 배외 세포를 함께 배치하고 신호를 추가하여 발달 과정이 시작되게 했다. 그 결과 일부 세포들이 장배 형성 과정을 앞둔 쥐 배아와 아주 비슷한 구조로 구축되었다. 이 중 작은 원시선을 형성하여 몸체 앞뒤축의 시작점을 만든 경우도 소수 있었지만, 제대로 된 몸체 구조도를 만들지는 못했다. 이 연구팀은 이후 실험 프로토콜을 변형하여 이스라엘의 바이츠만 과학 연구소Weizmann Institute of Science의 제이콥 하나Jacob

당신의 지문은 DNA를 말하지 않는다

Hanna 연구팀과 함께 두불의 모래시계 목 부분에 묘사된 배아와 다소 흡사한 구조를 만들어냈다. 이는 뇌와 꼬리, 작동하는 원시 심장이 있는 전반적인 몸체 구조도를 갖추고 있었다.[7] 이런 유사 배아들은 이 상태에서 더 발달하지 않으며 당시 초기 배양 사례 중 일부에서만 생겨났다. 하지만 정자와 난자의 개입 없이 이런 일이 생겼다는 사실이 놀랍다. 이는 다세포 체제의 자가 조직화 능력을 여실히 보여준다.

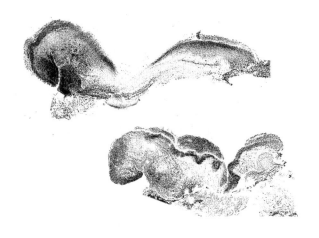

그림 36. 자연 배아(위)와 '합성' 배아(아래)의 비교 이미지. 전반적인 모습은 비슷하지만 세부에서 중요한 차이점이 있다.

자궁에서 배아를 만드는 구성 조직 세 가지로 실험실에서 유사 배아 구조를 구축할 수 있다는 것은 리처드 파인만의 격언이 말한 과학적 과제를 거의 달성한 수준의 놀라운 업적이다. 하지만 결국 연구의 시작점인 배아로 돌아왔다는 점에서, 현재로서는 이런 구조를 통해 얻을 수 있는 정보가 배아 발달 방식에 관한 기존 지식을 크게 넘어서지 않는다고 본다. 그래도 배아 유사체를 더 많이 확보할 수 있게 된다면 실제 배아를 사용할 수 없는 실험에 이 유사체를 적용하여 새로운 정보를 찾아낼 수 있을 것이다.

반면 장배 유사체는 나침반이 없어도 극을 찾는 등 놀라운 특성이 가득한 존재다. 장배 유사체는 어떻게 배외 조직 없이 신체 구조도를 만들 수 있을까? 게다가 어떻게 적절한 세포 수를 감지하여 조직과 장기의 원시 조직으로 자가 조직을 할 수 있을까? 유전자 발현 풍경과 형태를 어떻게 분리할 수 있으며, 매트리겔이 있을 때 세포가 이 두 가지를 어떻게 통합할 수 있을까? 장배 유사체는 불완전성을 포함한 특성 덕분에 이런 질문들의 답을 찾는 데 도움이 될 가능성이 있다. 또한 장배 유사체는 세포 연합체가 함께 작동하며 주변 환경과 서로에게서 신호를 받아 언제 어떤 유전자를 사용할지 선택할 수 있는 능력을 갖추고 있다는 증거이기도 하다.

인간이 되다: 주제와 변주

쥐 세포가 장배 유사체를 만들도록 유도하는 데 능숙해지자 나와 동료들은 인간 배아줄기세포로도 같은 방법을 사용할 수 있을

지 궁금해졌다. 인간과 쥐는 유사점이 많지만, 배아줄기세포의 작동 방식은 아주 다르다. 따라서 쥐의 장배 유사체 프로토콜을 그대로 적용하여 성공할 수 있다는 보장은 없었다. 하지만 미시간대학에서 줄기세포 역학을 연구하는 생명공학자 지안핑 푸Jianping Fu가 장배 형성 시작 직전에 세포가 인간 세포와 유사한 배열로 구조를 형성하게 만드는 데 성공했기에 낙관하기도 했다. 인간 장배 유사체를 확보하는 것이 중요했다. 머지않아 우리 연구팀이 역사상 처음으로 14일째에 원시선이 나타나고 신체 구조도가 생성되는 과정을 볼지도 몰랐다.

하지만 우리는 실험 설계에서부터 큰 난관에 직면했다. 인간의 장배 형성 과정을 실제로 관찰한 적이 없기 때문에 줄기세포가 만든 구조를 측정할 방법을 몰랐다.

현미경으로 보면 배아는 구성 세포와 마찬가지로 반투명하다. 따라서 우리가 확보한 배아 표본의 내부 구조를 카네기 과학 연구소에 소장된 초기 배아 표본처럼 관찰하기란 지극히 어렵다. 배아가 수수께끼의 존재인 것도 이런 이유 때문이다. 카네기 과학 연구소의 배아 대부분은 단면이 절단되어 있어 내부 구조를 관찰하는 데 사용되었지만, 오늘날에는 이런 배아의 내부를 관찰하고 탐구할 수 있는 더 나은 방법이 있다. 기술의 발전으로 최근에는 배아의 조직을 세포 하나씩 분 단위로 살펴볼 수 있게 되었다. 프랑스 파리에 소재한 시각 연구소Institut de la Vision의 신경생물학자 알

랭 체도탈Alain Chédotal은 새로운 염색 기법으로 인간 태아 세포 구조의 아름다운 세부 요소들을 보여주었다. 레나트 닐슨의 환상적인 사진집을 훨씬 뛰어넘는 성과였다. 체도탈이 구현한 이미지는 발달 중인 폐와 혈관의 복잡한 분지 구조, 뉴런이 소통 대상을 찾고 기능망을 구축하는 과정, 태아 뇌와 눈의 장엄한 모습 등 다양한 장기가 씨앗 세포에서 생성되는 과정을 보여주었다. 하지만 인간의 정체성은 이보다 훨씬 이른 장배 형성 시기에 이미 정해진다.

그래서 우리 연구팀은 초기 인간 배아와 쥐 배아의 첫 번째 원리로 돌아갔다. 앞서 언급했듯이 수정 후 초반에 발생하는 일들은 크게 다르지 않다. 세포들이 처음 증식하고 곧이어 배아 조직과 배외 조직으로 분리된다. 배반포가 자궁에 착상할 준비가 되면 영양외배엽의 세포가 이동하며 자궁으로 파고들어 태반이 되고, 원시 내배엽과 함께 배아를 위한 틈새를 만든다. 2주째 무렵 배아의 세포(쥐의 경우와 같이 400개 정도)는 원반 형태로 조직되어 배아 외막 깊숙이 묻혀 있으며, 이는 비슷한 단계에 있는 쥐의 컵 모양 구조와는 다르다. 초기 구조의 조직 면에서 쥐는 예외다. 흥미롭게도 설치류는 컵 모양 세포 구조를 형성하는 유일한 동물이다. 돼지, 말, 소 등 다른 동물의 세포는 원반 형태를 구성한다.

그런 다음 6장에서 살펴본 것처럼 14~15일째에 원반 모양 세포 집합체의 한쪽 끝에 원시선의 흔적이 나타나면서 세포의 춤이 시작된다.

다른 종의 배아에서와 마찬가지로 인간 세포는 다세포 안무에 참여하여 여러 세포 집단 사이의 경계를 만드는 수많은 성벽에 줄을 지어 내장 같은 관과 심장 같은 방을 형성하기 위해 차례로 접히고 뒤틀리는 방식으로 장배 형성을 진행한다. 수정 후 5주째가 되면 인간 배아는 2.5밀리미터 정도 길이의 길쭉한 세포 덩어리가 되면서 신체 구조도가 뚜렷하게 나타난다. 한쪽 끝으로 뇌가 올라가면서 원시 심장을 아래로 밀어내며, 체절 몇 개와 초기 신경관 한 개, 간과 폐의 윤곽이 자리를 잡고, 뇌 반대쪽 끝에 작은 꼬리가 생긴다. 수정 후 5주가 지나면 원시 심장이 띄엄띄엄 박동하고 혈액세포가 배아 전체에 퍼져 있는 것을 볼 수 있다. 이런 구조가 8개월 후 인간 아기의 형태로 바뀐다는 사실이 놀랍고, 같은 단계의 쥐 배아와 놀라울 정도로 비슷하다. 이는 DNA 차원을 넘어 인간이 다른 동물과 조상이 같다는 생생한 증거이기도 하다.

그러나 본질적인 차이점도 있다. 우선 쥐의 장배 형성 과정은 하루 반 정도 걸리지만, 사람의 경우 6일 정도 걸린다. 이보다 미묘하지만 중요한 다른 차이점들은 초반에 원반 모양의 세포 집합을 형성하는 인간 배아와 달리 쥐 배아는 원통 형태를 만든다는 사실에서 기인한다. 이런 차이점을 관찰하고 실험하기 위해 인간 장배 유사체를 확보해야 했다. 우리 연구팀의 연구원인 티나 발라요Tina Balayo가 이 과정을 시작했는데, 다른 연구원인 나오미 모리스Naomi Moris가 우리를 다시 놀라게 하는 방식으로 이를 실현했다.

쥐와 인간은 배아의 모양만 다른 것이 아니라 발생 시기와 배아줄기세포의 상태도 다르다. 쥐의 장배 유사체를 만들기 위해 개발한 기법은 인간 세포에서는 작동하지 않았지만, 우리는 신호 체계를 약간 수정하고 세포 수를 조정하여 결국 인간 장배 유사체를 만들어냈다. 이 다세포 구조가 별다른 개입 없이 자체적으로 성장하는 것을 지켜보며 인간과 관련 있는 존재라는 사실을 생각하니 기분이 묘했다.[8]

언뜻 보면 인간과 쥐의 장배 유사체는 거의 같다. 인간 장배 유사체는 쥐의 경우와 마찬가지로 한쪽 끝에 원시 심장이 있고 다른 쪽 끝에는 꼬리가 있으며, 배아의 요약 버전을 만드는 다양한 유형의 씨앗 세포가 있다. 또한 태반을 형성하는 배외 조직, 원시선, 뇌는 결여되어 있다. 어떤 유전자가 어떤 세포에서 발현되는지 분석했을 때, 일부 세포가 해당 위치에서 체절 관련 유전자를 발현하는 한편 체절은 존재하지 않았다. 우리는 이 단서를 통해 장배 유사체에 해당하는 발달 단계를 정확히 찾아낼 수 있다고 생각했고, 카네기 연구소 컬렉션 목록에서 체절 발생의 시작을 보이는 단서를 샅샅이 뒤졌다. 그 결과 18일 된 배아에는 체절이 없지만 21일 된 배아에는 체절이 몇 개 있으므로 인간 장배 유사체는 수정 후 20일째의 배아에 해당한다고 보았다.

발달 장애 사례 중 다수가 장배 형성 과정에서 발생하는 것으로 보이기 때문에, 인간 장배 유사체의 생성은 연구에 새로운 방향을 열어준다. 우리 연구팀은 전 세계 연구자들과 프로토콜의 세부 사항을 공유했고, 연구실마다 이를 다양하게 변형하여 목표로 삼은 질문에 대한 답을 탐구하고 있다.

세포의 보편적 지도

우리 연구팀은 배아를 만들려고 했지만, 그 대신 장배 유사체를 얻었다. 물론 장배 유사체는 배아가 아니며 배아가 될 수도 없다. 편견일 수 있지만, 나는 장배 유사체가 배외 조직의 도움 없이 배아를 형성하려 하는 전능적 세포의 능력을 보여준다는 점에서 배아보다 흥미롭다고 생각한다. 배아의 윤곽을 활발하고 반복적으로 만들어내는 장배 유사체의 놀라운 능력에 배아를 생성하는 세포 공학적 원리의 비밀이 담겨 있는 것이 틀림없다. 시간이 지나면서 나는 장배 유사체가 진화에 관한 정보 또한 담고 있다는 예상 못 했던 사실도 알게 되었다.

장배 형성의 핵심 결과는 조직과 장기의 전구 세포를 배치하는 기준이 되는 좌표 체계 생성과 이를 통한 신체 구조도다. 앞서 언급했듯이 포유류 배아에서 이 기준은 배아 세포와 배외 세포 간 소통을 통해 만들어진다. 장배 형성 과정에서 배아 세포가 배외 조직의 도움 없이 스스로 이 작업을 수행할 수 있다는 사실은 여전히 놀랍다. 이는 좌우대칭 몸체 구조로 자가 조직화하는 세포의 능력이 아주 오래된 속성이며, 아마도 버제스 퇴적층에 있는 가장 초기의 동물 세포 일부에도 존재할 수 있음을 시사한다. 결국 인간은 물고기, 개구리, 새와 조상이 같으며, 방대한 유전자뿐 아니라 다양한 세포 기능도 조상에게서 물려받았을 가능성이 크다.

당시 실험실에서 배양되던 장배 유사체에서 영감을 얻은 우리 연구팀의 연구원 비카스 트리베디Vikas Trivedi와 석사 과정 학생 안드레아 아타르디Andrea Attardi는 동료인 벤 스티븐턴Ben Steventon과 함께 초기 제브라피시 배아 몇 개에서 세포를 추출하여 배양한 후 결과를 관찰했다. 몇 시간 후, 세포는 콩 모양의 세포 구조뿐 아니라 한쪽 끝에 심장, 다른 쪽 끝에 꼬리가 있으며 단미증 유전자가 적절한 영역에서 발현되는 등 기본 구조가 쥐의 장배 유사체와 아주 비슷하게 조직되었다. 라벨을 붙이지 않은 채로 이 구조를 봤을 때 나는 어느 쪽이 쥐고 어느 쪽이 물고기인지 구분할 수 없었다. 마치 카를 에른스트 폰 베어의 배아 표본이 장배 유사체의 형태로 돌아온 듯했다. 나는 문헌을 검토하다가 몇 년 전 당시 런던 외곽의 밀 힐에 있는 국립 의학 연구소의 짐 스미스Jim Smith와 제러미 그린Jeremy Green이 초기 개구리 배아 세포에서 비슷한 구조를 발견했다는 사실을 발견했다. 당시 자세히 연구되지는 않았지만, 지금 생각해보면 이 세포가 장배 유사체의 한 형태라는 것을 알 수 있다. 이런 관찰 결과들을 보면 세포에 자체를 조직화하는 본질적이고 인상적인 능력이 있으며 고대부터 수많은 동물 종이 이런 능력을 갖추고 있었다는 점을 유추할 수 있다.

실험 과정의 어려움 때문에 초기 발달 관련 정보가 많지 않은 쥐 배아와 달리, 물고기와 개구리는 활발한 실험을 통해 오랫동안 연구되었으며 분자 견본이 배아 조직에 도움을 준다고 여겨지고 있다. 따라서 트리베디와 아타르디의 제브라피시 연구는 극단적인 수준의 시험을 거쳐야 했고, 스티븐턴과 그의 학생인 팀 풀턴Tim Fulton이 이를 수행했다. 둘은 우선 세포를 분리한 다음 응집시켰고, 그 결과 제브라피시 배아에서 추출한 세포의 경우와 같은 구조가 형성되었다. 그런 다음 세포를 뒤섞은 상태에서 분리한 후 응집시키자 세포가 이번에도 같은 구조를 형성했다. 스티븐턴과 풀턴은 유전자 발현의 조직을 세부적으로 시험하여 물고기의 신체 구조도를 얻었다.[9] 이 실험들을 통해 초기 제브라피시 배아의 세포가 쥐 세포 배아와 비슷한 자가 조직화 능력을 갖추고 있다는 사실에 의심할 여지가 없어졌다. '페스코이드pescoid'라고 하는 이 구조가 생성되려면 쥐 장배 유사체의 경우와 마찬가지로 특정한 최소 수의 세포가 필요했다. 또한 유전자 발현 패턴을 통해 밝혀진 신체 구조도는 쥐 장배 유사체와 비슷했다.

페스코이드는 인간 배아줄기세포에서 얻은 구조보다 놀라웠다. 물고기, 개구리, 쥐, 인간 배아는 처음에는 모습이 많이 다르고, 장배 형성 후 다시 한번 달라진다. 두불의 모래시계에 묘사된 대로

다. 초반에 나타나는 차이점들은 개별 동물의 난자가 가지고 있는 고유한 조직과 특성의 산물이다. 난자마다 공간 구조가 다르며, 후손이 배아를 형성할 세포에 가하는 물리적 압력도 서로 다르다. 예를 들어, 물고기와 개구리는 난황의 양이 많지만 포유류는 극히 적은 양을 가지고 있다. 발달의 시작을 나타내는 모래시계 바닥의 너비는 개별 동물 난자의 설계와 물리적 제약을 반영하는 것으로 보인다.

돌이켜 보면 필요에 따라 신체 구조도를 만드는 세포의 능력이 그렇게 어리둥절할 일은 아니었을지도 모른다. 이런 일은 자연계에서도 발생한다. 매년 말라붙는 호수에 서식하는 킬리피시라는 열대어를 사례로 들 수 있다. 킬리피시는 세포의 힘으로 물이 없는 곳에서도 살아남는다. 킬리피시의 배아 세포는 발달 초기 단계에 서로 흩어져 단기간의 가사 상태인 '휴면기diapause'에 들어간다. 그 후 배아 세포 몇 개가 모여 몸통 축이 있는 집합체를 형성하면서 결국 배아가 생성된다. 건기가 와서 호수에 물이 부족해지기 직전에 세포가 가사 상태에 들어가 분산된 상태를 유지한다. 비가 내려 호수에 물이 다시 채워지면 아직 밝혀지지 않은 특정 기제나 신호를 통해 세포가 모이면서 발달이 재개된다. 가사 상태의 그 집합체를 자세히 관찰하면 장배 유사체와 비슷한 모습이다.[10]

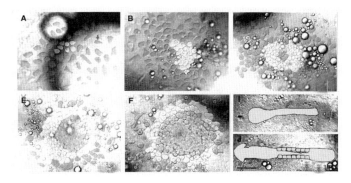

그림 37. 킬리피시 배아의 초기 발달 모습. 세포는 발달 초기에는 분산되어 있다가 작은 집합체로 모여 여러 변화를 거치면서 장배 유사체를 닮은 길쭉한 구조를 형성한다. 이 구조에서 척추동물의 기본적인 몸체 구조도가 생겨난다(오른쪽 아래).

이 실험들을 종합해보면, 장배 유사체 및 페스코이드 실험에서처럼 배아줄기세포를 난자의 제약에서 벗어나게 하면 세포가 자연적으로 생성되는 형태와는 다르게 조직되는 것을 볼 수 있다. 기다란 풍선을 비틀어 여러 가지 동물 모양을 만드는 것에 비유해보자. 풍선을 묶어놓은 힘에 의해 동물 모양이 만들어지는데, 그 힘이 사라지면 풍선은 원래대로 돌아간다. 배아의 세포도 마찬가지다. 더 나아가 장배 형성은 난자의 능력과 관련된 제약이 없어지는 발달 단계인 듯하다. 이때 세포는 동물의 종과 관계없이 한쪽 끝에서는 단미증 유전자를 발현하고, 다른 쪽 끝에서는 원시 심장을 생성한다. 그렇게 중심선과 두 면이 있는 단순하고 양극화된 구조, 즉 장배 유사체의 형태를 만든다.

위의 실험들을 통해 동물을 형성하는 기본 설계도인 공통 패턴이 밝혀졌다. 유전자가 유기체의 발달에 어떤 역할을 하든, 생명체의 진화를 구축하는 것은 세포 집합체의 기하학과 역학이다.[11] 물고기, 개구리, 쥐, 인간 세포 어디에서 발생하든 관계없이 난자의 제약에서 벗어나면 세포는 과학 용어로 '형태 발생학적 평면도 morphogenetic ground plan'라고 하는 단순하고 동일한 기본 형태를 구축한다. 모든 동물에게 공통으로 적용되는 것으로 보이는 이 평면도의 한 사례가 장배 유사체다. 이 평면도는 동물 다양성이 폭발적으로 증가하던 버제스 퇴적층 시대에 유전자가 아닌 세포가 다양한 구조를 시도하면서 시작되었을 것으로 추정된다. 3장에서 언급했듯이 지구 생명체의 결정적 사건, 즉 단세포 조상으로부터 동물이 출현한 현상은 세포가 집합체를 이루어 공간을 장악하고 조직하게 된 시점에서 비롯되었다.

초기 배아 세포의 자가 조직화 능력은 위치 정보에 관한 루이스 월퍼트Lewis Wolpert의 가설과 대조되는 개념이다. 월퍼트의 가설은 위치 신호가 국소 농도에 반응하는 세포 영역 전체에 확산되는 것을 전제로 한다. 앞서 다룬 소닉 신호와 손가락뼈를 예시로 들 수 있다. 하지만 장배 유사체가 자체를 조직할 때는 공간적 단서가 없으므로 세포가 애초에 자신의 위치를 어떻게 찾는지, 그리고 들을 신호와 무시할 신호를 선택할 수 있는지에 의문이 제기된다.

그 해답의 씨앗은 에니그마 암호 해독으로 유명한 앨런 튜링 Alan Turing이 자살하기 전 해에 발표한「형태 발생의 화학적 원리The

Chemical Principles of Morphogenesis」라는 아주 놀라운 논문에서 찾을 수 있다. 튜링은 자신의 천재성과 수학 지식을 직관과 결합하여 화학물질이 자연의 본질인 패턴을 만드는 데 사용되는 방식을 이해하려고 간단한 사고실험을 수행했다. 액체 상태인 빨간색과 파란색의 화학물질이 있고 이 둘을 결합한다면 시간이 지나면서 물질이 점차 확산되어 결국 보라색 혼합물이 된다고 예상할 수 있다. 그런 다음 튜링은 이 화학물질 조합이 표범 반점이나 얼룩말 줄무늬처럼 안정적인 공간 패턴을 만들 수 있는 조건을 계산했다. 그는 물질들이 서로 반응하여 정해진 방식으로 상호작용해야만 패턴이 나타난다고 보았다. 터무니없게 들리지만 튜링이 사망한 후 그의 이론은 여러 순수화학에서 실험을 통해 사실로 밝혀졌다. 이후 독일의 물리학자 한스 마인하르트Hans Meinhardt는 세포의 영역 내에서 이 기제를 통해 혼돈 속에서 좌표계가 생성될 수 있다는 것을 증명했다. 이후로 이 이론은 생물학적 체계 내 혼돈 속 패턴 생성 방식을 설명하는 데 사용되었다.[12] 일단 패턴이 나타나면 위치 정보가 생기고 세포가 일을 시작한다.

분명한 결론은 우리가 모두 우주에서 상호작용하는 세포의 결과물이라는 것이다. 이는 카를 폰 베어, 에른스트 헤켈, 데니스 두불의 주장대로 인간이 다른 유기체들의 공동체 속에 확고하게 자리 잡고 있다는 의미다. 이는 우리가 인간과 인간 배아에게 부여하는 특별한 지위를 다시 생각하게 만든다.

현미경으로 보는 인간 배아

자궁에서 수정되었든 체외수정을 통해 배양되었든, 수정란들 중 3분의 1 정도만이 완전히 성장하여 아기가 된다. 유산의 대부분은 장배 형성 전이나 도중에 발생한다. 또한 매년 100명 중 6명의 아기가 질병이나 증후군을 가지고 태어나며, 이 중 유전자와 연관된 경우는 절반도 되지 않는다. 유전체와 연관된 경우조차 특정 돌연변이와 관련 있다는 의미로 '유전적'이라고 할 수는 없다. 이는 세포가 유전체의 도구를 사용하여 신체를 구성하는 방식을 반영하며, 신생아에게 발생하는 문제 중 다수는 장배 형성 안무의 실행 오류로 발생하는 것으로 추정된다.

발달 기능 장애는 주로 배반포 형성 과정에서의 염색체 손실, 즉 인간 배아 내에서 놀라울 정도로 자주 발생하는 초기 분열 중 유사분열의 유전자 복제 과정에서 생기는 오류와 관련될 가능성이 크다. 세포는 특정 도구와 장치가 없으면 신체 구조도를 만들 수 없다. 이 개념에 대한 최초의 증거는 100여 년 전, 한스 드리슈와 마찬가지로 성게를 대상으로 연구한 독일 동물학자 테오도어 보베리Theodor Boveri가 제시했다. 보베리는 성게가 분열하기 시작하면 염색체가 무작위로 손실되도록 접합체를 조작하여 성게 배아 내 세포의 DNA 양이 서로 달라지게 만들었고, 그 결과를 꼼꼼하게 기록했다. 발달 과정 중 세포의 능력은 완전한 염색체의 수와 상관관계가 있었고, 완전한 염색체를 많이 보유한 세포일수록 배아가 정상인 데 '더 나은' 기여를 했다.

성게 실험을 통해 세포가 유전자를 사용하여 유기체를 만드는 방식에 관한 정보가 많이 밝혀졌지만, 성게가 인간과 아주 다르다는 것은 말할 필요도 없다. 지난 세기 동안 획기적인 복제 및 키메라 실험에 사용된 물고기, 개구리, 닭, 양, 심지어 쥐 같은 다른 종들도 마찬가지다. 하지만 이 동물들과 인간이 갖춘 세포의 도구 목록은 거의 같으며, 이런 도구와 장치를 사용하는 방식과 생성하는 결과물에서 차이가 있을 뿐이다. 이번에도 장배 형성을 대표적인 예로 들 수 있다. 쥐의 경우, *WNT3* 유전자로의 접근성이 확보되어야만 장배 형성이 진행된다. 이와 다르게 인간은 *WNT3*가 없더라도 여전히 완전한 신체 구조도와 정상적인 좌표계를 만들 수 있다.[13] 하지만 인간의 정상 발달에는 *WNT3*가 필요하다. 이 유전자가 없으면 태아에 팔과 다리가 발달하지 않기 때문이다. 다른 예로, 쥐의 심장 형성에 관여하는 전사 인자인 ISL1이 부족하면 심근증이 발생한다. 인간의 경우 ISL1은 임신 중 배아와 태아를 둘러싸는 주머니인 양막의 구성과 관련된 것으로 보이며, 심장 결함과 관련된 ISL1 돌연변이는 존재하지 않는다.

세부 사항의 작은 차이가 중요하며, 배아를 구성할 때 세포가 특정 조직과 장기에 사용하는 유전자는 동물마다 다를 수 있다. 따라서 인간 배아와 인간 발달의 장애 및 질병에 관해 알아내려면 인간 배아나 그와 비슷한 무언가를 연구하는 것 말고는 대안이 없다.

물론 이는 우리가 인간이라는 종에 부여한 특별한 도덕적 지위 때문에 복잡한 문제다. 워녹 위원회의 14일 규칙 제정은 미지의 개별 배아를 보호하려는 조치였지만, 이 배아들 대부분은 결코 발달 과정에서 살아남을 운명이 아니었다. 일부 배아가 완전한 기능을 갖추지 못하는 이유를 알아내면 정서적, 물리적, 재정적인 도움이 될 것이다. 물론 병리학적 표본을 위해 카네기 연구소 같은 기관에 있는 배아를 자세히 조사할 수는 있지만, 이를 통해서는 단편적 정보만 얻을 수 있다. 앞으로 밝혀낼 것이 훨씬 많다. 세포와 유전자 간 관계의 본질을 제대로 파악하고, 발달 초기의 배반포 형성 시기부터 시작되는 세포 간의 대화를 듣고, 장배 형성의 춤이 언제 어떻게 안무에서 벗어나는지 관찰하려면 현재 금지된 연구를 할 수 있어야 한다. 장배 유사체로는 일부 질문의 답은 찾을 수 있지만, 실제 배아에 관한 것, 특히 착상 전 발달에 대해서는 모두 밝혀낼 수 없다.

이 난관을 해결할 방법들이 있다. 그중 하나는 기증자의 동의를 얻은 후 연구에 사용할 수 있는 체외수정 잉여 배아다. 이미 이런 배아를 이용한 연구를 통해 과학자들은 수정란이 배반포로 발달하는 놀라운 능력을 배양 환경에서 관찰했다. 또한 체외수정 클리닉 다수에서는 이식되는 모든 배아를 촬영하는데, 이를 통해 과학자들이 세포분열 시기와 배반포 생성 기간의 세포 움직임을 이해할 수 있었다. 그런 다음 과학자들은 이 과정의 특징들이 임신 성공 여부와 일치하는지 확인하여 차후 배양 환경 내 배아 세포 활동에 기반해 배아의 생존 가능성을 밝혀내고자 한다. 배아 세포 활동의 의미를 알아낸다면 잠재적으로 손상된 배아가 이식되는 것을 방지할 수 있다. 신생아에게 유전적 위험이 있는 것으로 알려진 경우, 체외수정 클리닉에서는 착상 전 유전자 진단을 통해 낭포성 섬유증과 일부 유방암을 유발하는 돌연변이를 포함한 특정 질병을 유발하는 돌연변이가 없는 배아를 선별한다. 또한 배아들에 다운증후군과 파타우증후군을 유발하는 염색체 변이가 있는 지도 검사한다. 그러나 유전적 발달 및 염색체 발달에 문제가 있는 배아는 소수에 불과하다. 한 가지 분명해진 점은 성공적인 임신 중 대다수가 DNA와 관련이 없다는 사실이다.

2016년, 제르니카-괴츠Zernicka-Goetz와 뉴욕 록펠러 대학의 연구원인 알리 헤마티 브리반루Ali Hemati Brivanlou는 체외수정 잉여 배아를 장배 형성 시기까지 체외 배양하는 데 성공했다고 보고했다. 그들은 이 시점에서 14일 규칙을 준수하기 위해 실험을 중단했다고 밝혔다.[14] 이 실험에 사용된 배아 중 극소수만이 14일째까지 생존했지만 그 상태는 좋지 않았다. 하지만 이 결과가 워낙 유망한 나머지 인간의 장배 형성 과정 전체를 관찰할 수 있기를 바라는 수많은 연구자가 잉여 배아 실험 기간을 연장하도록 규정을 바꾸기 위해 로비를 벌일 정도였다. 그 후 2021년에 국제 줄기세포 학회가 배양된 체외수정 배아를 이용한 실험을 장배 형성 과정까지 계속할 수 있도록 허용할 것을 권고했지만, 얼마나 오랜 기간을 허용할지는 아직 결정되지 않은 상태다.[15]

원시 심장의 첫 박동이나 뇌세포 생성, 또는 감각신경계의 최초 작동 시기 등 배아 사용 종료 시점으로 제안된 몇 가지 기준은 워녹 위원회 위원들 사이에서는 물론 비과학자들 사이에서도 논쟁의 여지가 있다. 심장이 아직 순환계와 연결되지 않은 상태에서 박동한다는 것은 무슨 의미일까? 배아가 따뜻하고 편안한 환경에 있는 상태에서 신경세포의 통증 감지 여부를 어떻게 알 수 있을까? 어쨌든 과학자들은 배양 중인 체외수정 잉여 배아 연구를 제한 없이 진행할 수 있도록 허용해야 한다는 데 공감대를 형성하고 있는 것으로 보인다. 세포가 체외에서 얼마나 오래 배아를 만들 수 있는지 확인하기 위해 세포를 시험해야 자궁 속에서 형성되는 인간 발달의 특징들을 밝힐 수 있다는 주장이다. 현재로서는 배양된 인간 배아가 체외에서 장배 형성 과정을 성공적으로 수행한다는 증거가 없지만, 나는 이론적으로 이 의견에 동의한다.

배양 환경 내 배아의 능력과 별개로 이런 논의에서 간과되곤 하는 문제가 두 가지 있다. 우선 이런 실험에 사용되는 체외수정 배아의 수를 고려해야 한다는 점이다. 체외수정 배아가 실험에 사용되지 않았다면 버려졌을 잉여 배아라는 사실이 배아 대량 사용을 옹호하는 근거가 될 수는 없다. 어떤 경우든 실험 설계가 자세히 설명되어야 한다.

이는 관련 연구에서 더 중요할 수 있는 두 번째 문제로 이어진다. 정상 상황에서는 배아 중 3분의 2 정도가 장배 형성을 완료하지 못하고 소실되어 임신이 종료된다. 현재 실험을 위해 배양된 체외수정 배아 중 14일째가 되었을 때 정상인 경우는 하나도 없다. 그렇다면 실험에서 관찰된 문제가 실험 변수에 의한 것인지, 특정 배아의 자연스러운 운명인지 어떻게 알 수 있을까? 체외수정 실험 결과에 대한 대조군 또는 비교 지점은 무엇인가?

이 질문들에 답하려면 인간의 경우 장배 형성보다 임신 지속 가능성에 더 큰 영향을 미치는 착상 과정을 제대로 이해해야 한다. 돼지처럼 착상 없이 장배 형성을 거치는 포유류의 배반포 관련 연구를 통해 배아의 자가 조직화를 도모하는 신호를 세포에 전달하는 데 있어 자궁 내 배아 위치의 역할을 알아낼 가능성도 있다.

배양 환경에서 배아를 14일째까지 자라게 하는 것과 배아를 장배 형성 준비가 된 상태로 만드는 것은 다르다. 장배 유사체를 배양하는 것은 실제 배아를 자라게 하는 것과도 다르다. 하지만 이런 구조 안의 세포들이 선택하는 역할과 정체성을 지켜보면 묘한 기분이 든다. 살아 있는 세포들이지만, 과연 이 세포들을 인간으로 여겨야 할까? 이런 질문의 이면에는 우리의 존재와 본질을 겨냥하는 다른 질문이 숨어 있다.

9장

인간의 본질

루비콘 강은 이탈리아 북부에 있는 얕은 하천으로, 매력적인 해안 마을 리미니에서 서쪽으로 10마일 정도 떨어진 곳에 있다. 작고 평범한 강이지만 여기에는 중요한 역사적 의미가 있다. 기원전 49년 1월 어느 날, 율리우스 카이사르가 금지령을 어기고 이 강의 남쪽으로 건너가 전쟁을 일으켰기 때문이다. 돌이킬 수 없는 위험한 결정이었고, 카이사르도 이를 알고 있었다. 역사 기록에 따르면 카이사르는 루비콘 강을 건너기 전날 밤에 "주사위는 던져졌다"고 중얼거리며 자신이 택한 길이 돌이킬 수 없다는 것을 암시했다고 한다. 다행히 카이사르는 전쟁에서 승리했지만, 이후로 '루비콘 강을 건너다'는 말은 중대하고 대담한 위반 행위를 묘사하는 데 사용되고 있다.

장배 형성 과정은 일단 시작되면 배아의 발달을 위한 주사위가 던져지는 것으로 자연적인 방법으로는 되돌릴 수 없다. 그래서 루비콘 강에 비유할 수 있다. 이 책의 상당 부분에서 다양한 동물 배아에 관한 내용을 다루었고, 루이스 월퍼트가 "인생에서 가장 중요한 순간"이라고 정의한 장배 형성이라는 루비콘 강을 건너면서도 우리는 그 의미와 중요성에 의문을 제기하지 않았다.

배아는 정의를 내리라고 할 때 "말로 설명할 수는 없지만 일단 보면 알려줄 수 있다"고 다들 말하는 사물/물체/구조 중 하나다. 우리는 서로를 이해한다는 가정하에 배아라는 용어를 느슨하게 사용한다. 그러나 인간 배아에 관해서는 그 정의가 모호해서는 안 된다. 이는 워녹 보고서 발표 이후 영국 법에 새겨진 앤 맥라렌의 제안, 즉 장배 형성 단계가 인간 탄생의 시점이라는 정의 때문일 수도 있다. 인간이라는 개념이 배아의 개념과 얽히게 되면서 이제 우리는 그동안 쉽게 넘겼던 질문에 대한 답을 찾아야 한다.

배아란 무엇인가?

아무에게나 또는 체외수정을 앞둔 사람에게 '배아란 무엇인가?'라고 묻는다면 '자궁 속 아기', '태아', '발달 초기 단계의 유기체', '덩어리', 또는 여론조사에서 가장 흔한 답변인 '잘 모르겠다' 등 다양한 대답이 나올 것이다.[1] 그리고 틀릴 셈 치고 정의를 내려보는 이들조차 '아마도'나 '확실하진 않다'는 말을 덧붙이곤 한다. 이것은 과학 교육의 실패가 아니다. 발달 전문가들 사이에서도 이 질문에 관한 명확한 답이 없는 것으로 보인다. 그러나 배아줄기세포에서 나온 배아 유사 구조가 실험실에서 생성되는 등 과학 지식의 새로운 지평이 열리고 있는 이 시점에서 우리는 이 부문의 현

상황과 앞으로 추구할 방향을 정할 필요가 있다. 물론 정치적으로 아주 민감할 수 있는 영역이지만 그래도 계속 나아가야 한다.

체외수정을 알게 된 후 인간 배아는 난자와 정자가 수정한 결과물로 여겨졌다. 그러다가 복제로 인해 배아의 개념에 변화가 생겼고, 일부 국가에서는 복제의 결과를 포함하는 보다 미묘한 정의를 마련했다. 한편 연구에 걸림돌이 될 만한 요소를 줄이기 위해 원래의 정의를 그대로 둔 국가들도 있다. 배아에 대한 정의가 중요한 이유는 앞서 살펴본 바와 같이 배아에도 권리가 있기 때문이다.

내 기준에서 배아라는 용어는 조직과 장기의 전구체가 갖추어진 인간이나 그 외 유기체의 신체 구조도의 윤곽을 포함하는 다세포 구조를 의미한다. 앞서 계속 논의했듯이 배아는 장배 형성 과정을 통해 생겨나는 산물이다. 중요한 것은 동물의 모든 장기를 정상적으로 생성하여 '완전한 유기체가 될 잠재력'이 있어야 한다는 점이다.

이 정의에 관해 누군가는 포유류 발달 초기에 빠르게 성장하여 자궁에 착상하는 세포 덩어리인 배반포를 생성하는 세포를 배아로 간주해야 한다고 주장할 수 있다. 이런 구조에 배아라는 용어가 자주 적용되기는 하지만, 나는 이것이 배아라고 생각하지 않는다. 배반포가 될 세포 덩어리에는 배아가 될 '잠재력'은 있지만, 거기에 신체 구조도의 윤곽은 없어서 이런 잠재력이 '아직' 실행되

당신의 지문은 DNA를 말하지 않는다

지 못하기 때문이다. 게다가 앞서 여러 번 언급했듯이 이 세포 덩어리는 분열해 배아 두세 개가 될 수 있지만 아직 개별화되지는 않은 상태다. 즉 개별화individual란 더 이상 '분할되지 않는다indivisible'는 의미다.

이런 세포 덩어리가 잠재력을 발휘하려면 분열을 거쳐야 하는데, 대부분이 분열 전이나 분열 과정에서 실패한다. 이 관점은 장배 형성 과정에 중점을 두며 장배 형성 시작점을 세포 집단에서 인간이 되는 순간으로 여긴다는 점에서 워녹 위원회의 관점과 맥을 같이한다. 완전한 유기체가 될 잠재력을 확보하려면 배아가 모체와 상호작용하여 만삭까지 유지되도록 돕는 태반과 난황주머니 같은 배외 조직의 도움이 필요하다. 따라서 나는 포유류 배아를 의미 있게 정의하려면 이런 지원 세포의 존재가 반드시 포함되어야 한다고 생각한다.

이 정의에 기반하여 나는 세포 집단이 완전한 유기체를 형성할 수 있는 잠재력과 이 세포 집단이 배아, 태아, 그리고 마침내 신생아가 되어 그 잠재력이 실현되는 것을 서로 분리해서 생각할 수 있다고 본다.

이런 미묘한 차이는 인간 발달을 이해하는 데 아주 중요하다. 실험실 내 배아줄기세포에서 생성되는 다양한 유형의 세포 구조의 정체와 중요성에 관한 담론에 도움이 되기 때문이다. 한 사례로 2021년 여름, 두 연구팀이 줄기세포에서 인간의 배반포, 또는 배반포 유사체를 얻었다고 주장했다.[2] 이 중 호주 멜버른의 모나시대학 소속 호세 폴로Jose Polo가 이끄는 연구팀은 인간 피부 줄기세포를 사용하여 다능성줄기세포로 유도한 후 배반포 유사체를 추출했다. 모나시대학은 보도자료를 통해 이 연구가 "초기 인간 생명의 분자 구조적 수수께끼를 해결해 판도를 바꿀 것"이라며 극찬했다. 연구진은 배반포 유사체가 인간으로 성장할 수 없기에 진짜 배아가 아니라고 분명히 밝혔지만, 전 세계 언론은 연구진이 피부로 '배아'를 만들었다고 발표하며 마치 퀼트처럼 인간을 짜맞추어 만들어낸 것처럼 보도했다. 8장에서 다룬 줄기세포 기반 구조와 마찬가지로 배반포 유사체도 난자와 정자 없이 만들어진 존재이기 때문이다.

과학 연구 분야에서 언론의 왜곡된 보도가 없는 분야는 없다. 에른스트 헤켈이 여러 배아 사이의 유사성을 과장했듯이, 오늘날에는 연구 자금을 확보해야 한다는 압박에 인간적 허영심이 더해지면서 일부 과학자가 자신의 노력에 언론의 관심을 비추려고 한다. 언론은 자극적인 머리기사를 위해 미묘하고 복잡한 세부 사항을 무시하며 과학을 왜곡하곤 한다. 줄기세포를 사용하여 뇌 유사체나 배아 유사 구조를 만드는 연구의 경우, 인간이라는 존재의 본질을 다루는 실험이다 보니 이런 식의 과장이 특히 더 심해진다. 특히 이 주제에서는 언론과의 소통에 신중을 기해야 한다. 보도된 내용이 사실과 일치하지 않으면 과학자에 대한 사회의 신뢰

당신의 지문은 DNA를 말하지 않는다

가 저하될 수 있다.

호세 폴로 연구팀의 배반포 유사체와 기존 배아줄기세포를 사용한 다른 연구팀의 배반포 유사체를 면밀히 분석한 결과, 이런 유사체의 세포 구조는 자연 세포와 중요한 세부 사항에서 차이가 있는 것으로 나타났다. 특히 피부 줄기세포에서 얻은 배반포 유사체에는 다양한 발달 단계에서 세포들이 불안정하게 혼합되어 있었고 태반을 생성할 수 있는 세포가 전혀 없었다.[3] 따라서 이런 구조가 완전한 유기체가 되는 것은 불가능했다.

폴로의 배반포 유사체가 주목받은 지 얼마 지나지 않아 두 연구팀이 자연적인 구조와 훨씬 더 비슷한 구조를 만드는 데 성공했다고 발표했다. 오스트리아 분자생명공학 연구소의 니콜라스 리브론Nicolas Rivron과 영국 엑시터대학 소속 오스틴 스미스Austin Smith가 수행한 실험의 배반포 유사체에는 배아 형성에 필요한 세 가지 세포 유형이 모두 있었고, 다른 요소는 없었다.[4] 흥미롭게도 이전 실험과 이 실험 사이의 핵심 차이는 배양 조건에 있다. 문서상으로는 본질적으로 같은 세포이자 DNA가 같은 세포로 작업했기 때문에 차이가 없어 보이지만, 배양 환경에 따라 세포의 활동이 달라진 것으로 보였다. 여기까지는 놀라운 사실이 아니다.

리브론과 스미스의 배반포 유사체가 완전한 유기체가 될 잠재력을 가졌는지는 또 다른 문제다. 연구자들은 배반포 유사체가 배반포와 얼마나 비슷한지 측정하기 위해 발현되는 유전자를 중심

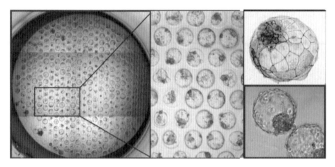

그림 38. 배아줄기세포에서 생성된 인간 배반포 유사체. 배반포 유사체 형성 과정에서의 인간 배아줄기세포 배열(왼쪽). 배반포 유사체의 세부 모습(오른쪽).

으로 세포 집단을 조사했다. 배반포는 배아 세포 집단과 배외 세포 집단 두 개인 세 집단으로만 구성되어야 하며, 집단별로 서로 다른 유전자 집단을 발현한다. 이런 기준과 배반포 유사체의 세포 조직에 기반하면 리브론과 스미스의 유사체는 배반포에 최대한 가까운 존재이므로 액면 그대로는 유기체적 잠재력이 있다고 볼 수 있다.

하지만 유전자 발현 시의 모습과 별개로 세포, 조직, 장기의 정체성은 그 역할, 즉 창발적 활동에 달려 있다. 뉴런 집단은 특정 행동(걷기, 빛에 반응하기, 손을 뻗어 원하는 것을 잡기 등)으로 나타나는 방식으로 다른 뉴런에 전기 신호를 전달하며, 적혈구는 다른 세포에 산소를 운반하며, 췌장의 베타세포는 인슐린을 생성한다. 같은 맥락에서 배반포 내 세포의 역할은 자궁에 착상되는 것이다. 따라서 배반포 유사체와 배반포의 유사성 정도를 시험하려면 자궁 착상 여부를

당신의 지문은 DNA를 말하지 않는다

확인해야 한다. 그러나 인간은 실험 대상이 아니기에 인간의 배반포로 이런 실험을 시도하기란 불가능하다. 그래서 쥐를 대상으로 실험이 수행되었다. 놀랍게도 쥐의 배반포 유사체는 착상에 어느 정도 성공했지만, 장배 형성으로는 이어지지 않고 모체에 흡수되었다. 이는 배아가 세포 발현 유전자 이상의 존재라는 사실을 증명하는 또 다른 증거다. 이는 배아가 세포의 역할에 따라 정의되며 자궁이 이런 차이를 감지할 수 있음을 암시한다.

앞으로 인간 배반포 유사체의 활동과 한계를 시험하려면 자궁을 모방하거나 우회하는 체계를 개발하고, 다세포 집합체인 배반포 유사체에 실제 배반포와 같은 물리적, 도덕적 지위를 적용할지를 정해야 할 것이다. 배반포 유사체가 기능과 성질 면에서 배반포와 구분이 어려울 정도로 비슷해진다면, 배반포와 배반포 유사체를 같은 방식으로 취급해야 할까? 앞에서 언급했듯이 14일 규칙에 따라 장배 형성 시작 이후로는 배반포 배양이 금지되는데, 머지않은 미래에 배반포가 자궁 밖에서 장배 형성 과정을 시작하게 될 가능성도 있다. 그렇다면 그때는 어떻게 해야 할까?

이런 질문들은 현재 프랜시스 크릭 연구소 소속인 내 동료 나오미 모리스Naomi Moris가 제기한 흥미로운 관점과도 연결된다. 배반포는 일종의 구조일까, 아니면 난자의 수정에서 시작하여 태아(기존 정의에 따르면 배아)가 출현할 때까지 계속되는 과정이나 산물일까? 배반포는 생성 방식과 관계없는 세포 집합체일까, 아니면 자궁 내 접합체로부터 생성된 구조만이 배반포일까? 최대한 신중을 기해 배반포를 구조가 아닌 과정으로 정의하기로 한다면, 배반포 유사체는 출발점이 같지 않기 때문에 배반포로 볼 수 없다. 이 경우 배반포 유사체에 자연 상태의 배반포와 다른 도덕적 지위를 적용할 수 있기에 실험실 내 배반포 사용과 관련된 제약이 줄어들 수 있다. 반면 배반포가 일종의 구조라고 결론을 내린다면 배반포 유사체와 배반포에 같은 원칙이 적용되어야 한다. 새로운 권고안을 제외하고 현재의 규칙만 따른다면 배반포가 장배 형성을 시작하면 모든 연구를 중단해야 한다.

나는 배반포와 배반포 유사체가 생성 과정에 의미가 있는 구조라고 본다. 쥐를 대상으로 한 실험에서 이런 중요성을 관찰할 수 있다. 앞서 살펴보았듯이 자궁은 배반포가 착상하도록 받아들이지만 유전적 구성이 같은 배반포 유사체는 받아들이지 않는다. 배반포 유사체가 제대로 착상하지 못하는 이유는 유사체의 세포에 배반포처럼 다른 배반포나 주변 환경과 상호작용한 경험이 없기 때문일 수 있다. 포유류의 경우 모체의 세포도 배아 형성에 참여하며, 자궁의 세포는 배반포 유사체와 배반포를 구분할 수 있다. 배반포 유사체가 난자의 수정을 통해 형성되지 않는다는 사실도 관련이 있다. 배반포 유사체의 생성에는 접합체가 필요하지 않으므로, 기원이 같은 배아나 유도만능줄기세포에서 배반포 유사체를 대량으로 만든 다음 서로 비교하여 더 나은 실험 모델을 확보

당신의 지문은 DNA를 말하지 않는다

할 수 있다. 이론적으로 줄기세포 기증자의 동의만 있다면 배반포 유사체를 통해 연구용으로 사용할 수 있는 구조를 제한 없이 확보할 수 있다.

이는 고려할 점이 많고 아직 명확한 답이 없는 심각한 사항들이다. 배반포 유사체를 사용하면 불임과 초기 배아 발달 연구에서 큰 진보를 이룰 수 있지만, 배반포 유사체가 배아가 될 가능성도 있다. 따라서 그 기준 설정을 다양한 관점으로 살펴봐야 하는 민감한 문제다. 게다가 유도만능줄기세포에서 유래한 배반포 유사체는 복제의 개념에 아주 근접해 있다. 이런 점에서 나는 워녹 위원회의 입장과 마찬가지로 이런 기준들을 정하는 심의에 과학자, 의사, 종교지도자, 정치인, 변호사, 생명윤리학자, 일반 대중이 참여해야 한다고 생각한다.

일반적으로 배아라는 용어는 배반포나 장배처럼 난자 수정 후 발생하는 모든 구조에 사용된다. 어색한 용어에 얽매이지 않기 위한 단어 선택일 수 있지만 법으로 보호할 대상을 결정할 때는 정확한 정의가 필요하며, 최근 배아줄기세포를 이용해 인간 발달 초기 단계를 조작하는 기술이 발전하면서 이런 법적 정의의 필요성이 절실해졌다. 나는 변호사나 윤리학자는 아니지만 과학자로서 이 급변하는 분야에서 오랫동안 연구를 수행했고 다른 사람들의 실험을 관찰하면서 이런 딜레마에 관한 나름의 견해를 가지고 있다. 배반포는 배아를 형성할 잠재력이 있는 세포 집단이지만 아직 개별 유기체는 아니다. 세포 덩어리인 배반포가 개체가 되려면 먼저 배아로 전환되어야 한다. 배반포의 존재는 아주 중요하지만, 앞에서 정의했듯이 배아가 되는 것이 무엇보다 중요하다.

이는 개체성이 인간의 감성과 감정에 가장 대비되는 개념이기 때문이다. 1948년 유엔이 채택한 세계인권선언의 첫 번째 조항은 우리 인간이 모두 "이성과 양심을 부여받았다"고 명시하고 있다. 여기서 개인의 권리가 시작된다. 나는 장배 형성 전에는 세포가 살아 있다 하더라도 인간의 권리를 갖지 못한다는 워녹 위원회의 의견에 동의한다. 장배 형성 전에도 세포는 살아 있지만, 앞에서 정의한 대로 아직 배아 형성에 필요한 방식으로 결합하여 개체로 발전하지 못했다. 따라서 배반포의 권리와 실험 가능성에 기반하여 그 잠재력을 고려할 필요는 있다 해도, 배반포를 인간이라는 개체로 취급할 수는 없고, 취급해서도 안 된다고 본다. 배반포 유사체의 경우도 마찬가지다. 내가 워녹 위원회의 결론에서 동의하지 않는 사항은 개체로서 인간이 출현하는 시기다. 워녹 위원회는 원시선의 형성이 동반되는 장배 형성의 시작 시점을 선택했다. 내가 본 바로 이 시기의 배아는 여전히 세포 덩어리일 뿐이다. 원시선은 신체 구조도의 초기 조직을 나타내지만, 이 신체 구조도는 배아가 발생하는 발달 4주째가 되는 며칠 후까지 완료되지 않는다. 그때까지 세포는 서로 협력하여 연합체를 구성하는 과정을 거치며, 개체가 될 잠재성만 지닌 상태다.

의미가 필요한 구조

인류 역사에서 인간의 장배 형성을 실제로 관찰할 수 있게 된 때는 최근이다. 체외수정이 발명되면서 체외에서 장배 형성을 관찰할 가능성이 커졌지만, 그와 비슷한 시기에 14일 규칙이 생겼고, 장배 형성을 관찰할 기회는 자궁벽 깊숙이 다시 묻혀버렸다. 한편 인간 배아줄기세포를 조작하여 배아 유사 구조를 생성하는 방식이 마련되면서 인류는 생물학의 루비콘 강을 건널 기회를 얻었다.

2022년 8월, 과학자들이 배아줄기세포로 완전한 쥐 배아, 더 정확히는 합성 배아에 아주 가까운 구조를 생성했다는 발표와 함께 인류는 새로운 영역으로 들어섰다.[5] 이 구조는 불완전하고 드물게 발생하지만, 앞서 내가 설명한 정의에 따르면 배아와 아주 비슷하다. 이 합성 배아는 쥐 세포로 만들어졌지만, 향후 몇 년 안에 인간 배아줄기세포로 같은 작업을 수행할 수 있게 될 것이다. 그렇다면 루비콘 강을 건너는 중대한 순간이 될 것이고, 우리는 이런 실험과 관련된 윤리적 문제에 관해 생각하고 미리 대처할 준비를 해야 한다. 이런 합성 배아는 인간의 장배 형성을 이해하는 데 도움이 되겠지만, 이식을 위한 장기 및 조직 대용으로 성장할 수도 있다는 의견도 있다. 이 경우 대안이 없을 때만 취해야 한다는 특별한 결정이 필요하겠지만, 어쨌든 대안이 존재하는 것은 맞는다고 생각한다.

배아줄기세포에서 유래한 장기 유사체 관련 연구는 빠른 속도로 진행되며 계속 발전하고 있다. 하지만 여전히 유기체의 능력에는 미치지 못하고 있다. 실험실에서는 자연을 모방하여 배아처럼 구조적, 기능적으로 완벽한 장기를 만들 수 없기 때문이다. 배아와 달리 장기 유사체에는 새로 생겨나는 구조의 상대적 위치와 조립을 관장하는 복잡한 상호작용 환경이 조성되지 않는데, 이런 환경은 심장 같은 특정 장기의 발달에 아주 중요할 수 있다. 미국 신시내티 아동병원 소속인 제임스 웰스James Wells의 연구팀은 위장관 형성의 구성 요소를 만드는 환경을 조성하려고 노력 중이다. 내장 구성에 관여하는 세균 층 세 가지의 파생물을 개별적으로 생성하고 필요한 상호작용을 구현하여 조립 가구 세트처럼 한데 조합했다.[6] 그 결과 생겨난 구조는 자율성을 유지하지만 기존 장기 유사체보다 배아에서 발달하는 구조와 더 흡사하다.

이런 상호작용을 달성하는 또 하나의 방법은 세포가 자가 조직화를 통해 스스로 수행하도록 하는 것이다. 여기서 장배 유사체는 장배 형성, 더 정확히는 장배 형성의 결과를 관찰하는 수단이 되어 몇 가지 가능성을 열어준다. 이를 통해 다양한 상호작용이 자연스럽게 발생할 수 있다. 중요한 건 장배 유사체가 완전한 유기체가 될 잠재력이 없기에 윤리에 어긋나지 않는다는 점이다. 장배 유사체에는 뇌가 없고 모체에 부착하는 데 필요한 배외 세포 유형이 부족하다. 이런 지원 장치가 없는 배아 유사 구조는 계속 발달

당신의 지문은 DNA를 말하지 않는다

하기가 어렵고 완전한 유기체로 발전할 수도 없다. 게다가 앞으로 몇 년 안에 장배 유사체에서 뇌 조직 전구 세포를 발달시키더라도 완전한 유기체는 고사하고 태아로 발달하기조차 어려울 것이다. 그러므로 장배 유사체 자체는 실제 배아도 합성 배아도 아닌 '배아의 견본', 더 정확히 말하면 배아의 일부가 제거된 버전이다. 따라서 나는 장배 유사체와 관련된 줄기세포 기반 배아 구조가 현대 생물학의 가장 큰 수수께끼 중 하나에 해답을 제시할 수 있다고 본다. '배아 관련 연구를 할 수 없다면 배아의 정의를 어떻게 알아낼 것이며, 초기 발달 단계에서 일부만 살아남고 대부분이 살아남지 못하는 이유를 어떻게 설명할 수 있을까?'

장배 유사체의 등장으로 배아의 생물학과 인간에 관한 놀라운 발견과 의문점이 몇 가지 생겨났다. 예를 들어, 원시선을 형성하는 배외 조직은 세포가 상하좌우로 신체 구조도를 배치하는 데 사용하는 내부 나침반 역할을 한다. 그렇다면 배아 세포는 어떻게 같은 방식으로 자체 정렬할까? 배아 세포가 원시선 없이 신체 구조도를 세울 수 있다면, 원시선을 발달의 상징적 특징에서 배제해야 할까? 앤 맥라렌과 워녹 위원회는 원시선의 시작을 인간 형성의 기준으로 삼았지만, 이는 당시의 지식과 편견을 반영한 기준이다. 오늘날 우리의 지식 수준은 그때보다 전반적으로 높아진 것은 물론, 배아에 관한 정보와 경험도 그때보다 많아졌다. 그 과정에서 원시선과 신체 구조도 간 관계에 관한 견해도 바뀌었다. 국제

줄기세포연구학회가 14일 규칙의 완화를 권고하는 발표를 한 것도 이런 이유 때문이다.

장배 유사체가 신체 구조도를 드러내는 방식도 놀랍다. 광범위한 유전자 실험 결과, 배아 세포가 혹스 유전자를 사용하여 상하신체 축의 위치에 따른 자체의 형태와 기능을 바꾼다는 사실이 밝혀졌다. 장배 유사체에도 배아의 공간적, 시간적 질서를 반영하는 혹스 유전자 발현이 나타나므로, 이를 통해 세포가 유전 회로를 사용하여 시간과 공간을 만드는 방식을 정확히 탐구할 수 있다.

장배 유사체는 그 발달 속도와 패턴이 배아와 같으므로 초기 발달 기원과 관련된 병리를 새로운 방식으로 재현하고 연구하는 데 사용할 수 있다. 무엇보다 장배 유사체를 사용하면 현재 인간 배아의 행동을 반영하지 않는 비인간 모델을 사용하는 중요한 작업인 '기형 유발 물질teratogen' 시험 실험에서 동물 사용 빈도를 줄일 수 있다. 다른 배아 모델과 함께 사용하여 질병에 관한 모델을 만들 수도 있다. 이를 위해서는 특정 질병 보유자의 줄기세포를 확보해서 장배 유사체를 형성하도록 유도해야 하므로 과학자와 환자 간 협력이 필요하다. 내 동료인 교토대학 소속 칸타스 알레브Cantas Alev와 나오미 모리스는 선천성 척추측만증과 척추분절결손의 가족성 또는 산발적 사례의 기원을 이해하기 위해 이미 이런 유형의 실험을 진행 중이며, 후속 연구도 뒤따를 것이다.

이런 연구가 가능한 이유는 장배 유사체가 현행 윤리 지침에 위배되지 않기 때문이다. 그렇지만 유도만능줄기세포, 특히 환자가 기증한 줄기세포로 장배 유사체를 만들 때는 주의가 필요하다. 헨리에타 랙스의 가족이 겪은 아픔이 되풀이되어서는 안 된다. 인간 장배 유사체는 기증자의 복제본도 유사본도 아니지만 여전히 인간의 개별적 기원을 담고 있다. 그러므로 배아 유사 구조 생성이라는 목적에 한해 세포 사용에 관한 기증자의 동의를 받아야 한다. 그것이 인간의 기원을 존중하는 태도다.

지리학에서와 마찬가지로 루비콘 강을 건너는 방법에는 여러 가지가 있다. 우리가 건널 길 중 일부는 험난한 지형으로 이어질 수 있다. 나는 배아 모델을 통해 밝혀질 종자 세포 생성 관련 정보에 특히 관심이 많다. 다음 세대를 만들고 유전체의 일부를 미래로 운반하는 놀라운 매개체인 종자 세포는 장배 형성 과정에서 생성되는 '최초'의 특수 세포로, 세포와 유전자 사이의 파우스트식 합의의 핵심이라고 할 수 있다. 하지만 종자 세포가 제 역할을 하려면 생식선 조직과의 상호작용을 통해 난자와 정자라는 생식세포로 변모해야 한다. 장배 유사체는 종자 세포를 생성하지만, 아직 발달 후기에 발생하는 생식선 조직을 발달시키지는 못했다. 종자 세포는 다음 세대로 가는 통로이며, 정자와 난자의 결합이 발달의 마법으로 이어진다는 점에서 생물학의 성배와도 같은 존재다.

지난 10년간 수행된 일부 대담한 실험들 덕분에 앞으로의 발견을 위한 경로가 개척되기 시작했다. 그중 하나가 쥐 배아줄기세포에서 기능하는 쥐 접합체를 만드는 데 성공한 교토대학 소속 사이토 미티노리Saitou Mitinori 연구팀의 실험이다.[7] 이 연구팀은 배아줄기세포에서 종자 세포를 추출한 다음 생식선 조직과 결합하여 성숙시키는 방식으로 실험을 수행했다. 이 놀라운 실험의 이면에는 이 연구가 불임 치료법으로 이어질 것이라는 희망이 있다. 쥐와 인간의 종자 세포 사이에는 세포 생성에 관여하는 단백질 유형 등에서 중요한 차이점이 있는데, 쥐와 인간 사이의 주요 차이점 몇 가지를 발견한 케임브리지대학 거든 연구소 소속 아짐 수라니Azim Surani도 이를 지적했다. 다양한 유기체가 유전체 도구 목록을 최대한 활용한다는 개념은 이제 익숙할 것이다. 이런 이유로 배아줄기세포에서 인간 생식세포를 만들어내기에는 아직 갈 길이 멀지만, 자크 모노의 말을 빌리자면 쥐에게 적용되는 사항은 인간에게도 적용될 수 있으며, 이 분야의 연구는 놀라운 속도로 이루어지고 있다. 이 책이 출간될 때 즈음이면 이 분야가 얼마나 더 진전되어 있을지 궁금하다.

집합적으로 '줄기배아stembryos'라고 부르는 배반포, 장배 유사체 및 소위 합성 배아는 우리 인간의 정체성에 관한 근본적인 질문을 제기한다. 임신 기간에 소비되거나 임신이 끝나면 버려지는 태반과 난황주머니를 형성하는 배외 조직은 인간 발달 과정에서 얼마나 많은 부분을 차지하고 있을까? 종자 세포의 성공이 배아의 성공과 연관되는 이유는 무엇일까? 앞서 언급한 실험들의 결과를 보면 미래에는 배아의 초기 환경(체외 또는 자궁 내)을 바꾸어 세포의 결합 방식 및 고유한 생명 형성 방식에 영향을 미치도록 배아를 조종하는 것이 가능해질 수도 있다. 이 지식을 적용하는 데 어떤 제한을 두어야 할까? 세포를 혼합하고 결합하며 생화학적 인자를 사용하여 배아 환경을 '설정'하는 경험이 더 많이 쌓이면 우리 인간의 정체성과 인간이라는 종의 근본적 정의에 관한 핵심 질문들이 등장할 것이다.

계통 대 정체성

줄기세포와 장기 유사체로 탐구되고 있는 새로운 영역으로 인해 유전자가 우리를 만든다는 관점이 흔들리고 있다. 유전자는 발달과 조직 유지에 필요하지만, 신체 구조도의 배치부터 신경계의 조직과 기능에 이르는 발현을 지배하고 우리의 존재와 정체성을 형성하는 주체는 세포다.

20세기부터 현재까지도 우리의 정체성은 DNA와 밀접하게 연관되어 있다는 것이 일반적인 가정이었다. "과거는 현재의 서막"이라는 셰익스피어의 말처럼 이 가정이 어느 정도 맞기는 하지만, 발달 부문에 있어서는 세포와 유전자가 역사에서 아주 다른 관계에 있어왔다. 따라서 유전체가 우리 존재를 만드는 주체라는 지배적 견해의 이면에 담긴 이유를 간단히 요약해볼 필요가 있다. 이 관점은 유전체라는 도구 창고의 목록을 구성하는 G, C, A, T의 문자열인 DNA의 본질에 있다. 이 목록은 수백만 년에 걸쳐 진화했으며, 도구와 재료의 종류가 아닌 색상과 설계 세부 사항 면에서 개인별로 고유하다. 이런 미묘한 차이를 통해 1950년대의 조악한 컴퓨터가 지금의 아이폰으로 변모해온 과정을 추적하듯이 차이점과 유사점의 연관성에 기반하여 유전체의 역사를 추적할 수 있다. 이 유전적 관계에 일부 역사적 서사, 즉 계보를 추가하면 조상과 혈통을 통해 멀리 떨어진 사람 및 장소와 연결되며, 계속 거슬러 올라가다 보면 모든 사람이 서로 연결된다.

우리 인간은 소속감을 느끼고 자신의 기원을 알고 싶어 하는 욕구가 강하다. 그래서 유전자에 집중해온 지난 수백 년 동안 유전학의 언어를 사용해 역사를 기록했다. 상업용 DNA 분석 업체의 선두주자인 앤시스트리닷컴 Ancestry.com과 23앤미 23andMe는 도합 3000만 명 이상의 유전체를 보유하고 있다. 이 자료에 따르면, 우리의 DNA는 서양 반투족 37퍼센트, 게르만족 27퍼센트, 스코틀랜드인 26퍼센트, 나이지리아인 10퍼센트로 10~20퍼센트 정도 차이가 날 수 있고, 2퍼센트는 네안데르탈인일 수도 있다(인류가 진화한 방식에 기반하여 현재를 사는 모든 사람의 평균적 비율이다). 혹은 우리의 DNA를 바이킹, 고대 이집트인, 추마시 인디언 및 수천 년 전에 살았던 다른 민족의 DNA와 비교할 수 있다고 주장하는 업체들도 있다. 파라오의 후손이라니! 이처럼 멀리 떨어진 민족, 장소, 시대와 자신

당신의 지문은 DNA를 말하지 않는다

의 연관성을 상상해보는 것은 실로 매력적인 경험이다. 하지만 영국의 센스 어바웃 사이언스Sense About Science는 이런 주장들이 "유전적 점성술에 지나지 않는다"고 말한다. 유전학자 애덤 러더퍼드Adam Rutherford도 아주 길다고는 할 수 없는 인류의 역사를 '충분히 거슬러 올라가면' 모든 사람이 서로 관련되어 있다고 지적한 바 있다. 이것은 사실이다. 유전체의 도구와 장비는 우리가 동물이자 영장류, 인간이 되는 데 필요한 것이기에 겹치는 부분이 많다는 사실이 그리 놀랍지도 않다.

유전적 혈통은 이쪽 50퍼센트, 저쪽 25퍼센트라는 식으로 정량화할 수 있지만, 이런 수치는 실제로 무슨 의미일까? 이 숫자를 통해 오늘날 우리의 정체성에 관한 정보를 알 수 있을까? 인간이라는 종의 역사는 유전체에 담겨 있을 수 있지만, 유전체가 우리의 존재와 정체성을 만드는 것은 아니다.

인류의 역사에 관한 또 하나의 흥미로운 관점은 접합체의 첫 분열부터 시작하여 세포가 분열을 거듭하며 차이를 만들어가는 방식에 담겨 있다. 카를 에른스트 폰 베어가 처음 발견한 배아 발달의 특징을 떠올려보면, 장배 형성 직후 인간은 닭, 물고기, 개구리의 것과 모습이 아주 비슷하다. 동물 배아 간 이런 유사성의 기원은 최초의 다세포 유기체로 거슬러 올라간다. 진핵세포는 새로운 방식으로 유전체를 사용하기 시작했고, 지구를 정복할 수 있는 강력하고 효율적인 유기체를 만들기 위해 유전자를 제어하기 시작했다. 이런 목적을 달성하기 위해 세포는 좌우대칭 신체 구조도와 장배 형성 등 효과적인 접근 방식을 몇 가지 발견했다. 모든 동물에서 세포는 같은 도구와 장비를 사용하여 신체의 기반을 마련한다. 그런 다음 장배 형성 과정 후에는 종별 특성과 고유한 개체성을 형성하는데, 이는 세포 간 상호작용과 더불어 포유류인 인간의 경우 모체와의 세포 간 연결에 기반한다. 이런 형성 과정은 출생과 함께 끝나는 것이 아니라, 줄기세포가 새로운 세포를 생성하여 우리 몸을 적합한 상태로 유지하는 한 평생 계속된다.

DNA 분석 업체들의 광고 문구와 상관없이 유전자와 정체성은 별개의 개념이다. 실제로 이런 업체들은 검사를 통해 얻은 사람들의 DNA를 사용하여 단일 유전자 변이로 인한 질병을 치료하는 방법을 연구한다. 즉 이들은 유전자가 도구라는 점을 알고 있으며, 이를 고치는 것이 가능할 수 있다는 사실을 이용해 사업을 한다. 그리고 유전자에 관한 대중의 오해를 이용해 이익을 얻으려는 업체는 이들만이 아니다.

특성 속 요인

2020년 여름, 100년 만의 팬데믹을 겪으며 모두가 불확실성에 휩싸여 있을 때 아우레아 스미그로츠키 Aurea Smigrodzki가 태어났다. 체외수정을 통해 탄생한 아우레아는 루이스 조이 브라운이 태어난 이래 체외수정으로 세상에 나온 수많은 아기들과 다른 점이 있었다. 부모의 체외수정 배아들 중에서 아우레아가 선택된 이유는 단순히 첫 번째 세포가 잘 분열했거나 배반포 착상에 성공할 가능성이 높아 보였기 때문이 아니다. 유전체 때문이었다. 물론 의학계에서는 유전 질환과 염색체 이상을 판별하는 산전 선별 검사를 통해 배아에 낭포성 섬유증, 헌팅턴병, 낫 모양 적혈구 빈혈증 및 단일 유전자 돌연변이 관련 질환 유무를 검사하는 경우가 흔하다. 아우레아의 검사 결과는 이를 넘어섰다. 아우레아의 유전체는 성장하고 나이가 들어도 심장병, 당뇨병, 암에 걸리지 않을 확률이 높다고 여겨졌기에 체외수정 대상으로 선택되었다. 유전자 중심적 사고의 산물인 셈이다.

아우레아가 선택된 계기는 부모에게 당뇨병, 관상동맥 질환, 유방암 등의 발병 위험을 예측하겠다고 약속한 산전 유전자 진단 업체 지노믹 프리딕션Genomic Prediction에서 실시한 연구 또는 '실험'이었다. DNA 염기서열의 통계적 분석을 통해 전체 유전체에서 유전적 변이를 식별할 수 있으며, 이런 변이들이 함께 발견되면 특정 형질을 가질 확률이 높아진다는 것이 지노믹 프리딕션의 주장이다. 그리고 위험도는 다수(다중) 유전자들에 기반하므로 해당 특성이 있을 확률을 '다중 유전자 위험 점수polygenic score'라고 부른다.

다중 유전자 위험 점수는 2000년에 최초로 인간 유전체의 완전한 염기서열이 밝혀지면서 생겨난 산물이다. 유전체 염기서열이 밝혀진 후 질병 유발 유전자를 찾으려는 유전자 분석 의뢰가 폭증했다. 곧이어 전장 유전체 연관성 분석genome-wide association studies, GWAS이 시작되었고, 과학자들은 수많은 사람의 유전체를 검사하여 가족력이 추정되는 질환과 유전자 사이의 연관성을 찾기 시작했다. 이런 연구들은 이미 확인된 명백한 경우들을 제외하고는 유전자와 표현형의 단순한 연관성에 대한 그들의 기대를 충족시키지 못했다. 제2형 당뇨병, 관상동맥 심장 질환, 비만을 포함한 일부 질환은 개별 유전자와 조금이나마 연관되어 있다고 여겨졌지만, 추가적인 수치 분석 결과 이런 상관관계는 우연일 가능성이 크다는 사실이 밝혀졌다.

이러한 실망스러운 결과를 접한 과학자들은 결함 있는 유전자 하나로 질병이 생기는 것이 아니라 여러 유전자의 결함들이 '조합'되면서 해당 질병에 조금씩 기여하는 경우가 많을 것이라는 교묘한 가설을 세웠다. 과학자들이 주장하는 삶의 복잡성을 고려하면 틀린 말은 아니다. 하지만 유전자 수가 너무 많고 대부분의 역할이 알려지지 않았기에, 유전체를 샅샅이 뒤져 이런 결함들을 찾기란 어렵고 시간도 오래 걸린다. 그래서 과학자들은 GWAS를 통해 질병이나 특성의 증상을 나타내는 표현형에서 시작하여 해당 표현형을 가진 사람들이 공유하는 DNA 조각을 찾는다. 그리고 몇 가지 통계적 방법을 적용하여 다중 유전자 위험 점수가 고안되었다.

다중 유전자 위험 점수는 단순히 관찰된 DNA와 질병의 패턴만을 기반으로 위험을 계산하는 것이 아니다. 이 계산에서 가장 중요한 요소는 유전체 구조 내 변이, 유전자형, 식별되는 표현형이다. 질병과 관련된 돌연변이의 조합이라는 가정이 점수에 반영된다. 해당 집단에 속한 사람들이 질병과 관련된 DNA를 100퍼센트로 공유하지는 않으며, 질병의 '유전성', 즉 유전적 요인으로서 유전자에 기인할 수 있는 변이가 공유되어 있던 DNA 세트와 100퍼센트로 연결되는 경우는 드물기 때문이다. 따라서 특정 영역에서 몇 퍼센트의 사람들이 몇 퍼센트의 유전자를 공유하고 있는지와 질병 발생률의 몇 퍼센트가 유전적인지 계산한 다음, 자신의 유전체 내 해당 영역 개수와 비교하여 질병에 걸릴 확률을 계산해야 한다. 기술적으로 복잡하고 이해하기도 어려운 방법이다.

당연히 다중 유전자 위험 점수를 해석하는 것도 까다롭다. 예를 들어, 이 점수를 통해 백인 서양인 인구에서 DNA 표지 100개가 특정 질환 유병률의 20퍼센트를 설명할 수 있다고 가정하면, DNA 표지 100개를 조합하면 해당 질환과 20퍼센트 확률로 연관되어 있다는 뜻이 된다. 거꾸로 말하면 해당 질환의 유전성 중 80퍼센트는 확인된 공통 DNA로 설명할 수 없다. 따라서 이런 측정치를 통해 광범위한 인구 집단에서 개인이 어디에 속하는지는 알 수 있지만, 앞으로 그 특정 개인에게 어떤 일이 일어날지는 알 수 없다. 따라서 다중 유전자 위험 점수를 기준으로 삼는 것에는 문제가 있다. 개인의 운명을 말해주는 점수가 아니기 때문이다.

다중 유전자 위험 점수 및 유전체 전반의 연관성 연구에서 파생된 다른 산물들의 유용성에 대해 회의적이지는 않더라도 비판적 시각을 유지해야 하는 이유는 더 있다. 두 경우 모두 데이터와 그 응용에 기반하는데, 데이터는 북미와 유럽에 거주하는 부유한 백인 인구에서 추출하는 경우가 대부분이다. 검진 및 치료 부문으로의 다중 유전자 위험 점수 적용을 전적으로 지지하는 의료진은 지금까지 발견된 연관성이 연구가 수행된 인구 집단 외 집단을 반영하지 않을 수 있다는 점을 항상 경고한다. 논리적으로 일관성이 없어 보인다. 우리는 DNA의 99.5퍼센트 이상을 지구상의 모든 사람과 공유하지만, 그렇다고 그 99.5퍼센트가 항상 같은 것은 아니다. 어디서 어떻게 자랐고 어떻게 살았는지가 다중 유전자 위험 점수에 영향을 미친다면, 이는 유전체를 통해 미래를 예측할 수 없다는 증거가 된다. 아이작 뉴턴이 "중력은 내가 영국 사과를 관찰한 경험에 기반하기 때문에 영국에만 적용된다"고 말하는 격이다. 물론 다중 유전자 위험 점수의 예측력을 높이려면 더 넓은 그물을 던져야 한다. 충분한 만큼의 대립 유전자를 계산에 넣는다면 질병 발병과 인간이라는 존재 사이의 연관성을 발견할 수 있을 것이다.

게다가 현재의 다중 유전자 위험 점수는 성인의 데이터를 기반으로 성인에게 적용된다. 이런 광범위한 유전자는 배아 발달의 다른 과정에 관여할 가능성이 아주 크며, 이들 유전자 또는 그 일부를 배제한다면 배반포가 성공적으로 착상할 가능성이나 일부 장기 또는 조직이 완전히 발달할 가능성이 줄어들 수 있다.

사실 임상 환경에서 다중 유전자 위험 점수를 활용하려는 시도가 늘어나지 않았다면 이 모든 것은 그저 통계학과 생물학의 교차점에 존재하는 호기심에 불과했을 것이다. 영국에서는 모든 신생아의 DNA 염기서열을 분석하고 다중 유전자 위험 점수를 사용하여 질병의 징후가 나타나기 전에 치료를 유도하려는 계획이 추진되고 있다. 지노믹 프리딕션 같은 업체도 더 많이 설립될 것이다. 이런 업체들은 지금은 건강상 위험과 관련된 부분에서 모험적 시도를 하고 있지만 미래에는 지능, 학력, 운동 능력, 사교성, 수명 부문으로 눈을 돌릴 것이다.

그렇게 되기 전에 우리는 먼저 원치 않는 영향이 발생할 가능성을 고려해야 한다.

GWAS와 다중 유전자 위험 점수는 이미 축산 부문에서 특정 가치가 있는 품종을 선별하는 데 사용되고 있다. 예를 들어, 육류 생산량을 늘리기 위해 선별되어 교배되는 닭이나 수컷 육계는 달걀 생산량을 높이기 위해 선별된 번식용 수컷 닭보다 공격성이 높으며, 온순한 기질 때문에 선별되어 교배된 여우가 낳은 새끼는 털의 색과 패턴이 다른 여우들보다 다양하다.[8]

우리는 세포가 유전자를 사용하여 유기체를 만드는 방식들을 모두 알지 못한다. 따라서 질병, 특히 성인에게 흔한 질병과 관련된 유전자 조합을 피해 인간 배아를 선택하다 보면 다른 원치 않는 형질이 나타나 이득이 상쇄될 수 있다.[9]

다중 유전자 위험 점수를 정의하는 DNA 표지는 대부분 특정 유전자와 관련이 없으며, 단일 염기 다형성single nucleotide polymorphism, SNP이라고 하는 DNA의 작은 자취인 경우가 많다. SNP는 특정 유전자와의 연관성이 알려지지 않은 DNA 염기서열 내 변화다. 그래서 성격이나 지능처럼 인간 정체성의 아주 복잡한 면을 위한 다중 유전자 위험 점수 사용이 고려되고 있다는 보고서를 읽으면 더욱 걱정스럽다. 우리는 이런 창발적 특성이 유전체 30억 개 중 수천, 수만 건의 단일 문자 변경에 따른 일부 산물이라고 추측할 수 있다. 인간의 성격과 지능은 뇌세포 간 상호작용을 통해 형성되는 것이 분명하기 때문이다. 따라서 세포보다 유전체에 초점을 맞출 이유는 없다. 세포 간 상호작용의 산물인 인간의 심리적, 정서적 구성의 특정 측면을 정확히 설명하려면 다중 유전자 위험 점수를 신뢰하기 전에 밝혀낼 것이 많다고 내가 말하고 싶은 이유이기도 하다.

특히 나는 사람들이 특성의 위험 원인을 유전적 요인과 연관 지을 수 없을 때 곧바로 환경과 연관하려 한다는 점이 실망스럽다. 이는 전형적인 선천성-후천성 논쟁이다. 이 공식에서 선천성은 유전체를, 후천성은 가족과 사회를 의미한다. 지난 몇 년 동안 이 두 가지 측면은 새로운 종류의 유전학인 후성유전학 분야를 통해 결합되었고, 관련 논쟁에서 세포의 존재는 '사라졌다'. 그러나 유전자와 건강(또는 질병)을 연결하는 것은 세포가 그 사이에 있다는 사실을 인정하지 않고는 불가능하다. DNA의 사소한 변화로 영향을 받을 수 있는 세포 활동을 조사하여 SNP를 이해하려고 시도하며 이런 방향으로 서서히 움직이는 GWAS 연구들이 있지만 그 수가 너무 적다. 앞으로는 유전자 관련 통계 분석을 정해진 운명처럼 해석할 것이 아니라, 우리를 끊임없이 만들고 재구성하는 세포의 놀랍고 역동적인 활동에 초점을 맞추어야 한다고 생각한다. 이런 방식을 통하면 통계적 숫자에 의미를 부여할 수 있을지도 모른다.

운명의 전조

우리의 유전자를 판독하는 것은 찻잎으로 미래를 점치는 것만큼이나 어렵다. 찾으려고 하는 대상의 대부분이 존재하지 않기 때문이다. 우리의 미래는 세포에 달려 있다. 그중에서도 특히 새로운 장 내벽을 매주 만들고 새로운 피부를 매달 만들어내는 특수 세포인 줄기세포의 역할이 크다. 게다가 앞서 언급했듯이 새로 생성되는 개별 세포의 유전체는 이전 세포의 유전체와 다르다는 것이 거의 확실하다. 새로운 세포가 생겨날 때마다 낮은 확률로 돌연변이가 발생해 유전체가 세포와의 합의를 깨고 그 자리를 차지하려고 할 가능성이 있다. 이런 경우 대부분 세포는 자살하거나 상황 제어에 도움이 될 면역세포로 신호를 보내는 방식으로 문제를 처리한다.

사람들은 DNA 내 돌연변이가 암을 유발한다는 생각에 익숙해졌지만, 파멸의 전조는 다른 모습으로 나타나기도 한다. 영국 브롬리에 사는 일란성쌍둥이 자매인 올리비아Olivia와 이사벨라Isabella의 사례를 들어보겠다. 자매인 둘은 태어나 건강하고 행복하게 살고 있었다. 그런데 두 돌이 얼마 지나지 않아 올리비아가 혈액과 골수에 생기는 암인 급성 림프모구성 백혈병에 걸렸다. 이 백혈병은 두 쌍둥이가 모두 보유한 *TEL*과 *AML*이라는 두 유전자가 융합된 돌연변이와 연관이 있으나, 돌연변이 자체로는 암을 유발하기에 충분하지 않다고 알려져 있다. 그래서 쌍둥이의 부모와 의사들은 일란성쌍둥이인 이사벨라에게도 언젠가 질병의 징후가 나타날 것이라고 걱정했다. 하지만 결과는 그렇지 않았다.

올리비아의 암을 파악하고 이사벨라의 건강을 추적 관찰하기 위해 의사들은 추가 DNA 분석을 수행했다. 이상하게도 쌍둥이 부모의 DNA를 검사했을 때 *TEL-AML* 돌연변이는 어느 쪽에서도 발견되지 않았다. 이 돌연변이는 쌍둥이의 다른 세포 유형에는 없고 혈액세포에만 존재했다. 게다가 올리비아의 혈액세포에는 이사벨라에게 없는 돌연변이가 하나 더 있었는데, 이것이 혈액세포를 백혈병으로 이끈 주범이었다.

당시 옥스퍼드대학의 타리크 엔버Tariq Enver와 런던 암 연구소의 멜 그리브스Mel Greaves는 추적 연구를 통해 그 원인을 찾아냈다.[10] 쌍둥이 두 명은 임신되었던 당시 건강했고, 올리비아와 이사벨라가 될 접합체에는 암을 유발하는 유전자 돌연변이가 없었다. 그런데 장배 형성 직후 쌍둥이의 신체 구조도가 생성되던 어느 시점에 이사벨라의 혈액 줄기세포에서 *TEL* 유전자와 *AML* 유전자가 융합되었다. 쌍둥이가 혈액 순환을 공유했기 때문에 그 줄기세포는 올리비아에게 전달되어 골수에 자리 잡았고, 그곳에서 치명적인 두 번째 돌연변이가 발생했다. 결국 올리비아의 백혈병을 유발한 것은 이 두 가지 돌연변이였지만, 그 원인은 올리비아의 유전체가 아니라 쌍둥이 자매 이사벨라의 몸에서 유래한 줄기세포 하나의 오작동이었던 것이다.

과학자들은 유전체가 파우스트식 합의를 깨는 것을 막을 수 있는 세포들에 대해 더 많이 알아가고 있다. 현재 시험 중인 유망한 치료법인 키메라 항원 수용체 T세포chimeric antigen receptor T cell, CAR-T는 암세포 다수의 표면에 특정 단백질이 있다는 사실을 이용한다. 암세포는 이 단백질을 위장막 삼아 몸 안을 돌아다니면서 T세포 같은 면역세포를 피한다. CAR-T 세포는 종양 세포 표면의 단백질을 인식하는 분자를 포착하도록 T세포의 용도를 바꾼다. CAR-T를 만들기 위해 의사는 환자의 혈액에서 T세포를 추출하여 암세포의 단백질을 인식하도록 조작한 후, 배양을 통해 성장시켜 환자에게 다시 주입한다. 이런 방법은 효과가 있었고, 많은 환자가 CAR-T를 통해 완치되었다.

이 두 가지 사례에서 세포는 질병의 전조이자 희망의 전조다. 첫 사례의 경우 올리비아의 백혈병은 유발 원인으로 볼 수 있는 두 가지 유전자 돌연변이에 매핑될 수 있다. 또한 CAR-T세포는 T세포의 유전체를 조작한 결과물로 볼 수 있다. 두 경우 모두 질병 또는 치료의 중심이자 원인을 유전자로 볼 수도 있지만, 이는 마치 장인이 도구 상자에서 일부 도구를 개선하고 연마하고도 결과에 대해서는 도구를 탓하는 격이다. 궁극적으로 도구를 이해하고 창의적으로 결과물을 만드는 주체는 사용자이며, 우리의 경우 그 사용자는 세포다.

종결부

19세기 말, 생물학자들은 세포를 유기체의 기본 구성 요소로 인식했다. 하지만 몇 가지 예외를 제외하고는 세포를 공간과 시간의 주체로 보지 않았다. 당시 세포는 자체가 속한 조직과 장기, 궁극적으로는 유기체의 설계에 따르는, 건물로 비유하자면 벽돌 같은 수동적인 존재로 여겨졌다. 그리고 유기체는 자체를 형성하는 방식을 어떤 식으로든 '알고 있다'고 인식되었다.

한스 드리슈Hans Driesch와 한스 슈페만Hans Spemann이 실험을 통해 도출한 해석도 마찬가지였다. 그것은 유기체가 세포를 조종하고 명령을 내리는 지배적 위치에 있다는 논리였다. 드리슈는 유기체를 '기계'에 비유했고, 초기 성게 배아의 세포를 관찰한 결과에 당황했을 때도 자신이 관찰한 위업을 수행할 만한 기계를 추론하려는 방식으로 대응했다. 드리슈는 개별 세포가 단독으로 존재할 때 전체 유기체를 만들어낸 실험들을 토대로 세포 일부가 전체에 기여하는 방식으로 작동하는 기계는 존재할 수 없다고 결론 내렸다. 그런 기계가 있다면 "모든 부분이 똑같은 아주 이상한 종류의 기계가 될 것"이라고 말했다. 자신의 딜레마를 해결할 기계론적 해답을 찾을 수 없었던 드리슈는 답답한 마음에 생기론으로 눈을 돌렸다.[11]

드리슈는 현재 우리가 가지고 있는 관점으로 세포를 보지 못했다. 당시에는 현미경으로 드러난 수동적인 벽돌 뒤에 이렇게 광범위한 활동과 집단의 세계가 펼쳐져 있다는 사실을 예측하기가 어려웠다. 유기체라는 기계에서 서로 동일하며 전체를 재구성할 수 있는 이런 요소는 핵에 도구 저장소가 각인된 세포다. 드리슈가 놓친 또 다른 퍼즐 조각 하나는 '창발', 즉 세포의 구성 요소가 환경이나 서로와 상호작용하여 부분의 합보다 더 큰 전체를 만들어 유기체의 구조와 기능의 토대가 되는 행동, 활동, 공간적 및 시간적 조직으로 이어지는 현상이었다.

내가 여기서 설명한 관점에서 유전체에는 세포 범위 내에서 모여 선택적으로 사용될 때 개별적으로는 없던 속성이 생겨나는 부품, 도구, 재료에 관한 암호가 담겨 있다. 이를 바탕으로 세포는 상호작용을 통해 유전체의 활동을 제어하여 유기체를 형성하고 기능하게 만들 수 있다. 유전체는 최초의 세포인 접합체를 만드는 역할을 하는 듯하지만, 세포가 분열하여 두 개가 되고 나면 세포 간 상호작용이 공간을 정복하고 시간을 통제하면서 유전체의 활동을 제어하는 새로운 세계가 열린다. 이런 창발적 속성이 발견되고 인식되면서 세포에 대한 우리의 관점은 정적인 존재에서 동적인 존재로 바뀌었다.

인류는 이제 막 세포의 작동 원리를 알아내기 시작했고, 세포를 재창조하며 세포에 관한 새로운 과학을 창조하고 있다. 세포는 이제 우리가 학교와 대학에서 세포학 수업 시간에 배웠던 다양한 이름의 정적 구조가 아닌 학습하고, 움직이며, 계산하고, 공간과 시간을 측정하며, 서로 소통하는 능력을 갖춘 복잡하고 역동적이며 창의적인 개체로 인식되고 있다. 이런 사실을 가장 생생하게 보여주는 것은 장배 형성 과정과 세포가 유전 프로그램의 세부 사항과 관계없이 배양 환경에서 조직과 장기를 만드는 방식이다. 세포와 소통하며 세포의 능력을 특정 방향으로 유도하기 위해 우리는 세포가 유기체 형성에 사용하는 것과 동일한 화학적, 기계적 신호인 세포의 언어를 사용한다. 우리가 세포로 발현되는 유전자를 분류하기는 하지만, DNA가 우리의 정체성이 담긴 바코드로 여겨지는 것과 마찬가지로 이런 유전자의 발현은 세포의 바코드가 된다. 따라서 개별 세포 유형은 발현하는 유전자 목록을 통해 식별될 수 있다. 하지만 세포에는 발현하는 유전자 이상의 의미가 있으며, 중요한 것은 세포의 역할이라는 사실을 기억해야 한다.

21세기가 시작될 무렵, 저명한 생물학자 세 명이 「분자 생기론 Molecular Vitalism」이라는 소론을 통해 미래에 관한 논쟁적인 주장을 펼쳤다.[12] 이 글에는 세포의 분자 구성 요소부터 유기체를 발달시키는 행동에 이르기까지 세포에 대한 역동적인 관점이 담겨 있다. 이 소론은 생물학적 체계의 창발적 속성에 대한 연구를 통해 다양한 기준들을 소위 '자연의 요소'라는 경이로운 현상으로 통합하는 생물학의 방식을 이해할 수 있다고 확신하며, 관련 연구를 수용할 필요성이 있음을 은근히 암시했다.

거울에 비친 자신의 모습이든 숲의 풍경이든, 우리 눈에 보이는 모든 것은 세포의 작품이다. 심장의 박동, 생각과 감정, 글자를 읽는 능력은 뉴런 사이의 전기 활동, 소통, 협력과 관련이 있다. 내장, 혈액, 피부의 유지 및 생존과 더불어 달리고, 쓰고, 잡는 능력, 그리고 이 모든 것을 오랫동안 계속할 수 있는 능력도 모두 세포와 관련 있다. 이 경우 특수 세포인 줄기세포의 활동이 다양한 방식으로 건강 상태를 결정한다. 그리고 다음 세대라는 형태로 구현되는 우리의 미래는 다음 세대로의 유전자 전달을 위해 발달 초기에 따로 마련된 특별한 도구인 생식세포에 달려 있다. 우리는 수십억 년 전 최초의 진핵세포에서 시작하여 다세포가 생기고 균류, 식물, 동물로 형성되어간 그 시공간을 탐험하는, 현재도 진행되는 그 이야기의 일부다. 접합체가 형성되는 순간부터 우리는 그 역사의 일부가 되었다. 우리의 과거가 그랬듯이 우리의 미래 또한 유전자가 아닌 세포에 달려 있다.

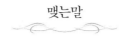

맺는말

21세기에 접어들면서 우리는 생기론에 마지막으로 아쉬운 시선을 보내며, 결국 과거의 산물이 될 세포 단백질 및 RNA 구성 요소의 유전체 분석을 넘어 분자, 세포 및 유기체 기능의 '생기론적' 특성에 주목해야 한다는 사실을 다시금 깨닫는다. …… 유전자형은 아무리 깊이 분석해도 가능한 표현형 범위와 관련된 정보만 제공할 뿐 실제 표현형을 예측할 수는 없다.

- M. 커슈너M. Kirschner, J. 게르하르트J. Gerhart, T. 미치슨T. Mitchison,

「분자 생기론Molecular Vitalism」

나는 우리가 아주 중요한 개념 몇 가지를 발굴하고 있다고 본다. 생물학 이해에 필요한 일련의 거시적 법칙에 도달할 수 있을지는 확신할 수 없지만, 미시적인 것에만 집중해서는 아무것도 얻을 수 없다는 PF 렌PF Lenne의 말이 맞다. 발달 연구에서 분자생물학과 유전학의 등장 이래 우리는 실험적인 배아 연구를 다양한 유전자/분자 경로의 역할을 확인하는 빙고판처럼 사용해왔고, 미시적인 사항에 초점을 맞추었다. 이런 개념으로 돌아가서 새로운 시도를 하는 것이 필요하며, 우리가 그런 시도를 하기 시작했다고 본다. 현대 기술에는 유기체 발달에 관한 이해를 크게 도약시킬 수 있는 잠재력이 있다.

– 벤 스티븐슨Ben Steventon, 서신, 2018

　1864년, 당시까지도 비교적 새로운 개념이던 찰스 다윈의 진화론이 격렬한 논쟁을 불러일으키고 있을 때, 영국 총리 벤저민 디즈레일리Benjamin Disraeli도 이런 논의에 참여하기로 했다. 인간이 유인원의 후손일지 모른다는 주장은 특히 종교적 기반이 탄탄한 사회의 사람들에게 충격과 반발을 불러일으켰다. 디즈레일리는 물었다. "지금 확신에 찬 우리 사회에서 화두가 될 질문 중 가장 놀라운 질문은 무엇일까? 바로 이 질문이다. 인간은 유인원인가, 아니면 천사인가?" 이에 청중들의 웃음이 터져 나왔다. 디즈레일리는 "나는 천사의 편이다"라고 재치 있게 말했다. 오늘날 '인간을 만드는 것이 유전자인가, 후성유전인가?'라는 이분법적 관점에서 수많은 논쟁이 전개되고 있는 시점에서 나는 디즈레엘리의 방식을 따르려고 한다. 나는 세포의 편이다.

　20세기는 유전자의 세기였다. 그레고어 멘델의 연구가 재발견되고 유전의 본질이 세대를 걸쳐 전달되는 생물학적 정보의 개별 단위에 있다는 사실이 확인되면서 유전학의 시대가 도래했다. 20세기에 흥미진진한 발견이 이어지면서 염색체에 초점이 맞추어졌고, 염색체에 변화나 돌연변이가 발생할 수 있으며 이런 변화의 일부가 건강과 관련되어 있다는 사실이 드러났다. 가장 중요한 발견은 유전자가 이중나선 구조 내 DNA로 구성되어 있다는 사실이었다. 이어서 유전 암호와 유전자를 단백질로 변환하는 기제, 이런 요소들이 체내 산소 운반부터 세포골격 구성에 이르는 임무를 수행하는 방식에 관한 답이 연이어 나왔다. 20세기 말에는 유전자가 유기체의 발달과 연결되었다. 인간 유전체 지도의 초안이 공개되면서 '생명의 책'을 읽을 수 있게 되었고, 보다 최근에는 이를 고쳐 쓸 수도 있다는 단서까지 등장했다. 이런 발견들은 찰스 딜리시Charles DeLisi가 언급한 "심장, 중추신경계, 면역 체계, 그리고 생명에 필요한 다른 모든 장기와 조직의 형성 시기와 세부 사항을 결정하는 인간 발달에 관한 완전한 지침"을 보유하게 되었다는 고무된 주장을 불러일으켰다.[1] 이렇게 놀라운 이야기를 들려주다 보니 유전체라는 개념이 우리를 지배했던 것도 당연해 보인다. 하지만 앞서 살펴본 바와 같이 유전체는 실제로 유기체나 그것을 구축한 주체의 설계도가 아니다. 유전체가 설계를 했다면 그것은 유기체를 위한 설계가 아니라 다른 유전체를 위한 설계다.

물론 유전자가 우리의 모습 및 정체성과 아무 관련이 없다고 할 수 없지만, 유전자가 우리 존재와 운명을 결정하지는 않는다. 유전자 도구 상자의 개념에는 이런 도구를 선택하고 사용하는 주체에 관한 해답이 동반되지 않는 경우가 많다. 지금까지 살펴보았듯이 그 신비로운 주체는 세포다.

　이런 의문들에도 불구하고 유전자 중심 관점은 깊이 뿌리내려 유전자가 우리의 과거와 현재뿐만 아니라 미래까지 지배하는 수준에 이르렀다. 이런 사고방식의 극단적인 사례로서, 심리학자이자 유전학자인 로버트 플로민Robert Plomin은 우리의 존재와 정체성, 미래에 관한 거의 모든 것이 난소가 수정되는 순간부터 유전자에 기록되어 있다고 말했다.[2] 플로민은 사회적 상호작용이나 환경은 유전자의 영향을 바꿀 수 없으며, 우리는 유전적 자아를 인정하고 이에 맞추어야 할 뿐이라고 말했다. 유전체에 우리의 작동 지침이 포함되어 있다는 개념이 자연스럽게 확장된 견해라고 할 수 있다.

　하지만 앞서 살펴보았듯이 세포가 없다면 유전체는 큰 의미가 없다. 바이러스에서 인간에 이르는 다양한 생물에 걸쳐 핵산 염기 서열을 단백질로 변환하여 의미를 부여하는 것은 세포다. 이런 단백질을 사용하여 자체를 돌보고 복구하는 것도 세포다. 무엇보다 다른 세포와 협력하여 유기체를 구성하는 것이 세포라는 점이 중요하다. 세포는 유전자에 휘둘리는 것이 아니라 어떤 유전자를 언제 어떤 목적으로 사용할지 결정하여 배아 발달 과정에서 가장 장엄한 위업을 이룬다.

　19세기 후반에는 세포가 생물학적 시스템의 근본적 기본 단위라는 사실이 과학적으로 확립되었다. 그러나 이런 발견은 세포의 작동 원리에 관한 이해 부족과 유전자 중심 관점으로 인해 무시되었다. 한편 유전체를 건드리지 않고도 BMP, Wnt, FGF, Shh 같은 세포의 언어를 사용하여 실험실에서 배아 유사 구조를 만들고, 세포와 소통하며 원하는 방향으로 세포의 행동을 유도할 수 있게 되면서 이런 인식이 바로잡히고 있다.

평평한 표면에서 세포를 배양하면 그 배양 환경에 따라 세포가 퍼지거나 둥글어지고, 유전자 발현 프로그램에 따라 다양한 역할을 맡게 될 수 있지만, 이 경우 세포는 배아는 물론 장기 형성에도 관여하지 않는다. 같은 세포를 입체적인 공간에 배치하면 초기 세포 수에 따라 무작위적 구조가 되거나 배아 유사 구조가 생성되어 장과 척수의 관, 심장의 방, 뇌의 주름 등 다양한 형태를 만든다. 배아 유사 구조가 확보되면 같은 유전자를 가진 세포가 왜 그 유전자를 다른 방식으로 사용하여 다른 시공간을 생성하고 우리를 구성하는 다양한 조직과 장기를 만드는지 알 수 있다. 같은 유전자라도 세포의 주변 환경에 따라 다른 결과가 나타나기 때문이다. 수조 개에 달하는 세포의 상호작용과 소통을 통해 우리가 탄생한다는 점에서 세포는 뛰어난 건축가다.

일각에서는 내가 유전자의 능력보다 세포의 능력을 강조하여 세포에 신비한 개념을 부여하고 있으며, 이는 환원주의적 유전학만큼이나 생명에 관한 이해 발전에 도움이 되지 않는다는 비판이 나올 수 있다. 또한 세포 집단의 작동 원리와 더불어 장배 형성, 팔이나 심장 생성에 세포가 기여하는 방식에 관한 이해가 초기 단계인 것은 사실이다. 그러나 단순히 세포가 발현될 유전자를 목록화하는 것만으로는 진전을 이룰 수 없다. 세포를 발생시키고 세포의 작동에서 발생하는 창발적 속성을 연구하며, 이를 주도하는 요소와 제어하는 방법을 밝혀내야 한다. DNA와 유전자 돌연변이와 달리 세포는 항상 쉽게 나열하고 측정하며 비교할 수는 없지만, 세포의 활동, 특히 세포의 상호 소통 및 조정 방식을 관찰할 수 있는 기술이 몇 가지 있다. 뉴런망의 전기적 활동은 뇌전도의 스캔을 통해 기록할 수 있고, 심장의 성능은 심전도로 추적 관찰할 수 있으며, 면역 체계의 활동은 신체 반응 같은 특정 신호로 측정할 수 있다. 현재로서는 배아 발달 과정에서 세포가 시공간을 생성하는 방식을 정량화하는 것은 물론 배아와 조직 내 세포의 활동을 추적 관찰할 수 있는 기술도 아직 마련되지 않았지만, 연구는 계속되고 있다.

배아 유사 구조를 연구하고 세포의 작동 원리를 더 잘 이해할 수 있게 되면 세포와 유전자 간 관계의 본질을 더 자세히 탐구하여 생물학의 역사에 새로운 페이지를 쓸 수 있을 것이다. 암이 아닌 경우에는 세포가 유전자에 대한 통제권을 잃거나 양도하는 것일 수도 있다. 그렇다면 얼마나 놀라운 일인가? 개별 생명체에서 지속해서 재고되고 있는 파우스트식 합의인 셈일 것이다. 그러나 생물학적 체계의 이러한 역동적 측면은 우리가 세포의 힘을 제대로 이해한 후에야 드러날 것이다.

당신의 지문은 DNA를 말하지 않는다

나는 줄기세포와 장기 유사체의 활동에서 관찰된 결과들을 바탕으로, 세포에는 유전자에 없는 창조적 잠재력이 있다고 확신한다. 유전자가 전사 및 복제를 위한 요소를 제공하는 반면, 세포는 단백질의 다양하고 복잡한 작용을 통한 폭넓은 활동 범위로 조직과 장기, 그리고 배아 및 완전한 유기체를 만들어낸다. 서로 비슷한 유전체가 어떻게 파리, 개구리, 말, 인간처럼 다양한 동물을 만들 수 있는지 궁금해하는 경우가 많다. 그러나 정말 놀라운 것은 같은 유전체가 어떻게 같은 유기체 내에서 눈과 폐처럼 서로 완전히 다른 구조를 만들 수 있는지다. 세포의 능력에 경의를 표할 만하다.

세포의 눈으로 생명을 보면 혼란스럽게 느껴질 수 있다. 유전자 연구를 통해 얻은 디지털 방식의 추상적인 관점보다는 분명 혼란스럽겠지만, 세포 중심 관점은 생물학의 역사에서 새로운 페이지의 시작이며, 다른 과학 부문과 마찬가지로 시작 단계에는 어느 정도의 혼란이 동반될 수밖에 없다. 세포는 직관적이고 사회적이며, 복잡하고 창발적인 방식으로 주변 환경을 감지하고 반응한다. 세포의 활동은 스위치를 끄거나 켜는 것처럼 단순하지 않다.

세포 중심 관점으로 생물학을 보면 우리의 존재와 과거에 관한 이해도를 높일 수 있다. 이 관점을 통해 동물이 지구상에 등장했을 때 벌어진 세력 다툼, 이기적인 유전자와 본질적으로 협력적인 세포의 특성 사이에서 생기는 긴장을 명확하게 설명할 수 있을 것이다. 이런 갈등은 세포가 유전체를 통제하여 자체 능력에 내재한 창의성을 일구고, 생식세포를 만들어 다음 세대로 유전자를 안전하게 전달하면서 해결되었다. 이 과정은 계속 반복된다. 세포의 관점에서 인간을 보면 유전체의 중첩보다 데니스 두불의 모래시계 목 부분에서 다른 동물과 더욱 가까워지며, 놀랍도록 비슷한 동물들 간 초기 배아의 모습은 우리가 이제 막 밝혀내기 시작한 원대한 생명의 설계 방식을 암시한다.

우리의 구성 방식과 정체성에 관한 관점은 유전자가 생물학의 모든 세부 사항을 결정하는 것이 아니라 세포의 활동에 통합되는 것이라는 개념으로 바뀌고 있다. 나는 앞으로 생물학적 체계에 관한 세포 기반의 이해가 질병을 해결하고 우리의 삶을 개선하는 데 있어 현재 유전자에 대한 것보다 더 많은 혜택을 제공하리라고 본다. 이런 가능성을 엿볼 수 있는 사례로 면역세포가 종양을 찾아 파괴하도록 훈련하는 면역 치료의 성공, 세포의 노화 방식과 노화를 되돌릴 방법을 알아내고 있는 연구를 들 수 있다. 세포의 비밀이 풀리고 그 구조와 기능이 나란히 발전하는 방식이 밝혀진다면 재생 의학의 가능성은 무궁무진하다고 할 수 있다. 아직 세포가 유전체를 사용하기 위해 결합하는 방식이 제대로 밝혀지지 않았지만, 경이로운 배아 유사 구조와 장기 유사체 세포의 놀라운 작용에서 그 해답이 드러나고 있다. 지금 우리는 세포의 세기에 살고 있으며, 앞으로도 그렇게 될 것이다.

당신의 지문은 DNA를 말하지 않는다

감사의 말

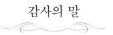

나는 40년 넘게 연구 부문에 종사해왔다. 하지만 연구는 객관적인 데이터 수집, 분석, 해석이라는 과학의 규칙에 제한받기에 연구 대상에 편향된 시각을 가질 수도 있다. 이런 편견은 우리가 연구 결과와 경험을 학생, 동료, 지인과 이야기할 때 드러날 때가 많다. 그래서 우리는 더 넓은 맥락에서 연구의 의미를 찾고 싶거나 그럴 수밖에 없을 때도 있다. 주제를 향한 열정을 전달하거나 연구 결과를 추측하는 과정에서 관련 토론을 통해 연구의 놀라운 의미와 함의를 발견할 수도 있다. 이 책은 이런 정신을 반영하여 수년간의 강의와 개인적 고찰을 통해 집필되었다.

영국에서 40년 동안 케임브리지대학에 있었다. 처음에는 동물학, 이후에는 유전학 부문에 종사하면서 나는 유기체가 단일 세포로부터 자체를 구축하는 방식을 연구하는 데 많은 시간을 할애했다. 당시는 이 부문의 혁명적 발견들이 나온 시기였고, 내가 이런 과정의 목격자가 될 수 있었던 것은 행운이다. 이를 통해 나는 유기체 구성에 있어 세포의 역할이 핵심적인 것을 알게 되었고, 이 명백한 사실에도 불구하고 현재 이 과정에 대한 설명이 유전자에 기반하고 있다는 현실에 직면했다. 이 책은 이런 깨달음의 결과물이다. 처음에는 동물 배아의 발달에 내재한 아름다움과 이 놀라운 과정을 밝혀온 역사를 전달하는 것이 목표였다. 하지만 이 주제를 발전시키면서 배아 발달이 유전자, 세포, 유기체 간의 긴밀한 관계에 관한 것이며, 배아 발달을 탐구하는 과정이 현재의 유전자 기반 생물학적 서술과 우리의 정체성 개념과 충돌한다는 것을 알게 되었다. 편집자인 로빈 데니스와의 토론을 통해 책의 내용을 재구성할 수 있었다. 폭넓게 접근할 수 있는 방식으로 글을 쓸 수 있도록 가르쳐준 데니스에게 깊은 감사를 전한다.

이 책에 제시된 관점은 나의 견해이지만, 수년 동안 다양한 사람과, 책, 대화를 통해 형성되었다. 특히 마이클 베이트, 데니스 두불, 제러미 구나와르데나, 벤 스티븐턴과의 교류를 통해 새로운 것을 알게 되고 해답을 찾는 방법을 배웠다. 이 책의 유전자, 세포, 유기체 관련 주장 다수는 25년 넘게 '유전자 중심 생명관' 수용을 꺼리던 나를 꾸준히 가르쳐준 애드리안 프라이데이와 지난 3년간 줌Zoom을 통해 많은 시간을 토론한 덕분에 나왔다. 애드리안은 원고의 모든 페이지를 읽고 피드백을 제공했지만, 저술에는 관여하지 않았다. 생물학과 관련된 방대한 지식과 개인 시간을 공유해준 애드리안에게 감사의 뜻을 표한다.

질문을 던지거나 흥미로운 생각을 불어넣고 이 책에 알게 모르게 기여한 많은 학생과 연구팀 구성원들에게도 감사의 말을 전한다. 마이클 아캄, 라미로 알베리오, 파올라 알로타, 버즈 바움, 자우메 베르트랑페티, 제임스 브리스코, 안토니오 가르시아 벨리도, 조르디 가르시아 오잘보, 니콜 고르핀켈, 제롬 그로스, 캣 하잔토나키스, 닉 홉우드, 피에르 프랑소와 렌, 마티아스 루톨프, 후안 모돌렐, 나오미 모리스, 아르카디 나바로, 마틴 페라, 안드레아스 프로콥, 니콜라스 리브론, 이냐키 루이즈트릴로, 스티브 러셀, 아일윈 스캘리, 크리스찬 슈뢰터, 마리사 시걸, 오스틴 스미스, 샤라짐 타지박쉬, 데이비드 터너, 존 웰치는 이 책의 다양한 부분에 대해 토론과 피드백을 제공했다. 베르나데트 드 바커, 미구엘 콘차, 매들린 랭카스터, 프리스카 리베랄리, 마티아스 루톨프, 제니 니콜스, 조르지아 쿼드라토, 니콜라스 리브론은 내 주장의 요점을 설명하는 이미지들을 제공했다.

또한 대화와 강연을 통해 수많은 영감을 준 루이스 월퍼트의 영향력을 언급하고자 한다. 월퍼트는 발달생물학 분야의 선구자이자 비과학자는 물론 과학자에게도 과학을 둘러싼 소통에 동기를 부여하고 그 모범을 보여주었다.

내가 질문의 원천이자 답을 찾을 기회였던 연구들을 수행하지 않았다면 이 책을 쓰지 못했을 것이다. 이런 이유로 이 책의 주제에 핵심이 될 프로젝트를 개발할 수 있도록 지원해준 케임브리지 대학, 유럽 연구위원회, 그리고 최근에는 ICREA에 특히 감사하다.

특히 내 에이전트인 제이미 마셜에게 감사를 표한다. 이 프로젝트는 많은 우여곡절을 겪었지만, 제이미는 이 프로젝트의 가치를 믿고 이를 실현할 수 있도록 기회와 지원을 아끼지 않았다. 제이미를 소개해주어 집필이 시작되도록 도와준 내 오랜 친구 존 잉글리스, 그리고 이 프로젝트를 믿고 내가 선뜻 시작하기를 주저하던 영역을 탐험하도록 격려해준 베이직북스의 토머스 켈러허에게 감사한다. 브랜든 프로이아는 최종 원고를 훌륭하게 편집해주었고, 셀마 A. 세라는 책의 각 부분에 관한 나의 추상적인 생각을 매력적인 삽화로 바꿔주었다.

마지막으로 프로젝트의 중요한 순간에 비전과 뛰어난 편집 및 집필 기술로 정말 중요한 역할을 해준 수전 가텔에게 감사한다.

논문이나 책을 쓰는 것은 분위기와 환경, 영감에 달린 경우가 많은데, 이 프로젝트도 다르지 않았다. 이 프로젝트는 마티아스 루톨프와 함께 안식년을 보낸 스위스 모르쥬의 레만 호숫가에서 시작하여 영국 케임브리지에서 계속되었고 스페인 바르셀로나에서 마무리되었다. 이 책에 담긴 이야기와 견해에 각 장소의 고유한 흔적이 남았다.

주

1장 | 유전자에는 없다

1. J. Li 외, "Limb Development Genes Underlie Variation in Human Fingerprint Patterns," *Cell* 185 (2022): 95 – 112.

2. E. B. Lewis, "A Gene Complex Controlling Segmentation in *Drosophila*," Nature 276 (1978): 565 – 570.

3. E. Wieschaus 및 C. Nüsslein-Volhard, "The Heidelberg Screen for Pattern Mutants in Drosophila: A Personal Account," *Annual Review of Cell and Developmental Biology* 32 (2016): 1 – 4.

4. W. J. Gehring, "The Master Control Gene for Morphogenesis and Evolution of the Eye," *Genes to Cells* 1 (1999): 11 – 15; P. Callaerts, G. Halder, and W. J. Gehring, "Pax-6 in Development and Evolution," *Annual Review of Neuroscience* 20 (1997): 483 – 532.

5. T. J. C. Polderman 외, "Meta-analysis of the Heritability of Human Traits Based on Fifty Years of Twin Studies," *Nature Genetics*

47 (2015): 702 – 709.

6. R. Joshi 외, "Look Alike Humans Identified by Facial Recognition Algorithms Show Genetic Similarities," *Cell Reports* 40 (2022): 111257.

7. N. L. Segal, "Monozygotic Triplets: Concordance and Discordance for Cleft Lip and Palate," *Twin Research and Human Genetics* 12 (2009): 403 – 406.

2장 | 모든 것의 근원

1. G. Y. Liu 및 D. Sabatini, "mTOR at the Nexus of Nutrition, Growth, Ageing and Disease," *Nature Reviews Molecular Cell Biology* 21 (2020): 183 – 203.

2. Z. Li 외, "Generation of Bimaternal and Bipaternal Mice from Hypomethylated ESCs with Imprinting Regions Deleted." *Cell Stem Cell* 23 (2018): 665 – 676.

3. L. Sagan, "On the Origin of Mitosing Cells," *Journal of Theoretical Biology* 14 (1967): 255 – 274.

4. D. A. Baum 및 B. Baum, "An Inside-Out Origin for the Eukaryotic Cell," *BMC Biology* 12 (2014): 76.

1. A. Sebé-Pedros 외, "Early Evolution of the T-Box Transcription Factor Family," *Proceedings of the National Academy of Sciences of the United States of America* 110 (2013): 16050 – 16055.

2. D. Duboule, "The Rise and Fall of Hox Gene Clusters," *Development* 134 (2007): 2549 – 2560.

3. G. S. Richards 및 B. M. Degnan, "The Dawn of Developmental Signaling in the Metazoa," *Cold Spring Harbor Symposia on Quantitative Biology* 74 (2009): 81 – 90.

4장 | 재탄생과 부활

1. C. B. Fehilly, S. M. Willadsen, 및 E. M. Tucker, "Interspecific Chimaerism Between Sheep and Goat," *Nature* 307 (1984): 634 – 636.

2. J. B. Gurdon, T. R. Elsdale, 및 M. Fishberg, "Sexually Mature Individuals of *Xenopus laevis* from the Transplantation of Single Somatic Nuclei," *Nature* 182 (1958): 64 – 65.

3. I. Wilmut 외, "Viable Offspring Derived from Fetal and Adult

Mammalian Cells," *Nature* 385 (1997): 810–813.

5장 | 움직이는 패턴

1. M. P. Harris 외, "The Development of Archosaurian FirstGeneration Teeth in a Chicken Mutant," *Current Biology* 16 (2006): 371–377; T. A. Mitsiadis, J. Caton, 및 M. Cobourne, "Waking Up the Sleeping Beauty: Recovery of the Ancestral Bird Odontogenic Program," *Journal of Experimental Zoology* 306B (2006): 227–233.

2. M. G. Davey 외, "The Chicken talpid3 Gene Encodes a Novel Protein Essential for Hedgehog Signaling," *Genes & Development* 15 (2006): 1365–1377; K. E. Lewis 외, "Expression of ptc and gli Genes in talpid3 Suggests a Bifurcation in Shh Pathway," *Development* 126, no. 11 (June 1999): 2397–2407. doi: 10.1242/dev.126.11.2397.

3. L. Wolpert, "Positional Information and the Spatial Patterning of Cellular Differentiation," *Journal of Theoretical Biology* 25 (1969): 1–47.

6장 | 보이지 않는 무엇

1. J. G. Dumortier 외, "Hydraulic Fracturing and Active Coarsening Position the Lumen of the Mouse Blastocyst," *Science* 365 (2019): 465 – 468.

2. S. F. Gilbert 및 R. Howes-Mischel, "'Show Me Your Original Face Before You Were Born': The Convergence of Public Fetuses and Sacred DNA," *History and Philosophy of the Life Sciences* 26 (2004): 377 – 394.

3. E. Sedov 외, "Fetomaternal Microchimerism in Tissue Repair and Tumor Development," *Developmental Cell* 20 (2022): 1442 – 1452.

4. M. Johnson, "A Short History of In Vitro Fertilization," *International Journal of Developmental Biology* 63 (2019): 83 – 92.

5. M. H. Johnson 외, "Why the Medical Research Council Refused Robert Edwards and Patrick Steptoe Support for Research on Human Conception in 1971," *Human Reproduction* 25 (2010): 2157 – 2174.

6. M. Roode 외, "Human Hypoblast Formation Is Not Dependent on FGF Signalling," *Developmental Biology* 361 (2012): 358 – 363; K. Niakan 및 K. Eggan, "Analysis of Human Embryos from Zygote to Blastocyst Reveals Distinct Expression Patterns Relative to the

Mouse," *Developmental Biology* 375 (2013): 54 – 64.

7. A. McLaren, "Where to Draw the Line?" *Proceedings of the Royal Institution of Great Britain* 56 (1984): 101 – 121.

8. 상게서.

9. N. Hopwood, "Producing Development: The Anatomy of Human Embryos and the Norms of Wilhelm His," *Bulletin of the History of Medicine* 74 (2000): 29 – 79.

10. A. Poduri 외, "Somatic Activation of AKT3 Causes Hemispheric Developmental Brain Malformations," *Neuron* 74 (2012): 41 – 48; M. Lodato 외, "Aging and Neurodegeneration Are Associated with Increased Mutations in Single Human Neurons," *Science* 359 (2018): 555 – 559.

11. 상게서.

12. S. Bizzotto 외, "Landmarks of Human Embryonic Development Inscribed in Somatic Mutations," *Science* 371 (2021): 1249 – 1253; S. Chapman 외, "Lineage Tracing of Human Development Through Somatic Mutations," *Nature* 595 (2021): 85 – 90; T. H. H. Coorens 외, "Extensive Phylogenies of Human Development Inferred from Somatic Mutations," *Nature* 597 (2021): 387 – 392.

1. L. Hayflick 및 P. S. Moorhead, "The Serial Cultivation of Human Diploid Cell Strains," *Experimental Cell Research* 25 (1961): 585 – 621.

2. A. Pozhitkov 외, "Tracing the Dynamics of Gene Transcripts After Organismal Death," *Open Biology* 7 (2017): 160267.

3. P. S. Eriksson 외, "Neurogenesis in the Adult Human Hippocampus," *Nature Medicine* 4 (1998): 1313 – 1317.

4. K. L. Spalding 외, "Retrospective Birth Dating of Cells in Humans," *Cell* 122 (2005): 133 – 143.

5. J. Till 및 E. A. McCulloch, "A Direct Measurement of the Radiation Sensitivity of Normal Mouse Bone Marrow Cells," *Radiation Research* 14 (1961): 1419 – 1430; A. Becker, E. McCulloch, 및 J. Till, "Cytological Demonstration of the Clonal Nature of Spleen Colonies Derived from Transplanted Mouse Marrow Cells," *Nature* 197 (1963): 452 – 454.

6. T. Sato 외, "Single Lgr5 Stem Cells Build Crypt-Villus Structures in Vitro Without a Mesenchymal Niche," *Nature* 459 (2009): 262 – 265.

7. G. Vlachogiannis 외, "Patient-Derived Organoids Model Treat-

ment Response of Metastatic Gastrointestinal Cancers," *Science* 359 (2018): 920 – 926.

8. S. Yui 외, "Functional Engraftment of Colon Epithelium Expanded In Vitro from a Single Adult Lgr5$^+$ Stem Cell," *Nature Medicine* 18 (2012): 618 – 623.

9. K. Takahashi 및 S. Yamanaka, "Induction of Pluripotent Stem Cells from Mouse Embryonic and Adult Fibroblast Cultures by Defined Factors," *Cell* 25 (2006): 663 – 676; K. Takahashi 외, "Induction of Pluripotent Stem Cells from Adult Human Fibroblasts by Defined Factors," *Cell* 131 (2007): 861 – 872.

10. 상게서.

11. M. Eiraku 외, "Self-Organizing Optic-Cup Morphogenesis in Three Dimensional Culture," *Nature* 472 (2011): 51 – 56; T. Nakano 외, "Self-Formation of Optic Cups and Storable Stratified Neural Retina from Human ESCs," *Cell Stem Cell* 10 (2012): 771 – 785.

12. 상게서.

13. M. Lancaster 외, "Cerebral Organoids Model Human Brain Development and Microcephaly," *Nature* 501 (2013): 373 – 379.

14. X. Qian 외, "Brain-Region-Specific Organoids Using Mini Bioreactors for Modeling ZIKV Exposure," *Cell* 165 (2016): 1238 – 1254.

1. M. Bengochea 외, "Numerical Discrimination in *Drosophila melano-gaster*," *BioRxiv* (2022) doi: https://doi.org/10.1101/2022.02.26.48 2107.

2. Y. Marikawa 외, "Aggregated P19 Mouse Embryo Carcinoma Cells as a Simple In Vitro Model to Study the Molecular Regulations of Mesoderm Formation and Axial Elongation Morphogenesis," *Genesis* 47 (2009): 93 – 106.

3. S. C. van den Brink 외, "Symmetry Breaking, Germ Layer Specification and Axial Organization in Aggregates of Mouse Embryonic Stem Cells," *Development* 141 (2014): 4231 – 4242.

4. L. Beccari 외, "Multi-axial Self-Organization Properties of Mouse Embryonic Stem Cells into Organoids," *Nature* 562 (2018): 272 – 276.

5. S. C. van den Brink, "Single Cell and Spatial Transcriptomics Reveal Somitogenesis in Gastruloids," *Nature* 582 (2020): 405 – 409; D. Turner 외, "Anteroposterior Polarity and Elongation in the Absence of Extraembryonic Tissues and of Spatially Localized Signalling in Gastruloids: Mammalian Embryonic Organoids," *Development* 144 (2017): 3894 – 3906.

6. B. Sozen 외, "Selg Assembly of Mouse Polarized Embryo-Like Structures from Embryonic and Trophoblast Stem Cells," *Nature Cell Biology* 20 (2018): 979 – 989; G. Amadei 외, "Inducible Stem-Cell Derived Embryos Capture Mouse Morphogenetic Events In Vitro," *Developmental Cell* 56 (2021): 366 – 382.

7. S. Tarazi 외, "Postgastrulation Synthetic Embryos Generated Ex Utero from Mouse Naïve ESCs," *Cell* 185 (2022): 3290 – 3306; G. Amadei 외, "Synthetic Embryos Complete Gastrulation to Neurulation and Organogenesis," *Nature* (2022). doi: 10.1038/s41586-022-05246-3

8. N. Moris 외, "An In Vitro Model of Early Anteroposterior Organization During Human Development," *Nature* 582 (2020): 410 – 415.

9. T. Fulton 외, "Axis Specification on Zebrafish Is Robust to Cell Mixing and Reveals a Regulation of Pattern Formation by Morphogenesis," *Current Biology* 30 (2020): 2984 – 2994; A. Schauer 외, "Zebrafish Embryonic Explants Undergo Genetically Encoded Self Assembly," *Elife* 9 (2020): e55190. doi: 10.7554/eLife.55190.

10. L. Pereiro 외, "Gastrulation in Annual Killifish: Molecular and Cellular Events During Germ Layer Formation in Austrolebias," *Developmental Dynamics* 246 (2017): 812 – 826.

11. B. Steventon, L. Busby, 및 A. Martinez Arias, "Establishment of the Vertebrate Body Plan: Rethinking Gastrulation Through Stem Cell Models of Early Embryogenesis," *Developmental Cell* 56 (2021): 2405 – 2418.

12. J. B. A. Green 및 J. Sharpe, "Positional Information and Reaction Diffusion: Two Big Ideas in Developmental Biology Combine," *Development* 142 (2015): 1203 – 1211.

13. S. Niemann 외, "Homozygous WNT3 Mutation Causes Tetraamelia in a Large Consanguineous Family," *American Journal of Human Genetics* 74 (2004): 558 – 563.

14. A. Deglincerti 외, "Self-Organization of the In Vitro Attached Human Embryo," *Nature* 533 (2016): 251 – 254.

15. A. Clark 외, "Human Embryo Research, Stem Cell – Derived Embryo Models and In Vitro Gametogenesis: Considerations Leading to the Revised ISSCR Guidelines," *Stem Cell Reports* 8 (2021): 1416 – 1424; R. Lovell-Badge, "Stem-Cell Guidelines: Why It Was Time for an Update," *Nature* 593 (2021): 479.

1. E. Haimes 외, "'So, What Is an Embryo?': A Comparative Study of the Views of Those Asked to Donate Embryos for hESC Research in the UK and Switzerland," *New Genetics and Society* 27 (2008): 113 – 126; I. de Miguel Beriain, "What Is a Human Embryo? A New Piece in the Bioethics Puzzle," *Croatian Medical Journal* 55 (2014): 669 – 671.

2. L. Yu 외, "Blastocyst-Like Structures Generated from Human Pluripotent Stem Cells," *Nature* 591 (2021): 620 – 626; X. Liu 외, "Modelling Human Blastocysts by Reprogramming Fibroblasts into iBlastoids," *Nature* 591 (2021): 627 – 632.

3. C. Zhao 외, "Reprogrammed Blastoids Contain Amnion-Like Cells but Not Trophectoderm," *BioRxiv* (2021). doi. org/10.1101/2021.05.07.442980.

4. H. Kagawa 외, "Human Blastoids Model Blastocyst Development and Implantation," *Nature* 601 (2021): 600 – 605; A. Yanagida 외, "Naive Stem Cell Blastocyst Model Captures Human Embryo Lineage Segregation," *Cell Stem Cell* 28, no. 6 (2021): 1016 – 1022.

5. S. Tarazi 외, "Postgastrulation Synthetic Embryos Generated Ex Utero from Mouse Naïve ESCs," *Cell* 185 (2022): 3290 – 3306;

G. Amadei 외, "Synthetic Embryos Complete Gastrulation to Neurulation and Organogenesis," *Nature* (2022). doi: 10.1038/s41586-022-05246-3.

6. A. K. Eicher 외, "Functional Human Gastrointestinal Organoids Can Be Engineered from Three Primary Germ Layers Derived Separately from Pluripotent Stem Cells," *Cell Stem Cell* 29 (2022): 36-51.

7. M. Saitou 및 K. Hayashi, "Mammalian In Vitro Gametogenesis," *Science* 374 (2021): eaaz6830.

8. J. Mench, "The Development of Aggressive Behaviour in Male Broiler Chicks: A Comparison with Laying-Type Males and the Effects of Feed Restriction," *Applied Animal Behaviour Science* 21 (1988): 233-242; Z. Li 외, "Genome Wide Association Study of Aggressive Behaviour in Chicken," *Scientific Reports* 6 (2016). doi: 10.1038/srep30981. 다음도 참고. L. Trut, I. Oskina, 및 A. Kharlamova, "Animal Evolution During Domestication: The Domesticated Fox as a Model," *BioEssays* 31 (2009): 349-360.

9. P. Turley 외, "Problems with Using Polygenic Scores to Select Embryos," *New England Journal of Medicine* 385 (2021): 78-86.

10. D. Hong 외, "Initiating and Cancer-Propagating Cells in *TEL-AML1*-Associated Childhood Leukemia," *Science* 319

(2008): 336 – 339.

11. H. Driesch, *The Science and Philosophy of the Organism*, Gifford Lectures, 1907, vol. 1 (London: Adams and Charles Black, 1911).

12. M. Kirschner, J. Gerhart, 및 T. Mitchison, "Molecular Vitalism," *Cell* 100 (2000): 79 – 86.

맺는말

1. C. DeLisi, "The Human Genome Project," *American Scientist* 76 (1988): 488 – 493.

2. R. Plomin, *Blueprint: How DNA Makes Us What We Are* (Cambridge, MA: MIT Press, 2018).

참고문헌

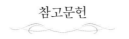

1장 | 유전자에는 없다

이 장에서는 유전자가 어떻게 우리 삶과 문화의 중심이 되었는지를 간략하게 설명하는 동시에, 우리의 구성 방식을 설명하는 데 있어 이런 관점의 허점을 강조한다. Mukherjee(2016)는 유전자의 역사에 대한 흥미로운 이야기를 제공하며, Zimmer(2018)는 이와 대조되면서도 보완적인 내용으로 유전자 관련 연구가 우리의 역사와 일상생활에 미친 결과를 소개한다. Mawer(2006)는 유전학의 초창기에 관한 가벼운 설명이다.

또한 문헌에 널리 퍼져 있는 많은 유전자명과 약어가 어떻게 생겨났는지 보여주는 다양한 유기체의 유전학 역사에 관한 출처 몇 가지도 여기에 포함했다. 대부분 유전자의 마법 같은 힘과 우리 삶에 미치는 영향에 초점을 맞추고 있는 설명들인데, 배아와의 연결 고리에 관해서는 알려진 바가 많지 않다. 그 연유에 관한 자세한 내용은 파리(Gehring 1998, Gaunt 2019, Lipshitz 2005), 물고기

(Nüsslein-Volhard 2012, Mullins 외 2021), 쥐(García-García 2020)에서 확인할 수 있다.

유전학 역사에 관한 여성의 중요한 공헌은 Korzh, Grun-wald(2001), Richmond(2001), Steensma, Kyle, Shampo(2010)에서 확인할 수 있다.

마지막으로, 유전자 중심 관점에 관한 비판을 찾기는 쉽지 않지만, D. Noble(2008)과 Bahlla(2021)의 크리스퍼 사례 관련 논평은 이런 시도의 좋은 예라고 할 수 있다. Nurse(2020)은 유전자와 세포의 관점에서 생명에 관한 현재의 관점을 요약했다.

Bhalla, J. 2021. "We Haven't Really Cracked the Code." *Issues in Science and Technology* 37, no. 4. https://issues.org/code-breaker-doudna-isaacson-bhalla-review.

García-García, M. J. 2020. "A History of Mouse Genetics: From Fancy Mice to Mutations in Every Gene." In *Animal Models of Human Birth Defects*, A. Liu 편집. Advances in Experimental Medicine and Biology 1236. Singapore: Springer.

Gaunt, S. 2019. *Made in the Image of a Fly*. N.p.: 독립출판물.

Gehring, W. J. 1998. *Master Control Genes in Development and Evolution: The Homeobox Story*. New Haven, CT: Yale University Press.

당신의 지문은 DNA를 말하지 않는다

Korzh, V., 및 D. Grunwald. 2001. "Nadine Dobrovolskaïa-Zavadskaïa and the Dawn of Developmental Genetics." *BioEssays* 23: 365–371.

Lipshitz, H. 2005. "From Fruit Flies to Fallout: Ed Lewis and His Science." *Developmental Dynamics* 232: 529–546.

Mawer, S. 2006. *Gregor Mendel: Planting the Seeds of Genetics*. New York: Harry N. Abrams.

Mukherjee, S. 2016. *The Gene: An Intimate History*. New York: Scribner.

Mullins, M., J. Navajas Acedo, R. Priya, L. Solnica-Kreel, 및 S. Wilson. 2021. "The Zebrafish Issue: 25 Years On." *Development* 148: 1–6.

Noble, D. 2008. *The Music of Life: Biology Beyond Genes*. Oxford: Oxford University Press.

Nurse, P. 2020. *What Is Life? Understand Biology in Five Steps*. Oxford: David Fickling Books.

Nüsslein-Volhard, C. 2012. "The Zebrafish Issue of Development." *Development* 139: 4099–4103.

Richmond, M. L. 2001. "Women in the Early History of Genetics: William Bateson and the Newnham College Mendelians, 1900–1910." *Isis* 92, no. 1: 55–90.

Steensma, D. P., R. A. Kyle, 및 M. Shampo. 2010. "Abbie Lathrop, the 'Mouse Woman of Granby': Rodent Fancier and Accidental Genetics Pioneer." *Mayo Clinic Proceedings* 85, no. 11: e83.

Zimmer, C. 2018. *She Has Her Mother's Laugh: The Powers, Perversions, and Potential of Heredity.* New York: Dutton.

2장 | 모든 것의 근원

세포와 같은 시각적인 요소에 관한 글을 쓰기란, 특히 세포 집단의 역할과 능력을 설명하기란 어려운 작업이다. 지난 몇 년간 현미경 기술의 발전으로 세포의 일생을 실시간으로 포착할 수 있게 되었고, 20년 전만 해도 상상할 수 없던 세계가 밝혀졌다. 그런 점에서 이 장은 도전적이다. 자칫 건조한 단어의 나열이 될 수 있는 부분을 언어로 묘사하려고 노력했지만, 눈으로 관찰한 것을 말로 표현하는 데는 한계가 있다. 따라서 인터넷에 있는 다양한 동영상의 시청을 권한다. "The Inner Life of the Cell Animation"(www.youtube.com/watch?v=wJyUtbn0O5Y)과 "Organelles of a Human Cell (2014) by Drew Berry and Etsuko Uno wehi.tv"(www.youtube .com/watch?v=2YCgro6BV8U)은 원형질막 내부에서 일어나는 일들을 아름다운 시각적 요소로 보여준다. 여기서 소개하는 과학에 대해 좀 더 싶다면 Alberts(2019)를 기본 교재로 참고하면 유용하다.

우리가 세포의 존재와 역할을 인식하게 된 역사는 Harris(1999)에서 다소 학술적인 방식으로 다루고 있으며, Lynn Margulis의 선구적인 연구와 그 의미는 Sagan(2012), Gray(2017), Sagan, Margulis(1992)에서 다룬다. Margulis의 이론에서 나온 아이디어 중 일부는 Baum, Baum(2020), Martijn, Ettema(2013), Martin, Garg, Zimorski(2015)에서 찾아볼 수 있다. 세포 유형의 진화에 관한 흥미로운 개념은 Arendt(2008)에서, 수수께끼의 중심립과 관련된 개념은 Carvalho-Santos 외(2011)에서 살펴볼 수 있다.

또한 생각하는 실체로서의 세포에 관한 짧고 예리한 설명인 Bray(2011)의 'Wetware'를 강조하고 싶은데, 이 견해는 앞으로 더욱 발전할 것으로 예상한다. 생화학자 Nick Lane(2022)은 'Transformer'에서 현재와 생명의 기원에 대한 신진대사의 측면을 탐구한다.

'창발'의 핵심 개념은 이해하기 어려운데, 이 주제에 관심 있는 이들은 물리학자 Phil Anderson(1972)의 소론을 표준적 참고 자료로 삼을 수 있다.

Alberts, Bruce, Alexander Johnson, David Morgan, Karen Hopkin, Keith Roberts, Martin Raff, 및 Peter Walter. 2019. *Essential*

Cell Biology. 5차 개정판. New York: W. W. Norton & Company.

Anderson, P. W. 1972. "More Is Different: Broken Symmetry and the Nature of the Hierarchical Structure of *Science*." Science 177: 393 – 396.

Arendt, D. 2008. "The Evolution of Cell Types in Animals: Emerging Principles from Molecular Studies." *Nature Reviews Genetics* 9: 868 – 882.

Baum, B. 및 D. A. Baum. 2020. "The Merger That Made Us." *BMC Biology* 18, no. 1: 72. doi: 10.1186/s12915-020-00806-3.

Bray, D. 2011. *Wetware: A Computer in Every Living Cell*. New Haven, CT: Yale University Press.

Carvalho-Santos, Z., J. Azimzadeh, J. B. Pereira-Leal 및 M. J. BettencourtDias. 2011. "Evolution: Tracing the Origins of Centrioles, Cilia, 및 Flagella." *Journal of Cell Biology* 194, no. 2: 165 – 175. doi: 10.1083/jcb.201011152.

Gray, M. W. 2017. "Lynn Margulis and the Endosymbiont Hypothesis: 50 Years Later." *Molecular Biology of the Cell* 28, no. 10: 1285 – 1287. doi: 10.1091/mbc.E16-07-0509.

Harris, H. 1999. *The Birth of the Cell*. New Haven, CT: Yale University Press.

Lane, N. 2022. *Transformer: The Deep Chemistry of Life and*

당신의 지문은 DNA를 말하지 않는다

Death. London: Profile Books.

Martijn, J. 및 T. J. G. Ettema. 2013. "From Archaeon to Eukaryote: The Evolutionary Dark Ages of the Eukaryotic Cell." *Biochemical Society Transactions* 41, no. 1: 451–457. doi: 10.1042/BST20120292.

Martin, W. F., S. Garg 및 V. Zimorski. 2015. "Endosymbiotic Theories for Eukaryote Origin." *Philosophical Transactions of the Royal Society B: Biological Sciences* 370, no. 1678: 20140330. doi: 10.1098/rstb.2014.0330.

Sagan, D. 2012. *Lynn Margulis: The Life and Legacy of a Scientific Rebel*. White River Junction, VT: Chelsea Green.

Sagan, D. 및 L. Margulis. 1992. *Acquiring Genomes: A Theory of the Origin of Species*. New York: Basic Books.

3장 | 세포의 사회

단세포에서 다세포생물로의 전환은 진화의 중요한 단계였으며, 아직 명확하게 설명되지 않은 부분들과 의문점이 많이 남아 있다. 이런 전환은 세포 소통 경로 및 세포의 운명과 관련된 전사 인자 계열의 출현과 관련 있고, 세포의 관점에서는 클론 다세포성,

즉 하나의 세포에서 다양한 세포가 출현하는 것과 관련 있다. 이 과정에 대한 지속적인 논의는 Ros-Rocher 외(2021), Grosberg 및 Strathmann(2007), Brunet 및 King(2017)에서 다룬다. 다세포성의 개념이 주목을 끌게 된 후로 과학자들이 수행한 일련의 탐구 노력은 1990년 S. J. Gould가《*Wonderful Life*》에서 흥미진진하게 묘사했다.

이 장에서는 다세포성의 출현이 유전자 중심의 생물학 관점뿐 아니라 Dawkins(1976, 1999)가 대표 저서에서 제시하고 Agren(2021)이 논의한 '유전자 관점에서 본 진화론'과 충돌할 수 있다는 점을 시사한다. 다단계 선택은 Szathmáry 및 Maynard Smith(1995)에서 다룬다. Martindale(2005)은 유전자의 맥락에서 복잡한 동물의 창발에 관한 훌륭한 논의를 제공한다. 세포의 생물학에 기초한 기제의 관점이 현재의 진화론과 충돌하는 개념에 관심이 있다면 Kirschner 및 Gearhart(2006)를 참고하기 바란다.

Agren, A. 2021. *The Gene's-Eye View of Evolution*. Oxford: Oxford University Press.

Brunet, T., 및 N. King. 2017. "The Origin of Animal Multicellularity and Cell Differentiation." *Developmental Cell* 43: 124–140.

Dawkins, R. 1976. *The Selfish Gene*. Oxford: Oxford University Press.

Dawkins, R. 1999. *The Extended Phenotype: The Long Reach of the Gene.* Oxford: Oxford University Press.

Gould, S. J. 1990. *Wonderful Life.* New York: W. W. Norton & Company.

Grosberg, R. K. 및 R. R. Strathmann. 2007. "The Evolution of Multicellularity: A Minor Major Transition?" *Annual Review of Ecology, Evolution, and Systematics* 38: 621 – 654.

Kirschner, M. 및 J. Gearhart. 2006. *The Plausibility of Life: Resolving Darwin's Dilemma.* New Haven, CT: Yale University Press.

Martindale, M. Q. 2005. "The Evolution of Metazoan Axial Properties." *Nature Reviews Genetics* 6: 917 – 927.

Ros-Rocher, N., A. Perez-Posada, M. M. Leger 및 I. Ruiz-Trillo. 2021. "The Origin of Animals: An Ancestral Reconstruction of the Unicellular-to-Multicellular Transition. *Open Biology* 11, no. 2: 200359. doi: 10.1098/rsob.200359.

Szathmáry, E. 및 J. Maynard Smith. 1995. "The Major Evolutionary Transitions." *Nature* 374: 227 – 232. doi: 10.1038/374227a0.

유전자와 세포 간 연관성에 관한 수수께끼는 개구리를 대상으로 한 John Gurdon(2009)의 복제 실험을 통해 풀리기 시작했다. 복제양 돌리의 탄생으로 Gurdon의 연구 결과는 포유류로 확장되었고 본질적으로 과학적 발견이었던 개념이 대중적 민담으로 변모했다. Myelnikov, Garcia Sancho Sanchez(2017)는 이와 관련한 훌륭한 설명을 제공하며, Kolata(1997)는 복제에 관한 폭넓은 개요를 제공한다. 이런 재프로그래밍 실험을 통해 Peluffo(2015)가 설명한 유전적 발달 프로그램에 대한 개념이 밝혀졌다. 이 발견의 대부분은 분자생물학의 부상과 함께 발전했으며, Judson은 1996년 저서에서 이 이야기를 흥미진진하게 풀어냈다. 이 개념의 핵심적인 부분은 Jacob(1988)의 자서전에서 확인할 수 있는데, 이 책에서 Jacob은 Monod와의 획기적인 상호작용에 대해 직접 설명한다. 복제와 분자생물학의 결합을 통해 Shapiro(2015)에서 논의된 멸종 생물 복원 같은 흥미로운 개념이 탄생했다. 돌리를 탄생시킨 세포의 선택과 관련된 이야기는 Callaway(2016)에서 다룬다.

Moris, Pina, Martinez Arias(2016)에서 Waddington의 발달 관련 함의를 논의하며, Pisco, Fouquier d'Herouel, Huang(2016)에서 이와 관련된 오해를 훌륭하게 해부한다.

Callaway, E. 2016. "Dolly at 20: The Inside Story on the World's Most Famous Sheep." *Nature.* June 30. www.scientificamerican. com/article/dolly-at-20-the-inside-story-on-the-world-s-most-famous-sheep.

Gurdon, J. 2009. "Nuclear Reprogramming in Eggs." *Nature Medicine* 15: 1141–1144.

Jacob, F. 1988. *The Statue Within: An Autobiography*, translated by Franklin Philip. New York: Basic Books.

Judson, H. F. 1996. *The Eighth Day of Creation: The Makers of the Revolution in Biology.* Cold Spring Harbor, NY: Cold Spring Harbor Laboratory Press.

Kolata, G. 1997. *Clone: The Road to Dolly and the Path Ahead.* New York: William Morrow and Company.

Maienschein, J. 2014. *Embryos Under the Microscope.* Cambridge, MA: Harvard University Press.

Moris, N., C. Pina 및 A. Martinez Arias. 2016. "Transition States and Cell Fate Decisions in Epigenetic Landscapes." *Nature Reviews Genetics* 17: 693–703.

Myelnikov, D. 및 M. Garcia Sancho Sanchez, eds. 2017. *Dolly at Roslin: A Collective Memory Event.* Edinburgh: University of Edinburgh.

Peluffo, A. E. 2015. "The Genetic Program: Behind the Genesis of an

Influential Metaphor." *Genetics* 200: 685 - 696.

Pisco, A. O., A. Fouquier d'Herouel 및 S. Huang. 2016. "Conceptual Confusion: The Case of Epigenetics." *BioRxiv.* doi: https://doi.org/10.1101/053009.

Shapiro, B. 2015. *How to Clone a Mammoth: The Science of De-extinction.* Princeton, NJ: Princeton University Press.

5장 | 움직이는 패턴

황새가 아기를 데려온다는 이야기에 관한 논의는 인터넷에서 쉽게 찾아볼 수 있으며, 구글에 검색하면 관련 정보를 얻을 수 있다. 프랑스 파리와 관련된 이야기의 변형도 마찬가지다. 하지만 결국 이 모든 것은 세포의 궁극적인 걸작인 난자에 관한 이야기로 귀결된다. M. Cobb(2007)는 찾기 어려운 포유류의 난자를 찾는 이야기를 다룬다. 우리가 DNA의 개념에 지배되기 전의 배아 관련 정보에 관한 설명은 S. J. Gould(1977)의 고전 *Ontogeny and Phylogeny*과 Abzhanov(2013)를 참고하기 바란다. 한편 유전자는 모래시계 모델을 다루는 Duboule(2022)에서 논의되었듯이 배아의 발달 및 진화의 신비에 흔적을 남긴다(Richardson 1995 참고).

배아의 유기체 형성 방식의 중심에는 장배 형성이라는 과정과

위치 정보라는 개념이 있는데, 이 두 개념 모두 위대한 과학자이
자 소통가인 Lewis Wolpert(1996, 2008)에 의해 대중화되었다. 삶
과 죽음보다 장배 형성이 더 중요하다는 Wolpert의 유명한 언급이
Hopwood(2022)에 소개되어 있다.

체절 형성 시계에 관한 이야기는 Pourquié(2022)에서, 새의 이
빨이라는 놀라운 모습은 Mitsiadis, Caton, Cobourne(2006)에서 다
룬다.

배아 관련 과학에서 가장 영향력 있고 논란이 되는 인물은 에
른스트 헤켈이다. Hopwood(2015), Richards(2008), Richardson,
Keuck(2002)의 저서에서 헤켈이 겪은 우여곡절을 추적한다. 유
명한 Cuvier-Geoffroy 논쟁(Appel 1987), Haller–Wolff 불화(Roe
1981), Spemann 학파의 발전(Hamburger 1988)에 관한 설명도 찾
아볼 수 있다.

Abzhanov, A. 2013. "Von Baer's Law for the Ages: Lost and Found
    Principles of Developmental Evolution." *Trends in Genetics* 29:
    712

Appel, T. 1987. *The Cuvier-Geoffroy Debate: French Biology in the
    Decades Before Darwin*. Oxford: Oxford University Press.

Cobb, M. 2007. *The Egg and Spoon Race*. New York: Simon &
    Schuster.

Duboule, D. 2022. "The (Unusual) Heuristic Value of Hox Gene Clusters: A Matter of Time?" *Developmental Biology* 484: 75 – 87.

Gould, S. J. 1977. *Ontogeny and Phylogeny.* Cambridge, MA: Harvard University Press.

Hamburger, V. 1988. *The Heritage of Experimental Embryology: Hans Spemann and the Organizer.* Oxford: Oxford University Press.

Hopwood, N. 2015. *Haeckel's Embryos.* Chicago: University of Chicago Press.

Hopwood, N. 2022. "'Not Birth, Marriage or Death, but Gastrulation': The Life of a Quotation in Biology." *British Journal for the History of Science* 55: 1 – 26.

Mitsiadis, T., J. Caton 및 M. Cobourne. 2006. "Waking-Up the Sleeping Beauty: Recovery of the Ancestral Bird Odontogenic Program." *Journal of Experimental Zoology* 306B: 227 – 233.

Pourquié, O. 2022. "A Brief Story of the Segmentation Clock." *Developmental Biology* 485: 24 – 36.

Richards, R. J. 2008. *The Tragic Sense of Life: Ernst Haeckel and the Struggle over Evolutionary Thought.* Chicago: University of Chicago Press.

Richardson, M. 1995. "Heterochrony and the Phylotypic Period." *Developmental Biology* 172: 412 – 421.

Richardson, M. 및 G. Keuck. 2002. "Haeckel's ABC of Evolution and Development." *Biological Reviews* 77: 495-528.

Roe, S. A. 1981. *Matter, Life, and Generation: 18th Century Embryology and the Haller-Wolff Debate*. Cambridge: Cambridge University Press.

Wolpert, L. 1996. "One Hundred Years of Positional Information." *Trends in Genetics* 12: 359-364.

Wolpert, L. 2008. *The Triumph of the Embryo*. Oxford: Oxford University Press.

6장 | 보이지 않는 무엇

인간의 발달을 자궁 안에서 관찰하기는 어렵지만, 지난 150년 동안 이 부문의 기록과 관련해 상당한 진전이 있었다. Lynn Morgan(2009)의 연구는 이 주제에 관한 다양한 사항을 사회적, 인류학적 맥락에서 다루고 있기에 반드시 읽어봐야 할 책이다. Nilsson(1965)은 배아와 태아의 이미지를 대중에게 심었다.

워녹 위원회의 작업에 관심 있다면 관련 보고서들을 살펴보기를 바란다(Warnock 1984, 1985).

Morgan, L. 2009. *Icons of Life: A Cultural History of Human Embryos*. Berkeley: University of California Press.

Nilsson, L. 1965. *A Child Is Born*. New York: Dell.

Warnock, M. 1984. *Report of the Committee of Inquiry into Human Fertilization and Embryology*. London: Her Majesty's Stationery Office.

Warnock, M. 1985. "The Warnock Report." *British Medical Journal* 291, no. 6493: 489.

7장 | 재생

지난 몇 년간은 생물학에 있어 혁명의 시기였다. 1970년대와 1980년대에 생명체의 분자 분석으로 발달, 질병, 진화에 관한 대중의 이해에 변화가 생겼던 것과 마찬가지로, 21세기가 시작되면서 세포가 이런 과정의 원동력이자 주인공으로 인식되고 있다. 세포에 관한 자세한 내용은 2장과 3장의 참고문헌을 참고하면 된다.

배양 세포와 관련된 기술의 발전은 Landecker(2007)에서, A. Carrell과 불멸의 세포에 대한 흥미로운 이야기는 Witkowski(1980)에서 자세히 살펴볼 수 있다. Skloot(2010)는 헨리에타 랙스의 이야기와 더불어 헬라 세포가 세포생물학 연구를 어떻게 변화시켰으며 우리 개개인과 어떻게 연관되어 있는지를 다룬다. Grimm(2008)은 핵무기 실험이 어떻게 생물학에 도움이 되었는 지에 관한 흥미로운 이야기를 다룬다.

줄기세포 관련 주제는 Maehle(2011)에서 다루며, 배아줄기세포 의 발견에 이르는 길은 Martin Evans(2011)에 잘 요약되어 있다. 관심이 있다면 이런 세포를 사용하여 장기와 조직을 만드는 지 금의 진행 상황에 대한 문헌을 살펴볼 수 있다(Corsini, Knoblich 2022; Dutta, Heo, Clevers 2017; Sasai, Eiraku, Suga 2012).

조직과 장기의 형성 방식을 이해하기 위해 세포를 사용하려는 노력은 Ball(2019)에 접근하기 쉽게 잘 설명되어 있다.

Ball, P. 2019. *How to Grow a Human*. Chicago: University of Chicago Press.

Corsini, N. S. 및 J. Knoblich. 2022. "Human Organoids: New Strategies and Methods for Analyzing Human Development and Disease." *Cell* 185: 2756 – 2769.

Dutta, D., I. Heo 및 H. Clevers. 2017. "Disease Modeling in Stem Cell – Derived 3D Organoid Systems." *Trends in Molecular Medicine* 23: 393 – 410.

Evans, M. 2011. "Discovering Pluripotency: 30 Years of Mouse Stem Cells." *Nature Reviews Molecular Cell Biology* 12: 680 – 686.

Grimm, D. 2008. "The Mushroom Cloud's Silver Lining." *Science* 321: 1434-1437.

Landecker, H. 2007. *Culturing Life: How Cells Became Technologies.* Cambridge, MA: Harvard University Press.

Maehle, A. H. 2011. "Ambiguous Cells: The Emergence of the Stem Cell Concept in the Nineteenth and Twentieth Centuries." *Notes and Records of the Royal Society of London* 65: 359-378.

Sasai, Y., M. Eiraku 및 H. Suga. 2012. "In Vitro Organogenesis in Three Dimensions: Self-Organizing Stem Cells." *Development* 139: 4111-4121.

Skloot, R. 2010. *The Immortal Life of Henrietta Lacks.* New York: Crown.

Witkowski, J. A. 1980. "Dr. Carrell's Immortal Cells." *Medical History* 24: 129-142.

8장 | 배아의 귀환

세포가 체외수정 배아 발달의 여러 단계를 포함하는 능력은 새롭고 유망한 연구 분야이지만, 지금까지 이 분야에 대한 설명은 거의 없었다. 앞서 언급한 Ball(2019)의 《*How to Grow a Human*》

에서 일부 관련 내용을 찾아볼 수 있다.

Zernicka-Goetz, Highfield(2020)는 줄기세포로 배아를 만들려는 시도에 관한 개인적인 설명을 제공한다. 자세한 기술적 논의는 Martinez Arias, Marikawa, Moris(2022), Rivron 외(2018), Shahbazi, Siggia, Zernicka-Goetz(2019)를 참고하기 바란다.

Institut de la Vision의 웹사이트(https://transparent-human-embryo.com)는 인간 배아 탐구와 관련된 방대하고 아름다운 자료를 제공한다.

Ball, P. 2012. *Unnatural: The Heretical Idea of Making People.* New York: Vintage Books.

Martinez Arias, A., Y. Marikawa 및 N. Moris. 2022. "Gastruloids: Pluripotent Stem Cell Models of Mammalian Gastrulation and Body Plan Engineering." *Developmental Biology* 488: 35–46.

Rivron, N., J. Frias-Aldeguer, E. J. Vrij, J.-C. Boisset, J. Korving, J. Vivié, R. K. Truckenmüller, A. van Oudenaarden, C. A. van Blitterswijk 및 N. Geijsen. 2018. "Blastocyst-like Structures Generated Solely from Stem Cells." *Nature* 557: 106–111.

Shahbazi, M., E. Siggia 및 M. Zernicka-Goetz. 2019. "Self-Organization of Stem Cells into Embryos: A Window on Early Mammalian Development." *Science* 364: 948–951.

Zernicka-Goetz, M. 및 R. Highfield. 2020. *The Dance of Life*. New York: Penguin.

9장 | 인간의 본질

배아줄기세포에서 배아 유사 구조를 만든 발전은 배아의 본질과 작동 방식뿐 아니라 인간의 본질에 대한 의문을 제기했다. Maienschein(2005)은 이런 논의를 접근하기 쉬운 차원에서 다루고 있다. Nuffield Council on Bioethics(2017)의 회의록은 논쟁의 모든 측면에서 흥미로운 기고문이 다수 포함되어 읽을 가치가 충분하다. 이 문제의 더 핵심적인 측면에 관해서는 Jamie Davis의 2015년 저서에 훌륭하게 설명되어 있으며, Hopwood, Flemming, Kassell(2018)은 유용한 역사적 참고자료다. Franklin(2013)에는 배아와 관련된 문제의 세부적인 논의가 담겨 있다.

인간의 유전적 다양성 문제는 Rutherford(2016)에서 명확히 논의된다. 최근의 복잡한 다중 유전자 위험 점수에 관해 비전문가가 쉽게 설명한 자료를 찾기는 어렵지만, Torkamani, Wineinger, Topol(2018)이 유용한 지침이 될 수 있다. Harden(2021)의 저서는 광범위한 논의로 이어지므로 이 책을 읽고 다중 유전자 위험 점수의 의미를 스스로 판단해보기를 권한다. 마지막으로 Sapp(2003)

의 연구는 지난 20년 동안 생물학적 아이디어의 진화에 관한 명확하고 직접적인 설명을 제공한다.

Davis, J. 2015. *Life Unfolding*. Oxford: Oxford University Press.

Franklin, S. 2013. *Biological Relatives: IVF, Stem Cells, and the Future of Kinship*. Durham, NC: Duke University Press.

Harden, K. P. 2021. *The Genetic Lottery: Why DNA Matters for Social Equality*. Princeton, NJ: Princeton University Press.

Hopwood, N., R. Flemming 및 L. Kassell, eds. 2018. *Reproduction: Antiquity to the Present*. Cambridge: Cambridge University Press.

Maienschein, J. 2005. *Whose View of Life? Embryos, Cloning, and Stem Cells*. Cambridge, MA: Harvard University Press.

Nuffield Council on Bioethics. 2017. *Human Embryo Culture: Discussions Concerning the Statutory Time Limit for Maintaining Human Embryos in Culture in the Light of Some Recent Scientific Discoveries*. London: Nuffield Council on Bioethics.

Rutherford, A. 2016. *A Brief History of Everyone Who Ever Lived: The Stories in Our Genes*. London: Weidenfeld & Nicolson.

Sapp, J. 2003. *Genesis: The Evolution of Biology*. Oxford: Oxford University Press.

Torkamani, A., N. E. Wineinger 및 E. Topol. 2018. "The Personal and Clinical Utility of Polygenic Risk Scores," *Nature Reviews Genetics* 19: 581–591.

맺는말

마침내 세포가 유전체의 언덕 위로 고개를 내민 것으로 보이며, 2022년 출간된 Siddhartha Mukherjee의 《*The Song of the Cell*》에서는 이런 주장의 방향을 제시하며 수많은 생물학 관련 설명을 내놓고, 원인 면에서 세포가 제공하는 것을 포용하고 탐구할 필요성을 주장한다.

Mukherjee, Siddhartha. 2022. *The Song of the Cell*. New York: Scribner.

색인

당신의 지문은 DNA를 말하지 않는다

당신의 지문은 DNA를 말하지 않는다

당신의 지문은 DNA를 말하지 않는다

당신의 지문은 DNA를 말하지 않는다

초판인쇄 2024년 07월 12일
초판발행 2024년 07월 12일

지은이 알폰소 마르티네스 아리아스
옮긴이 윤서연
발행인 채종준

출판총괄 박능원
국제업무 채보라
책임편집 조지원
디자인 홍은표
마케팅 전예리 · 조희진 · 안영은
전자책 정담자리

브랜드 드루
주소 경기도 파주시 회동길 230 (문발동)
투고문의 ksibook13@kstudy.com

발행처 한국학술정보(주)
출판신고 2003년 9월 25일 제406-2003-000012호
인쇄 북토리

ISBN 979-11-7217-360-9 03470

드루는 한국학술정보(주)의 지식 · 교양도서 출판 브랜드입니다.
세상의 모든 지식을 두루두루 모아 독자에게 내보인다는 뜻을 담았습니다.
지적인 호기심을 해결하고 생각에 깊이를 더할 수 있도록, 보다 가치 있는 책을 만들고자 합니다.